Em busca do infinito

Ian Stewart

Em busca do infinito

Uma história da matemática dos
primeiros números à teoria do caos

Tradução:
George Schlesinger

Revisão técnica:
Samuel Jurkiewicz
Professor da politécnica e da Coppe/UFRJ

2ª reimpressão

Copyright © 2008 by Joat Enterprises

Tradução autorizada da segunda edição inglesa, publicada em 2009
por Quercus Publishing, de Londres, Inglaterra

*Grafia atualizada segundo o Acordo Ortográfico da Língua Portuguesa de 1990,
que entrou em vigor no Brasil em 2009.*

Título original
Taming the Infinite: The Story of Mathematics
From the First Numbers to Chaos Theory

Capa
Sérgio Campante

Preparação
Nino Pena

Indexação
Gabriella Russano

Revisão
Eduardo Monteiro
Eduardo Farias

CIP-Brasil. Catalogação na publicação
Sindicato Nacional dos Editores de Livros, RJ

	Stewart, Ian, 1945-
S871e	Em busca do infinito: uma história da matemática dos primeiros números à teoria do caos/Ian Stewart; tradução George Schlesinger; revisão técnica Samuel Jurkiewicz. – 1ª ed. – Rio de Janeiro: Zahar, 2014.
	il.
	Tradução de: Taming the Infinite: The Story of Mathematics from the First Numbers to Chaos Theory.
	Inclui índice
	ISBN 978-85-378-1181-8
	1. Matemática – Estudo e ensino. 2. Matemática – História. I. Schlesinger, George. II. Título.

CDD: 510

CDU: 51

13-07342

[2021]
Todos os direitos desta edição reservados à
EDITORA SCHWARCZ S.A.
Praça Floriano, 19, sala 3001 – Cinelândia
20031-050 – Rio de Janeiro – RJ
Telefone: (21) 3993-7510
www.companhiadasletras.com.br
www.blogdacompanhia.com.br
facebook.com/editorazahar
instagram.com/editorazahar
twitter.com/editorazahar

Sumário

Prefácio   7

1. *Tokens*, entalhes e tabletes   11

2. A lógica da forma   26

3. Notações e números   52

4. O fascínio do desconhecido   68

5. Triângulos eternos   88

6. Curvas e coordenadas   105

7. Padrões em números   119

8. O sistema do mundo   140

9. Padrões na natureza   163

10. Quantidades impossíveis   181

11. Alicerces firmes   195

12. Triângulos impossíveis   209

13. A ascensão da simetria   227

14. A álgebra se torna adulta   246

15. A geometria da folha de borracha   265

16. A quarta dimensão   288

17. A forma da lógica   308

18. Qual é a chance disso?   332

19. Espremendo números e mais números   345

20. Caos e complexidade   357

Sugestões de leitura   375

Índice remissivo   377

Prefácio

A matemática não surgiu completamente formada. Ela cresceu a partir de esforços acumulados de muitas pessoas, de muitas culturas, que falavam muitos idiomas. Ideias matemáticas que ainda são usadas atualmente remontam a mais de 4 mil anos.

Muitas descobertas humanas são efêmeras – o desenho das rodas da biga foi muito importante no Império Novo do Egito, mas não é exatamente uma tecnologia de ponta nos dias de hoje. A matemática, ao contrário, em geral é permanente. Uma vez feita uma descoberta matemática, ela se torna acessível para que qualquer um possa usá-la, e assim adquire vida própria. Boas ideias matemáticas raramente saem de moda, embora sua implantação possa mudar dramaticamente. Métodos de resolver equações, descobertos pelos antigos babilônios, ainda estão em uso atualmente. Nós não empregamos a notação deles, mas o vínculo histórico é inegável.

De fato, a maior parte da matemática ensinada nas escolas tem pelo menos duzentos anos de idade. O advento dos currículos de matemática "moderna" na década de 1960 fez o tema entrar no século XIX. Mas, contrariando as aparências, a matemática não permaneceu parada. Hoje, cria-se mais matemática nova a cada semana do que os babilônios conseguiram em 2 mil anos.

A ascensão da civilização humana e a ascensão da matemática têm andado de mãos dadas. Sem as descobertas gregas, árabes e hindus em trigonometria, a navegação através do oceano aberto teria sido um empreendimento ainda mais arriscado do que foi quando as grandes navegações descobriram os seis continentes. Rotas comerciais da China para a Europa, ou da Indonésia para as Américas, se mantinham unidas por um invisível fio matemático.

A sociedade de hoje não poderia funcionar sem a matemática. Virtualmente tudo que agora consideramos como algo absolutamente normal – da televisão aos telefones celulares, de gigantescos jatos de passageiros a sistemas de navegação por satélite em automóveis, de horários de trens a exames médicos por imagem –, tem como base ideias e métodos matemáticos. Às vezes a matemática tem milhares de anos; outras, foi descoberta na semana passada. A maioria de nós nunca se dá conta de que ela está presente, trabalhando nos bastidores para possibilitar esses milagres da tecnologia moderna.

Isso é lamentável: leva-nos a pensar que a tecnologia funciona por si só, fazendo com que esperemos novos milagres a cada dia. Por outro lado, também é algo inteiramente natural: queremos usar esses milagres da forma mais fácil possível, pensando o menos possível. O usuário não deve ser sobrecarregado de informação desnecessária acerca dos artifícios subjacentes que tornam os milagres possíveis. Se cada passageiro de uma viagem aérea precisasse passar por um exame de trigonometria antes de embarcar no avião, poucos de nós chegaríamos a levantar voo. E se, por um lado, isso pudesse reduzir a nossa emissão de carbono, também tornaria o nosso mundo muito pequeno e provinciano.

Escrever uma história realmente ampla da matemática é praticamente impossível. O tema é hoje tão vasto, tão complicado e tão técnico que mesmo um especialista julgaria inviável a leitura de um livro assim – sem contar a impossibilidade de alguém vir a escrevê-lo. Morris Kline chegou perto com seu épico *Mathematical Thought from Ancient to Modern Times*. O livro tem mais de 1.200 páginas, em letra pequena, e deixa de fora quase tudo que aconteceu nos últimos cem anos.

Este livro é muito mais curto, o que significa que tive de ser seletivo, especialmente no que se refere às matemáticas dos séculos XX e XXI. Estou muito consciente de todos os tópicos importantes que fui obrigado a omitir. Não há geometria algébrica, nem teoria da co-homologia, nem análise de elementos finitos, nem ondaletas. A lista do que está faltando é muito mais longa do que a lista do que está incluído. As minhas escolhas foram guiadas pelo conhecimento prévio que os leitores provavelmente têm, e por novas ideias que podem ser explicadas de forma sucinta.

Prefácio

A história segue uma ordem cronológica dentro de cada capítulo, mas os capítulos estão organizados por tópicos. É necessário que seja assim para que haja algum tipo de narrativa coerente; se pusesse tudo em ordem cronológica, a análise pularia aleatoriamente de um tópico a outro, sem qualquer senso de direção. Isso poderia estar mais próximo da história real, mas tornaria o livro impossível de ser lido. Assim, cada novo capítulo começa com um retorno ao passado, e menciona alguns marcos fundamentais que foram superados à medida que o tema ia evoluindo. Os primeiros capítulos param num ponto distante no passado; os últimos, às vezes, percorrem todo o caminho até o presente.

Procurei dar um gostinho da matemática moderna – e com isso me refiro a qualquer coisa feita nos últimos cem anos mais ou menos –, selecionando tópicos dos quais os leitores possam ter ouvido falar e relacionando-os com as tendências históricas gerais. A omissão de um tópico não implica falta de importância, mas penso que faz mais sentido dedicar algumas páginas a Andrew Wiles e sua prova do último Teorema de Fermat – do qual a maioria dos leitores certamente já ouviu falar – do que, digamos, de geometria não comutativa, cuja base histórica e conceitual apenas ocuparia diversos capítulos.

Em suma, esta é *uma* história, não *a* história. E é história no sentido de que narra uma história sobre o passado. Não é dirigida a historiadores profissionais, não faz as meticulosas distinções que eles julgam necessárias, e amiúde descreve as ideias do passado pelo olhar do presente. Este último aspecto é um pecado capital para o historiador, pois faz parecer que os antigos se empenhavam, de alguma forma, num caminho rumo ao nosso modo de pensar atual. Mas penso que isso é defensável e essencial quando o objetivo básico é começar pelo que sabemos agora e perguntar de onde essas ideias vieram. Os gregos não estudaram a elipse no intuito de possibilitar a teoria das órbitas planetárias de Kepler, e Kepler não formulou suas três leis do movimento planetário no intuito de Newton transformá-las em sua lei da gravitação. No entanto, a história da lei de Newton se apoia firmemente no trabalho grego relativo à elipse e na análise de dados observacionais feita por Kepler.

Um subtema do livro é o uso prático da matemática. Aqui forneço uma amostra bastante eclética de aplicações, tanto passadas como presentes. Mais uma vez, a omissão de qualquer tópico não indica que ele careça de importância.

A matemática tem uma história longa, gloriosa, mas de algum modo negligenciada, e a sua influência sobre o desenvolvimento da cultura humana tem sido imensa. Se o livro cobrir ainda que uma pequena parte dessa história, terá atingido o objetivo a que me propus.

Coventry, maio de 2007

1. *Tokens*, entalhes e tabletes

O nascimento dos números

A matemática começou com números, e os números ainda são fundamentais, ainda que o assunto não se limite mais a cálculos numéricos. Construindo conceitos mais sofisticados com base nos números, a matemática evoluiu para uma ampla e variada área do pensamento humano, indo muito além de qualquer coisa que encontremos num currículo escolar típico. A matemática de hoje trata muito mais de estrutura, padrão e forma do que de números em si. Seus métodos são muito genéricos, e muitas vezes abstratos. Suas aplicações abrangem ciência, indústria, comércio – e até mesmo as artes. A matemática é universal e onipresente.

Começou com números

Ao longo de milhares de anos, matemáticos de muitas culturas diferentes criaram uma vasta superestrutura sobre os alicerces do número: geometria, cálculo, dinâmica, probabilidade, topologia, caos, complexidade, e assim por diante. A revista *Mathematical Reviews*, que acompanha toda nova publicação matemática, classifica o tema em aproximadamente uma centena de áreas principais, subdivididas em vários milhares de especialidades. Há mais de 50 mil pesquisadores matemáticos no mundo, que publicam a cada ano mais de 1 milhão de páginas de nova matemática. Matemática genuinamente nova, isto é, não só pequenas variações dos resultados existentes.

Os matemáticos também se aprofundaram nos fundamentos lógicos do seu tema, descobrindo conceitos ainda mais básicos que os números –

lógica matemática, teoria dos conjuntos. Porém, mais uma vez, a principal motivação, o ponto de partida de onde tudo flui, é o conceito de número.

Os números parecem simples e diretos, mas as aparências enganam. Cálculos com números podem ser duros; obter o número *certo* pode ser difícil. E, mesmo assim, é mais fácil usar os números do que especificar o que realmente são. Números contam coisas, mas não são coisas, porque você pode pegar na mão duas xícaras, mas não pode pegar na mão o número "dois". Números são representados por símbolos, mas diferentes culturas usam símbolos diferentes para o mesmo número. Números são abstratos, todavia nossa sociedade baseia-se neles, e sem eles não funcionaria. Números são uma espécie de constructo mental, porém sentimos que eles continuariam tendo significado mesmo se a humanidade fosse varrida do mapa por alguma catástrofe global e não sobrasse mente alguma para contemplá-los.

Escrever números

A história da matemática começa com a invenção de símbolos escritos para designar números. Nosso sistema familiar de algarismos 0, 1, 2, 3, 4, 5, 6, 7, 8, 9 para representar todos os números concebíveis, por maiores que sejam, é uma invenção relativamente nova; ela veio a existir cerca de 1.500 anos atrás, e sua extensão às casas decimais, que nos permite representar valores com alta precisão, não tem mais de 450 anos de idade. Os computadores, que embutiram os cálculos matemáticos de forma tão profunda na nossa cultura que nem notamos mais a sua presença, estão conosco há meros cinquenta anos; computadores potentes e rápidos o suficiente para serem úteis em nossos lares e escritórios, há cerca de vinte anos apenas.

Sem os números, a civilização como agora a conhecemos não poderia existir. Os números estão em toda parte, servos ocultos que correm às pressas nos bastidores – levando mensagens, corrigindo a nossa redação enquanto digitamos, reservando nossos voos de férias para o Caribe, mantendo o controle de nossos bens, assegurando que nossos medicamentos

Tokens, entalhes e tabletes

sejam seguros e eficazes. E, para equilibrar, possibilitando armas nucleares e guiando bombas e mísseis para os seus alvos. Nem toda aplicação da matemática tem servido para melhorar a condição humana.

Como foi que surgiu essa enorme indústria numérica? Tudo começou com minúsculos objetos de argila, 10 mil anos atrás no Oriente Próximo.

Mesmo naqueles tempos, contadores mantinham controle sobre quem possuía o quê e quanto – mesmo que a escrita ainda não tivesse sido inventada e não houvesse símbolos para os números. Em lugar de símbolos numéricos, esses contadores antigos usavam pequenos objetos de argila, *tokens*.* Alguns eram cones, outros eram esferas e outros, ainda, tinham formato de ovo. Havia cilindros, discos e pirâmides. A arqueóloga Denise Schmandt-Besserat deduziu que esses *tokens* representavam gêneros básicos da época. Pequenas esferas de argila representavam volumes de grãos, cilindros significavam animais, os que tinham formato de ovo referiam-se a jarros de óleo. Os *tokens* mais antigos datam de 8000 a.C., e foram de uso comum durante 5 mil anos.

Com o passar do tempo, eles foram se tornando mais elaborados e mais especializados. Havia cones decorados para representar unidades de pão e *tokens* achatados em forma de losango para representar cerveja. Schmandt-Besserat percebeu que esses *tokens* eram muito mais do que um dispositivo de contagem. Eram um primeiro passo vital no trajeto para símbolos numéricos, aritméticos e matemáticos. Mas foi um passo inicial bastante estranho, e parece ter ocorrido por acaso.

Aconteceu porque os *tokens* eram usados para manter registros, talvez com propósitos tributários ou financeiros, ou como prova legal de propriedade. A vantagem dos *tokens* era que os contadores podiam arrumá-los rapidamente em padrões, para calcular quantos animais ou quanto grão alguém possuía ou devia. A desvantagem era que podiam ser falsificados. Para assegurar-se de que ninguém interferisse nas contas, os contadores os

---

* É de uso consagrado o termo em inglês *token*, que significa símbolo, signo, testemunho e indica um objeto, em geral de pequenas dimensões, que possua ou adquira um significado específico dentro do contexto a que se refere. (N.T.)

embrulhavam em invólucros de argila – na verdade, uma espécie de lacre. Assim podiam descobrir rapidamente quantos *tokens* havia dentro de um determinado invólucro, e de que tipo eram, simplesmente abrindo o invólucro. E podiam sempre fazer um invólucro novo para voltar a guardá-los.

No entanto, quebrar repetidamente um invólucro para depois refazê-lo constituía uma maneira bastante ineficiente de descobrir o que havia dentro, e os burocratas da antiga Mesopotâmia pensaram em algo melhor: inscreveram símbolos sobre o invólucro, listando os *tokens* que ele continha. Se dentro houvesse sete esferas, os contadores desenhavam sete figuras de esferas na argila molhada do invólucro.

Em algum momento os burocratas da Mesopotâmia perceberam que, uma vez desenhados os símbolos no exterior do invólucro, não precisavam mais do conteúdo, e assim não tinham de quebrá-lo para descobrir que tipo de *token* havia dentro. Esse passo óbvio, mas crucial, criou efetivamente um conjunto de símbolos numéricos escritos, com formatos diferentes para diferentes tipos de gêneros. Todos os outros símbolos numéricos, inclusive os que usamos hoje, são os descendentes intelectuais desse antigo dispositivo burocrático. Na verdade, a substituição de *tokens* por símbolos pode ter constituído o nascimento da própria escrita.

Entalhes

Essas marcas na argila não foram de modo algum os primeiros exemplos de números escritos, mas todos os exemplos anteriores são pouco mais que rabiscos, marcas entalhadas, registrando números como uma série de riscos – tais como ||||||||||||| para representar o número 13. As marcas mais antigas desse tipo – 29 traços entalhados num osso de pata de babuíno – têm cerca de 37 mil anos de idade. O osso foi encontrado numa caverna nas montanhas Lebombo, na fronteira entre a Suazilândia e a África do Sul, de modo que a caverna é conhecida como Caverna da Fronteira, e o osso é conhecido como osso de Lebombo. Na ausência de uma máquina do tempo, não há meio de saber ao certo o que as marcas representavam, mas podemos fazer algumas suposições. O mês lunar contém 28 dias, de modo que os entalhes podem estar relacionados com as fases da Lua.

Marcas entalhadas têm a vantagem de poder ser feitas uma de cada vez, no decorrer de períodos longos, sem alterar ou apagar entalhes anteriores. Ainda são usadas nos dias de hoje, com frequência em grupos de cinco, com o quinto traço cortando diagonalmente os quatro anteriores.

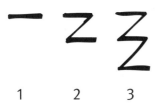

A presença de entalhes ainda pode ser vista nos números modernos. Nossos símbolos 1, 2, 3 derivam, respectivamente, de um traço único horizontal, de dois traços horizontais ligados por um traço inclinado e de três traços horizontais ligados por dois traços inclinados.

Existem relíquias semelhantes da Europa antiga. Um osso de lobo encontrado na ex-Checoslováquia tem 57 entalhes dispostos em onze grupos de cinco com dois excedentes, e tem cerca de 30 mil anos. Duas vezes 28 é 56, de maneira que isso talvez seja um registro de dois meses lunares. Mais uma vez, parece não haver meio de testar essa sugestão. Mas as marcas parecem propositais, e devem ter sido feitas por alguma razão.

Outra inscrição matemática antiga, o osso de Ishango, no Zaire, tem 25 mil anos (estimativas anteriores de 6 mil a 9 mil anos foram revistas em 1995). À primeira vista as marcas ao longo da borda do osso parecem estar dispostas quase ao acaso, mas pode haver padrões ocultos. Uma fileira contém os números primos entre 10 e 20, ou seja, 11, 13, 17 e 19, cuja soma é sessenta. Outra fileira contém 9, 11, 19 e 21, que também somam 60. A terceira fila assemelha-se a um método às vezes usado para multiplicar dois números entre si duplicando e dividindo ao meio. No entanto, os padrões aparentes podem ser simples coincidência, e também já se sugeriu que o osso de Ishango é um calendário lunar.

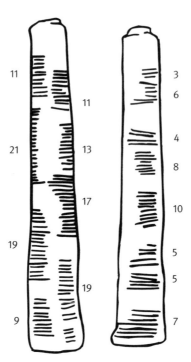

O osso de Ishango mostrando os padrões dos entalhes
e os números que eles podem representar.

Os primeiros numerais

A trajetória histórica a partir dos *tokens* dos contadores até os numerais modernos é longa e indireta. Com o passar dos milênios, o povo da Mesopotâmia desenvolveu a agricultura e seu modo de vida nômade deu lugar a assentamentos permanentes, numa série de cidades – Babilônia, Eridu, Lagash, Suméria, Ur. Os primeiros símbolos inscritos em tabuletas de argila molhada transformaram-se em pictografias – símbolos que representam palavras por meio de figuras simplificadas daquilo que a palavra significa. E as pictografias foram ainda mais simplificadas, sendo agregadas a partir de uma pequena quantidade de marcas em forma de cunhas impressas na argila com um bambu seco de ponta achatada e afiada. Diferentes tipos de cunha podiam ser feitos segurando-se o bambu em diferentes posições. Por volta de 3000 a.C.,

Tokens, entalhes e tabletes   17

os sumérios haviam desenvolvido uma elaborada forma de escrita, agora chamada escrita *cuneiforme* – em forma de cunha.

A história desse período é complicada, com diversas cidades dominando em diferentes épocas. A cidade da Babilônia, em especial, adquiriu proeminência, e cerca de um milhão de tabuletas de argila babilônicas foram escavadas das areias mesopotâmicas. Algumas centenas delas tratam de matemática e astronomia, e mostram que o conhecimento babilônico de ambos os assuntos era extenso. Em particular, os babilônios eram excelentes astrônomos, tendo desenvolvido um simbolismo sistemático e sofisticado para os números, capaz de representar dados astronômicos com elevada precisão.

Os símbolos numéricos babilônicos vão bem além de um simples sistema de entalhes, e são os mais antigos símbolos conhecidos a fazê-lo. São usados dois tipos de cunha: uma cunha vertical fina para representar o número 1, e uma cunha horizontal grossa para o número 10. Essas cunhas são dispostas em grupos para indicar os números 2-9 e 20-50. No entanto, esse padrão cessa em 59, e a cunha fina adquire então um segundo significado, passando a representar 60.

Símbolos babilônicos para os números 1-59.

Diz-se, portanto, que o sistema numérico babilônico é de "base 60", ou sexagesimal. Ou seja, o valor de um símbolo pode ser um determinado número, ou 60 vezes esse número, ou 60 vezes 60 esse número, dependendo da posição do símbolo. Isto é semelhante ao nosso conhecido sistema decimal, no qual o valor de um símbolo é multiplicado por 10, ou por 100, ou por 1.000, dependendo da sua posição. No número 777, por exemplo, o primeiro 7 significa "setecentos", o segundo 7 significa "setenta" e o terceiro significa "sete". Para um babilônio, uma série de três repetições 𒐕 𒐕 𒐕 do símbolo para "7" teria um significado diferente, porém baseado no mesmo princípio. O primeiro significaria 7 × 60 × 60, ou 25.200; o segundo significaria 7 × 60 = 420;

O que os números faziam por eles

Os babilônios usavam seu sistema numérico para a contabilidade e o comércio cotidianos, mas também o empregavam com um propósito mais sofisticado: a astronomia. Aqui sua capacidade de representar números fracionários com alta precisão era essencial. Várias centenas de tabletes registram dados planetários. Entre eles há um único tablete, bastante danificado, que detalha o movimento diário do planeta Júpiter durante um período de cerca de quatrocentos dias. Foi escrito na própria Babilônia, por volta de 163 a.C. Uma entrada típica deste tablete lista os números

126   8   16;6,46,58   −0;0,45,18
−0;0,11,42   +0;0,0,10

que correspondem às várias grandezas empregadas para calcular a posição do planeta no céu. Note que os números são especificados com três casas sexagesimais – um pouco melhor que cinco casas decimais.

Tokens, entalhes e tabletes

o terceiro significaria 7. Logo, o grupo de três símbolos iguais significaria 25.200 + 410 + 7, o que perfaz 25.617 na nossa notação. Relíquias do sistema babilônico de base 60 ainda podem ser encontradas nos dias de hoje. Os 60 segundos em um minuto, os 60 minutos na hora e os 360 graus num círculo completo – tudo isso data dos tempos da antiga Babilônia.

Como a composição gráfica de símbolos cuneiformes é complicada, os estudiosos escrevem os numerais babilônicos usando uma mistura da nossa notação de base 10 e da notação de base 60. Assim, as três repetições do símbolo cuneiforme para 7 seriam escritas 7, 7, 7. E algo como 23, 11, 14 indicaria os símbolos babilônicos para 23, 11 e 14 escritos nessa ordem, com um valor numérico de $(23 \times 60 \times 60) + (11 \times 60) + 14$, que resulta em 83.474 na nossa notação.

Símbolos para números pequenos

Nós não somente usamos dez símbolos para representar números grandes, sem limite de tamanho: também usamos os mesmos símbolos para representar arbitrariamente os números pequenos. Para isso, empregamos uma vírgula decimal. Dígitos à esquerda da vírgula representam números inteiros; os que estão à direita representam frações. Frações decimais são múltiplas de um décimo, um centésimo, e assim por diante. Então 25,47, por exemplo, significa duas dezenas mais cinco unidades mais 4 décimos mais 7 centésimos.

Os babilônios conheciam esse truque, e o utilizaram com bons resultados em suas observações astronômicas. Estudiosos representam o equivalente babilônico à vírgula decimal por um ponto e vírgula (;), mas trata-se de uma vírgula sexagesimal e os números à sua direita são múltiplos de $\frac{1}{60}$, $(\frac{1}{60} \times \frac{1}{60})$ $= \frac{1}{3600}$, e assim por diante. Como exemplo, a sequência de números 12, 59; 57, 17 significa:

$$12 \times 60 + 59 + \frac{57}{60} + \frac{17}{3600}$$

que é aproximadamente 779,955.

São conhecidos aproximadamente 2 mil tabletes com informação astronômica, embora grande parte deles seja bastante rotineira, consistindo em descrições de modos de predizer eclipses, tabelas de fatos astronômicos regulares e excertos mais breves. Cerca de trezentos tabletes são mais ambiciosos e mais empolgantes: tabulam observações sobre o movimento de Mercúrio, Marte, Júpiter e Saturno, por exemplo.

Por mais fascinante que seja, a astronomia babilônica é um tanto tangencial à nossa história central, que é a matemática pura babilônica. Mas parece provável que a aplicação na astronomia era um estímulo para a busca das áreas mais cerebrais desse tema. Assim, é uma boa ideia reconhecer simplesmente quão precisos eram os astrônomos babilônios quando se tratava de observar eventos celestes. Por exemplo, descobriram que o período orbital de Marte (estritamente, o tempo decorrido entre duas aparições sucessivas na mesma posição no céu) era de 12, 59; 57, 17 dias em sua notação – aproximadamente 779,955 dias na nossa, como foi notado acima. O número moderno é de 779,936 dias.

Os antigos egípcios

Talvez a maior das civilizações antigas tenha sido a do Egito, que floresceu às margens e no Delta do Nilo entre 3150 e 31 a.C., com um extenso período pré-dinástico estendendo-se até 6000 a.C., e um gradual enfraquecimento sob os romanos de 31 a.C. em diante. Os egípcios foram excelentes construtores, com um sistema altamente desenvolvido de crenças e cerimônias religiosas, e eram obsessivos no que dizia respeito à manutenção de registros. Mas suas realizações matemáticas foram modestas em comparação com as alturas atingidas pelos babilônios.

O sistema egípcio antigo para escrever números inteiros é simples e direto. Há símbolos para os números 1, 10, 100, 1.000, e assim por diante. Repetindo esses símbolos até nove vezes e combinando os resultados, podemos representar qualquer número inteiro. Por exemplo, para escrever o número 5.724, os egípcios agrupariam cinco de seus símbolos para 1.000, sete de seus símbolos para 100, dois de seus símbolos para 10 e quatro de seus símbolos para 1.

Tokens, entalhes e tabletes

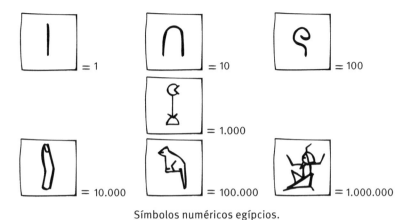

Símbolos numéricos egípcios.

O número 5.724 em hieróglifos egípcios.

Frações causavam aos egípcios sérias dores de cabeça. Em períodos diversos eles utilizaram várias notações diferentes para frações. No Império Antigo (2700-2200 a.C.), uma notação especial para as nossas frações ½, ¼, ⅛, ¹⁄₁₆, ¹⁄₃₂, ¹⁄₆₄ era obtida por sucessiva divisão ao meio. Esses símbolos usavam partes do hieróglifo "olho de Hórus" ou "olho de Wadjet".

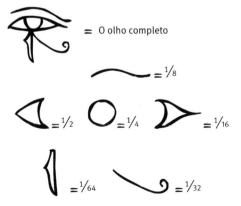

Frações especiais formadas a partir do olho de Hórus.

O mais conhecido sistema egípcio para frações foi concebido durante o Império Médio (2000-1700 a.C.). O sistema principia com uma notação para qualquer fração na forma $1/n$, onde n é um inteiro positivo. O símbolo  (o hieróglifo para a letra R) é escrito acima do símbolo egípcio padrão para n. Assim, por exemplo, $1/11$ é escrito . Outras frações são expressas então somando várias dessas "frações unitárias". Por exemplo, $5/6 = 1/2 + 1/3$.

Símbolos especiais para frações especiais.

Curiosamente, os egípcios não escreviam $2/5$ como $1/5 + 1/5$. A regra parecia ser: use frações *diferentes*. Havia também notações diferentes para algumas das frações mais simples, tais como $1/2$, $2/3$ e $3/4$.

A notação egípcia para frações era desajeitada e adaptada de forma pobre para o cálculo. Cumpria bem sua função para registros oficiais, mas foi basicamente ignorada pelas culturas posteriores.

Números e gente

Quer você goste de aritmética, quer não, é difícil negar os profundos efeitos que os números têm tido sobre o desenvolvimento da civilização humana. A evolução da cultura e a da matemática vêm andando de mãos dadas nos últimos quatro milênios. Seria difícil separar causa e efeito – eu hesitaria em afirmar que inovação matemática provoca mudanças culturais, ou que necessidades culturais determinam a direção do progresso matemático. Mas ambas as afirmações contêm um grão de verdade, porque matemática e cultura coevoluem.

Existe, porém, uma diferença significativa. Muitas mudanças culturais são claramente visíveis. Novos tipos de habitação, novas formas de transporte, até mesmo novos modos de organizar burocracias governamentais, são relativamente óbvios para todo cidadão. A matemática, no entanto,

Tokens, entalhes e tabletes

ocorre em sua maior parte nos bastidores. Quando os babilônios usavam suas observações astronômicas para predizer eclipses solares, por exemplo, o cidadão médio ficava impressionado com a precisão com que os sacerdotes previam esse acontecimento estarrecedor, mas mesmo a maioria dos sacerdotes tinha pouca ou nenhuma ideia dos métodos empregados. Sabiam como ler tabletes que listavam os dados dos eclipses, mas o que importava era como usá-los. O modo como haviam sido elaborados era uma arte arcana, sendo melhor deixá-la para especialistas.

Alguns sacerdotes podiam ter tido boa educação matemática – todos os escribas treinados tinham, e sacerdotes em formação recebiam em grande parte as mesmas aulas que os escribas, em seus primeiros anos –, mas apreciar a matemática não era realmente necessário para *desfrutar* os benefícios que surgiam a partir de novas descobertas sobre o assunto. Foi sempre assim, e, sem dúvida, assim sempre será. Os matemáticos raramente recebem o crédito pelas mudanças no mundo. Quantas vezes você vê todo tipo de milagres modernos creditados aos computadores, sem a menor menção ao fato de que os computadores só funcionam se forem programados para usar sofisticados algoritmos – isto é, procedimentos para resolver problemas – e que a base de quase todos os algoritmos é matemática?

A principal matemática que efetivamente se encontra sobre a superfície é a aritmética. Mas a invenção das calculadoras de bolso, dispositivos que totalizam quanto você tem que pagar, e os contadores especializados em impostos que fazem o trabalho para você, e para isso são pagos, estão empurrando até mesmo a aritmética cada vez mais para o fundo dos bastidores. Ainda assim, ao menos a maioria de nós tem consciência de que a aritmética está lá. Somos totalmente dependentes dos números, seja para manter controle das nossas obrigações legais, arrecadar impostos, comunicar-se instantaneamente com o outro lado do planeta, explorar a superfície de Marte ou avaliar a última droga miraculosa. Todas essas coisas remontam à antiga Babilônia e aos escribas e mestres que descobriram meios efetivos de registrar números e fazer cálculos com eles. Esses conhecimentos aritméticos eram empregados com vista a dois propósitos principais: assuntos cotidianos dos seres humanos comuns,

O que os números fazem por nós

A maioria dos carros de alto nível modernos atualmente vem equipada com *satnav*, navegação por satélite. Sistemas de *satnav* podem ser comprados isoladamente a preço relativamente baixo. Um pequeno dispositivo, preso ao carro, nos diz exatamente onde estamos num determinado momento e exibe um mapa – geralmente com cores gráficas extravagantes e em perspectiva – mostrando as ruas vizinhas. Um sistema de voz pode até mesmo dizer o melhor caminho para chegar a determinado destino. Se parece algo tirado da ficção científica, de fato é. O componente essencial, que não faz parte da caixinha presa ao carro, é o GPS – Global Positioning System [Sistema de Posicionamento Global], que compreende 24 satélites em órbita ao redor da Terra, às vezes mais quando são lançadas unidades de reposição. Esses satélites enviam sinais, e esses sinais podem ser usados para deduzir a localização do carro com precisão de poucos metros.

A matemática entra em jogo sob muitos aspectos numa rede de GPS, mas aqui mencionamos apenas uma: como os sinais são usados para descobrir a localização do carro.

Sinais de rádio viajam à velocidade da luz, que é, aproximadamente, de 300 mil quilômetros por segundo. Um computador a bordo do carro – um chip na caixa que você comprou – poderá calcular a distância do seu carro até qualquer satélite dado se souber quanto tempo o sinal levou para viajar do satélite até o seu carro. Isso acontece na ordem de um décimo de segundo, mas medições precisas de tempo agora são fáceis. O truque é estruturar o sinal de modo que contenha informação sobre a sincronia dos dados.

O que ocorre é que o satélite e o receptor no carro tocam, ambos, a mesma música e comparam a sincronia do seu andamento. As "notas" que chegam do satélite terão um ligeiro atraso em relação às produzidas no carro. Nessa analogia, as músicas podiam estar na seguinte situação:

> **CARRO** ... não sei por quê, bate feliz, quando te vê ...
>
> **SATÉLITE** ... meu coração, não sei por quê, bate feliz ...
>
> Aqui a canção do satélite está atrasada em cerca de duas palavras em relação à mesma canção no carro. Tanto o sistema no carro como o satélite precisam gerar a mesma "canção", e "notas" sucessivas precisam ser distintas, para que a diferença na sincronia da música seja fácil de observar.
>
> É claro que, na verdade, o *satnav* não usa uma música. O sinal é uma série de pulsos breves cuja duração é determinada por um "código pseudoaleatório". Este é uma série de números, que parece aleatória mas na verdade baseia-se numa regra matemática. Ambos, satélite e receptor, conhecem a regra, logo podem gerar a mesma sequência de pulsos.

tais como medidas de terras e contabilidade, e atividades consideradas elevadas, como predizer eclipses ou registrar os movimentos dos planetas através do céu noturno.

Nós fazemos a mesma coisa hoje. Usamos matemática simples, pouco mais do que aritmética, para centenas de pequenas tarefas – quantos rolos de papel de parede comprar para revestir o quarto, se vamos economizar indo mais longe em busca de gasolina mais barata, quanto cloro colocar na piscina. E a nossa cultura usa a matemática sofisticada para a ciência, tecnologia e cada vez mais para o comércio também. As invenções da notação numérica e da aritmética se equiparam às da linguagem e da escrita como exemplos das inovações que nos diferenciam de macacos que podem ser treinados.

2. A lógica da forma

Primeiros passos em geometria

Há dois tipos principais de raciocínio em matemática: simbólico e visual. O raciocínio simbólico originou-se na notação numérica, e em breve veremos como ele levou à invenção da álgebra, na qual símbolos representam números genéricos ("a incógnita") em vez de números específicos ("7"). Da Idade Média em diante, a matemática passou a basear-se intensamente no uso de símbolos, como uma olhada rápida em qualquer texto matemático moderno confirmará.

Os primórdios da geometria

Assim como usam símbolos, os matemáticos usam também diagramas, possibilitando vários tipos de raciocínio visual. Figuras são menos formais do que símbolos, e por esse motivo sua utilização às vezes tem sido vista com maus olhos. Há uma sensação difundida de que uma figura é, de algum modo, menos rigorosa do que um cálculo simbólico, falando do ponto de vista lógico. É verdade que figuras deixam mais margem para diferenças de interpretações do que os símbolos. Além disso, as figuras podem conter premissas ocultas – não podemos desenhar um triângulo "genérico"; qualquer triângulo que desenhemos tem um tamanho e uma forma específicos, que podem não ser representativos de um triângulo arbitrário. Contudo, a intuição visual é uma característica tão poderosa do cérebro humano que as figuras desempenham um papel proeminente na matemática. Na verdade, introduzem um segundo conceito fundamental no tema, após o número. Referimo-nos à forma.

A lógica da forma

O fascínio dos matemáticos com as formas vem de longa data. Há diagramas nos tabletes babilônicos. Por exemplo, o tablete catalogado como YBC 7289 mostra um quadrado e duas diagonais. Os lados do quadrado estão marcados com os numerais cuneiformes correspondentes a 30. Acima de uma diagonal está marcado 1; 24, 51, 10 e abaixo dela, 42; 25, 35, que é o produto do primeiro número por 30, e portanto o comprimento da diagonal. Logo, 1; 24, 51, 10 é o comprimento da diagonal de um quadrado menor, de lado unitário. O Teorema de Pitágoras nos diz que essa diagonal é a raiz quadrada de 2, que escrevemos $\sqrt{2}$. A aproximação 1; 24, 51, 10 para $\sqrt{2}$ é muito boa, correta até a sexta casa decimal.

Tablete YBC 7289 e seus numerais cuneiformes.

O primeiro uso sistemático de diagramas, junto com um uso limitado de símbolos e uma grande dose de lógica, ocorre nos escritos de geometria de Euclides de Alexandria. A obra de Euclides seguia uma tradição que remontava, no mínimo, ao culto pitagórico, que floresceu por volta de 500 a.C., mas Euclides insistia em que qualquer afirmação matemática devia receber uma prova lógica antes de ser considerada verdadeira. Assim, seus escritos combinam duas inovações distintas: o uso de figuras e a estrutura lógica de provas. Durante séculos, a palavra "geometria" foi intimamente associada a ambas.

Neste capítulo acompanhamos a história da geometria a partir de Pitágoras, passando por Euclides e seu precursor Eudoxo, até o período posterior da Grécia clássica e os sucessores de Euclides, Arquimedes e Apolônio. Estes primeiros geômetras abriram caminho para todo o trabalho posterior de pensamento visual em matemática. E também estabeleceram padrões de prova lógica que não foram superados por milênios.

Pitágoras

Hoje em dia damos praticamente como certo que a matemática fornece uma chave para as leis subjacentes da natureza. O primeiro pensamento sistemático registrado segundo essa linha provém dos pitagóricos, uma seita relativamente mística que data de cerca de 500 a.C. Seu fundador, Pitágoras, nasceu em Samos por volta de 569 a.C. Onde e quando morreu é um mistério, mas em 460 a.C. a seita que ele fundou foi atacada e destruída, seus locais de reunião, devastados e incendiados. Num deles, a casa de Milo em Crotona, mais de cinquenta pitagóricos foram massacrados. Muitos sobreviventes fugiram para Tebas, no Alto Egito. Possivelmente Pitágoras foi um deles, mas até isso não passa de conjectura, pois, lendas à parte, não sabemos virtualmente nada sobre Pitágoras. Seu nome é bem conhecido, principalmente por causa de seu celebrado teorema relativo a triângulos retângulos, mas nem sequer sabemos se Pitágoras o provou.

Sabemos muitos mais acerca da filosofia e das crenças dos pitagóricos. Eles compreendiam que a matemática trata de conceitos abstratos, não da realidade. No entanto, acreditavam também que essas abstrações estavam, de algum modo, corporificadas em conceitos "ideais", existindo em algum estranho reino da imaginação. Desse modo, um círculo desenhado na areia com um galho, por exemplo, é uma tentativa falha de ser um círculo* ideal, perfeitamente redondo e infinitamente fino.

---

* Preferimos manter aqui o termo "círculo" do original em inglês; "circunferência" seria o estritamente correto. (N.R.T.)

A lógica da forma

O aspecto mais influente da filosofia do culto pitagórico é a crença de que o Universo se fundamenta em números. Eles expressavam essa crença com simbolismo mitológico, e a sustentavam com observações empíricas. Do lado místico, consideravam o número 1 como sendo a fonte primordial de tudo no Universo. Os números 2 e 3 simbolizavam os princípios feminino e masculino. O número 4 simbolizava harmonia e também os quatro elementos (terra, ar, fogo, água), dos quais tudo é formado. Os pitagóricos acreditavam que o número 10 tinha profunda significação mística, porque 10 = 1 + 2 + 3 + 4, combi-

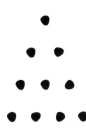

O número dez forma um triângulo.

Harmonia do mundo

A principal sustentação empírica do conceito pitagórico de um universo numérico provinha da música, onde eles haviam percebido algumas ligações notáveis entre sons harmoniosos e razões numéricas simples. Usando experimentos elementares, descobriram que se uma corda vibrada produz uma nota com um tom específico, então uma corda com a metade do seu comprimento produz uma nota extremamente harmônica, agora chamada de oitava. Uma corda com dois terços do comprimento produz a nota harmônica seguinte, e outra com três quartos do comprimento também produz uma nota harmônica.

Hoje esses aspectos numéricos da música são atribuídos à física das cordas vibratórias, que se movem em padrões de ondas. O número de ondas que cabem num determinado comprimento de corda é um número inteiro, e esses números inteiros determinam as razões numéricas simples. Se os números não formarem uma razão simples, então as notas correspondentes inferem entre si, formando "batidas" discordantes, que são desagradáveis ao ouvido. A história toda é bem mais complexa, envolvendo os padrões aos quais o cérebro está acostumado, mas, definitivamente, existe uma explicação física para a descoberta pitagórica.

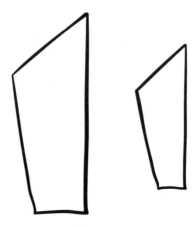

A razão *a:b* é igual à razão *c:d*?

nando a unidade primeva, o princípio feminino, o princípio masculino e os quatro elementos. Além disso, esses números formavam um triângulo, e toda a geometria grega se articulava nas propriedades dos triângulos.

Os pitagóricos reconheciam a existência de nove corpos celestes – Sol, Lua, Mercúrio, Vênus, Terra, Marte, Júpiter e Saturno, além do Fogo Central, que era diferente do Sol. Tão importante era o número 10 em sua visão cosmológica que acreditavam haver um décimo corpo, a Antiterra, perpetuamente oculta de nós pelo Sol.*

Como vimos, os números inteiros 1, 2, 3... conduzem naturalmente a um segundo tipo de número, as frações, que os matemáticos chamam de *números racionais*. Um número racional é uma fração a/b em que a e b são números inteiros (com b diferente de zero, pois senão a fração não faz sentido). Frações subdividem os números inteiros em partes arbitrariamente pequenas, de modo que o comprimento de uma linha numa figura geométrica pode se aproximar tanto quanto se queira de um número racional. Parece natural imaginar que uma subdivisão suficiente faria a medida atingir exatamente o número; assim sendo, todas as medidas seriam racionais.

---

* Outras fontes não consideram o Fogo Central um dos dez corpos celestes; seriam, sim, dez corpos girando ao redor do Fogo Central, e o décimo corpo seria o Céu de Estrelas Fixas. (N.T.)

A lógica da forma

Se isso fosse verdade, a geometria seria muito mais simples, pois quaisquer dois comprimentos seriam números inteiros múltiplos de uma medida comum (talvez pequena), podendo, assim, ser obtidos associando uma porção dessa medida comum. Isso pode parecer algo sem muita importância, mas simplificaria muito toda a teoria de comprimentos, áreas e especialmente figuras semelhantes – figuras com a mesma forma mas de diferentes tamanhos. Tudo poderia ser provado usando diagramas formados a partir de montes e montes de cópias de uma forma básica.

Infelizmente, esse sonho não pode se realizar. Segundo a lenda, um dos seguidores de Pitágoras, Hipaso de Metaponto, descobriu que essa afirmação era falsa. Provou, especificamente, que a diagonal de um quadrado unitário (um quadrado com lados valendo uma unidade) é irracional: não é uma fração exata. Conta-se que (as fontes são duvidosas, mas a história é boa) ele cometeu o erro de anunciar esse fato quando os pitagóricos estavam atravessando o Mediterrâneo de barco, e seus colegas de seita ficaram tão exasperados que o lançaram ao mar e ele se afogou. O mais provável é que tenha sido simplesmente expulso da seita. Qualquer que tenha sido sua punição, ao que parece os pitagóricos não ficaram nada satisfeitos com a descoberta.

A interpretação moderna da observação de Hipaso é que $\sqrt{2}$ é irracional. Para os pitagóricos, esse fato brutal era um golpe decisivo em sua crença praticamente religiosa de que o Universo se baseava em números – referindo-se aqui a números inteiros. Frações – razões entre números inteiros – se encaixavam bastante bem nessa visão de mundo, mas o mesmo não acontecia com números que provavelmente não eram frações. E assim, afogado ou expulso, o pobre Hipaso tornou-se uma das primeiras vítimas da irracionalidade, por assim dizer, da crença religiosa.

Domando os irracionais

Por fim, os gregos acabaram encontrando uma forma de lidar com os irracionais. Funciona porque qualquer número irracional pode ter a aproximação de um número racional. Quanto melhor a aproximação, mais complicado torna-se o racional, e sempre há algum erro. Mas tornando o erro cada vez menor, há uma perspectiva de abordar as propriedades dos irracionais explorando propriedades análogas dos números racionais que servem de aproximação. O problema é estruturar essa ideia de maneira que seja compatível com a abordagem grega de geometria e prova – isso acaba se revelando viável, embora complicado.

A teoria grega dos irracionais foi inventada por Eudoxo por volta de 370 a.C. Sua ideia é representar qualquer grandeza, racional ou irracional, como a razão entre dois comprimentos – isto é, em termos de um par de comprimentos. Assim, a fração dois terços é representada por dois segmentos, um de comprimento dois e outro de comprimento três (uma razão de 2:3). De maneira similar, $\sqrt{2}$ é representada pelo par formado pela diagonal de um quadrado unitário e seu lado (uma razão $\sqrt{2}$:1). Note-se que ambos os pares de segmentos podem ser construídos geometricamente.

O ponto-chave é definir quando duas razões dessas são *iguais*. Quando é que $a:b = c:d$? Sem contar com um sistema numérico adequado, os gregos não podiam fazer isso dividindo um comprimento pelo outro e comparando $a \div b$ com $c \div d$. Em vez disso, Eudoxo descobriu um método rebuscado, porém preciso, de comparação que podia ser executado dentro

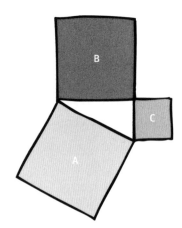

Teorema de Pitágoras: se o triângulo tem um ângulo reto, então o quadrado maior, A, tem a mesma área que os outros dois, B e C, somados.

A lógica da forma

das convenções da geometria grega. A ideia é tentar comparar a e c formando múltiplos *inteiros ma* e *nc*. Isso pode ser feito juntando m cópias de a, grudando uma extremidade na outra e fazendo o mesmo com n cópias de c. Usam-se os mesmos dois múltiplos m e n para comparar mb e nd. Se as razões $a{:}b$ e $c{:}d$ não forem iguais, diz Eudoxo, então descobrimos que m e n exageram a diferença, a tal ponto que $ma > nc$, mas $mb < nd$. De fato, podemos *definir* igualdade de razões dessa maneira.

Essa definição requer que nos acostumemos a ela. Ela é adaptada com muito cuidado para as limitadas operações permitidas na geometria grega. No entanto, funciona; ela permitiu aos geômetras gregos pegar teoremas que podiam ser facilmente provados para proporções racionais e estendê-los para proporções irracionais.

Eles frequentemente empregavam um método chamado "exaustão", que lhes permitia provar teoremas que em nossos dias provaríamos utilizando a ideia de limite e cálculo. Dessa maneira provaram que a área de um círculo é proporcional ao quadrado de seu raio. A prova começa com um fato simples, encontrado em Euclides: as áreas de dois *polígonos* semelhantes estão na mesma proporção que os quadrados de seus respectivos lados. O círculo apresenta problemas novos porque não é um polígono. Os gregos consideraram, portanto, duas sequências de polígonos regulares cujos vértices estavam no círculo: um dentro do círculo, outro fora. Ambas as sequências vão se aproximando mais e mais do círculo, e a definição de Eudoxo implica que a razão entre as áreas dos polígonos que se aproximam é a mesma razão que as áreas dos círculos.

Euclides

O mais conhecido geômetra grego, embora provavelmente não o matemático mais original, é Euclides de Alexandria. Euclides foi um grande sintetizador, e seu texto de geometria, *Os elementos*, tornou-se um bestseller de todos os tempos. Euclides escreveu pelo menos dez textos sobre matemática, mas apenas cinco deles sobreviveram – todos por meio de cópias, e apenas em parte. Nós não temos documentos originais da Grécia Antiga. Os cinco sobreviventes euclidianos são *Os elementos*, *Divisão de figuras*, *Os dados*, *Os fenômenos* e *Óptica*.

Os elementos é a obra-prima geométrica de Euclides, e fornece um tratamento definitivo da geometria em duas dimensões (o plano) e três dimensões (o espaço). *Divisão de figuras* e *Os dados* contêm vários suplementos e comentários sobre geometria. *Os fenômenos* é dirigido para astrônomos, e lida com geometria esférica, a geometria de figuras desenhadas sobre a superfície de uma esfera. *Óptica* também é uma obra sobre geometria, e poderia ser considerada uma investigação precoce sobre a geometria da perspectiva – como o olho humano transforma uma cena tridimensional numa imagem bidimensional.

Talvez a melhor maneira de pensar na obra de Euclides seja como um exame da lógica das relações espaciais. Se uma forma possui certas propriedades, estas podem implicar logicamente outras propriedades. Por exemplo, se um triângulo tem os três lados iguais – um triângulo equilátero –, então todos os três ângulos devem ser iguais. Esse tipo de afirmação, listando algumas premissas e daí afirmando suas consequências lógicas, é chamada teorema. Esse teorema específico relaciona uma propriedade dos lados de um triângulo com uma propriedade de seus ângulos. Um exemplo menos intuitivo e mais famoso é o Teorema de Pitágoras.

Os elementos divide-se em treze livros separados, um seguindo o outro em sequência lógica. Eles discutem a geometria do plano e alguns aspectos da geometria do espaço. O clímax é a prova de que existem exatamente cinco sólidos regulares: o tetraedro, o cubo, o octaedro, o dodecaedro e o icosaedro. As formas básicas permitidas na geometria plana são linhas retas e círculos, frequentemente combinados – por exemplo, um triângulo é formado a partir de três linhas retas. Em geometria espacial também encontramos planos, cilindros e esferas.

Para os matemáticos modernos, o mais interessante na geometria de Euclides não é seu conteúdo, mas sua estrutura lógica. Ao contrário de seus predecessores, Euclides não afirma meramente que um teorema é verdadeiro. Ele fornece uma prova.

Poliedros regulares

Um sólido é regular (ou platônico) se é formado de faces idênticas, dispostas da mesma forma em cada vértice, sendo cada face um polígono regular. Os pitagóricos tinham conhecimento de cinco sólidos, como abaixo:

Os cinco sólidos platônicos

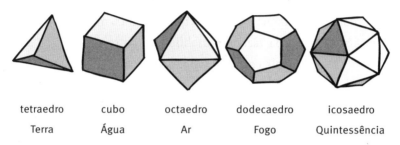

tetraedro	cubo	octaedro	dodecaedro	icosaedro
Terra	Água	Ar	Fogo	Quintessência

- O tetraedro, formado de quatro triângulos equiláteros.
- O cubo (ou hexaedro), formado de seis quadrados.
- O octaedro, formado de oito triângulos equiláteros.
- O dodecaedro, formado de doze pentágonos regulares.
- O icosaedro, formado de vinte triângulos equiláteros.

Eles os associavam com os quatro elementos da Antiguidade – terra, água, ar e fogo – e com eles um quinto elemento, a quintessência, literalmente quinta essência.

O que é uma prova? É uma espécie de história matemática, na qual cada passo é uma consequência lógica de alguns dos passos anteriores. Cada afirmativa feita precisa ser justificada fazendo referência a afirmativas anteriores, mostrando que é uma consequência lógica das mesmas. Euclides se deu conta de que esse processo não pode retroceder indefinidamente: ele precisa começar em algum lugar, e essas afirmativas iniciais não podem ser provadas elas mesmas – ou então o processo de prova começa, na verdade, em um lugar diferente.

Para dar o chute inicial, Euclides principiou por listar algumas definições: afirmativas claras e precisas do que significam certos termos técnicos, tais como *reta* ou *círculo*. Uma definição típica é: "ângulo obtuso é o ângulo maior que um ângulo reto." As definições lhe davam a terminologia de que necessitava para afirmar suas premissas não provadas, que ele classificou em dois tipos: *noções comuns* e *postulados*. Uma noção comum típica é: "coisas iguais a uma mesma coisa são iguais entre si." Um postulado típico é: "todos os ângulos retos são iguais entre si."

Hoje em dia nós juntaríamos os dois tipos e os chamaríamos de axiomas. Os axiomas de um sistema matemático são as premissas subjacentes que fazemos acerca desse sistema. Pensamos nos axiomas como as regras do jogo, e insistimos para que o jogo seja jogado conforme as regras. Não perguntamos mais se as regras são verdadeiras – não achamos mais que haja apenas um jogo que possa ser jogado. Qualquer um que queira jogar aquele jogo específico precisa aceitar as regras; se não aceitar, tem liberdade de jogar um jogo diferente, mas não será aquele determinado por aquelas regras particulares.

Na época de Euclides, e por aproximadamente 2 mil anos depois dele, os matemáticos não pensavam dessa maneira de modo algum. Geralmente consideravam os axiomas verdades autoevidentes, tão óbvias que ninguém podia questioná-las a sério. Então Euclides fez o melhor que pôde para deixar seus axiomas óbvios – e por muito pouco quase conseguiu. Mas um axioma, o "axioma das paralelas", é inusitadamente complicado e contraintuitivo, e muita gente tentou deduzi-lo a partir de premissas mais simples. Mais adiante, veremos as notáveis descobertas a que isso levou.

A partir desses princípios simples, *Os elementos* prossegue, passo a passo, de modo a fornecer provas de teoremas geométricos cada vez mais sofisticados. Por exemplo, Livro I, Proposição 5, prova que os ângulos da base de um triângulo isósceles (um triângulo com dois lados iguais) são iguais. Esse teorema era conhecido por gerações de escolares vitorianos como *pons asinorum* ou ponte de asnos: o diagrama parece uma ponte, e era a primeira barreira séria em que tropeçavam os alunos que queriam aprender o tema decorando em vez de entender. Livro I, Proposição 32, prova que os ângulos de um triângulo somam 180°. Livro I, Proposição 47, é o Teorema de Pitágoras.

A lógica da forma

EUCLIDES DE ALEXANDRIA
(325-265 a.C.)

Euclides é famoso pelo seu livro de geometria *Os elementos*, que foi um proeminente – na verdade, o mais importante – texto de ensino matemático por dois milênios.

Sabemos muito pouco da vida de Euclides. Ele lecionou em Alexandria. Por volta de 45 a.C. o filósofo Proclo escreveu:

"Euclides ... viveu na época do primeiro Ptolomeu, pois Arquimedes, que se seguiu imediatamente ao primeiro Ptolomeu, faz menção a Euclides ... Ptolomeu certa vez indagou [a Euclides] se havia um caminho mais curto para estudar geometria do que Os elementos, *ao que ele respondeu que não havia estrada real para a geometria. Ele é, portanto, mais jovem que o círculo de Platão, porém mais velho que Eratóstenes e Arquimedes ... ele era platonista, estando de acordo com essa filosofia, tanto que criou como fim de todo* Os elementos *a construção das assim chamadas figuras platônicas (sólidos regulares)."*

Euclides deduzia cada teorema de teoremas anteriores e vários axiomas. Ele construiu uma torre lógica, que foi se erguendo mais e mais rumo ao céu, com os axiomas como seus alicerces e as deduções lógicas como a argamassa que mantinha os tijolos unidos.

Atualmente nos satisfazemos menos com a lógica de Euclides, pois ela tem muitas lacunas. Euclides considerava muitas coisas existindo a priori; sua lista de axiomas está longe de ser completa. Por exemplo, pode parecer óbvio que se uma reta passa por um ponto dentro de um círculo ela deve cortar o círculo em algum lugar – pelo menos se for prolongada o suficiente. Certamente parece óbvio se você desenhar a figura, mas há exemplos mostrando que isso não é consequência dos axiomas de Euclides. Euclides saiu-se muito bem, mas ele presumia que características aparentemente óbvias de diagramas não precisavam nem de provas nem de base axiomática.

É uma omissão mais séria do que pode parecer. Existem alguns exemplos famosos de raciocínio falacioso surgindo de erros sutis em figuras. Um deles "prova" que todo triângulo tem dois lados iguais.

A razão áurea

O Livro V de *Os elementos* caminha numa direção muito diferente, e bastante obscura, do que os Livros I-IV. Não parece geometria convencional. De fato, à primeira vista soa como um jargão ininteligível. O que devemos entender, por exemplo, do Livro V, Proposição 1? Lá está: "Se certas grandezas são equimúltiplas de outras grandezas, então qualquer que seja o múltiplo de uma dessas grandezas em relação às outras, este também será o múltiplo de todas".

A linguagem (que simplifiquei um pouco) não ajuda, mas a prova deixa claro o que Euclides pretendia. O matemático inglês do século XIX Augustus De Morgan explicou a ideia em linguagem simples em seu livro-texto de geometria: "Dez pés e dez polegadas equivale a dez vezes um pé e uma polegada."

O que Euclides tem em mente aqui? Seriam trivialidades em roupagem de teoremas? Absurdos místicos? De maneira alguma. Esse material parece obscuro, mas conduz à parte mais profunda de *Os elementos*: as técnicas de Eudoxo para lidar com proporções irracionais. Nos dias de hoje, os matemáticos preferem trabalhar com números, e como estes nos são mais familiares, frequentemente interpretarei as ideias gregas nessa linguagem.

Euclides não pôde evitar defrontar-se com as dificuldades dos números irracionais, porque o clímax de *Os elementos* – e, muitos acreditam, seu principal objetivo – era a prova de que existem precisamente cinco sólidos regulares: o tetraedro, o cubo (ou hexaedro), o octaedro, o dodecaedro e o icosaedro. Euclides provou duas coisas: não existem outros sólidos regulares, e esses cinco de fato existem – podem ser construídos geometricamente, e suas faces se encaixam perfeitamente sem o menor erro.

Dois dos sólidos regulares, o dodecaedro e o icosaedro, envolvem o pentágono regular: o dodecaedro tem faces pentagonais, e as cinco faces do icosaedro que cercam qualquer vértice determinam um pentágono. Pentágonos regulares estão diretamente relacionados com o que Euclides chamou de "média e extrema razão". Num segmento *AB*, determinar um ponto *C* de modo que a razão *AB:AC* seja igual à razão *AC:BC*. Ou seja, o segmento inicial tem a mesma proporção em relação ao segmento maior que o segmento maior tem em relação ao menor. Se você desenhar um pentágono e inscrever nele uma estrela de cinco pontas, os lados da estrela estarão relacionados com os lados do pentágono por essa razão específica.

Atualmente a chamamos de razão *áurea*. Ela vale $\frac{1+\sqrt{5}}{2}$, e este é um número irracional. Seu valor numérico é aproximadamente 1,618. Os gregos puderam provar que era irracional explorando a geometria do pentágono. De modo que Euclides e seus predecessores estavam cientes de que para uma compreensão adequada do dodecaedro e do icosaedro precisariam enfrentar os irracionais.

A razão das diagonais com os lados é uma razão áurea.

Média e extrema razão (agora chamada de razão áurea). A razão entre o traço superior e o traço do meio é igual à razão entre o traço do meio e o traço inferior.

Esta, pelo menos, é a visão convencional de *Os elementos*. David Fowler argumenta em seu livro *The Mathematics of Plato's Academy* que existe uma visão alternativa – essencialmente, o ponto de vista contrário. Talvez o principal objetivo de Euclides fosse a teoria dos irracionais, e os sólidos regulares fossem apenas uma aplicação clara. A evidência pode ser interpretada de qualquer uma das maneiras. Mas um aspecto de *Os elementos* se ajusta mais perfeitamente a essa teoria alternativa. Grande parte do material sobre teoria dos números não é necessária para a classificação dos sólidos regulares – então por que Euclides o teria incluído? No entanto, o mesmo material está intimamente relacionado com os números irracionais, o que poderia explicar por que foi incluído.

Arquimedes

O maior dos matemáticos antigos foi Arquimedes. Fez contribuições importantes para a geometria, esteve na linha de frente da aplicação da matemática ao mundo natural e foi um engenheiro de sucesso. Mas para os matemáticos Arquimedes será sempre lembrado pelo seu trabalho com círculos, esferas e cilindros, que hoje associamos ao número π ("pi"), aproximadamente 3,14159. É claro que os gregos não trabalhavam diretamente com π: viam-no geometricamente como a razão entre o comprimento de uma circunferência e seu diâmetro.

Culturas mais antigas haviam percebido que uma circunferência, a linha que forma o círculo, é sempre o mesmo múltiplo de seu diâmetro, e sabiam que esse múltiplo era aproximadamente 3, talvez um pouco maior. Os babilônios usavam $3\frac{1}{8}$. Mas Arquimedes foi muito adiante; seus resultados eram acompanhados de provas rigorosas, no espírito de Eudoxo. Até onde os gregos sabiam, a razão entre a circunferência e seu diâmetro podia ser um valor irracional. Sabemos agora que é exatamente esse o caso, mas a prova precisou esperar até 1770, quando Johann Heinrich Lambert concebeu uma. (O valor de $3\frac{1}{7}$, usado muitas vezes no ensino, é conveniente, mas aproximado.) Seja como for, como Arquimedes não pôde provar que π era racional, teve de admitir que talvez não fosse.

A geometria grega funcionava melhor com polígonos – formas compostas de linhas retas. Mas um círculo é curvo, então Arquimedes se esgueirou para ele por meio de polígonos de aproximação. Para calcular π, comparou uma circunferência com os perímetros de duas séries de polígonos: uma série situada dentro do círculo e a outra, em torno dele. Os perímetros dos polígonos dentro do círculo devem ser menores que o círculo, ao passo que os polígonos externos devem ter perímetros maiores.

Para facilitar os cálculos, Arquimedes construiu seus polígonos bisseccionando os lados de um hexágono regular (polígono de seis lados iguais), obtendo polígonos regulares de 12, 24, 48 lados, e assim por diante. Parou em 96. Seus cálculos provaram que $3^{10}/_{71} < \pi < 3^{1}/_{7}$; ou seja, π se encontra em algum ponto entre 3,1408 e 3,1429 na notação decimal de hoje.

PI com enorme precisão

O valor de π agora já foi calculado com vários bilhões de dígitos, utilizando-se os mais sofisticados métodos. Tais computações têm interesse pelos seus métodos – para testar sistemas de computadores e por pura curiosidade –, mas o resultado em si possui pouco significado. Aplicações práticas de π geralmente requerem não mais de cinco ou seis dígitos. O recorde atual é de 1,24 trilhão de casas decimais, computado por Yasumasa Kanada e uma equipe de nove pessoas em dezembro de 2002. A computação levou 600 horas num supercomputador Hitachi SR8000.

O trabalho de Arquimedes com a esfera é de especial interesse, pois agora conhecemos não apenas sua prova rigorosa, mas também o modo como ele a encontrou – o que, decididamente, e não foi algo rigoroso. A prova é dada em seu livro *Sobre a esfera e o cilindro*. Ele mostra que o volume de uma esfera é dois terços do volume de um cilindro circunscrito, e que as áreas das superfícies das partes da esfera e do cilindro contidas entre dois planos paralelos quaisquer são iguais. Em linguagem moderna, Arquimedes provou que o volume de uma esfera é $^{4}/_{3}\pi r^3$, onde r é o raio, e sua área de superfície é $4\pi r^2$. Esses fatos básicos estão em uso até hoje.

A prova é um uso bem-sucedido da exaustão. Esse método tem uma limitação importante: é necessário saber qual é a resposta antes de ter a chance de prová-la. Durante séculos os estudiosos não conseguiram ter ideia de como Arquimedes adivinhou a resposta. Mas em 1906 o

ARQUIMEDES DE SIRACUSA
(287-212 a.C.)

Arquimedes nasceu em Siracusa, Grécia, filho do astrônomo e escultor Fídias. Visitou o Egito, onde supostamente inventou o Parafuso de Arquimedes, que até pouco tempo era bastante usado para retirar água do Nilo para irrigação. É provável que tenha visitado Euclides em Alexandria; e é certo que se correspondeu com matemáticos daquela cidade.

Seus talentos matemáticos eram insuperáveis e muito amplos. Ele os direcionou para usos práticos, e construiu gigantescas máquinas de guerra baseadas em sua "lei da alavanca", capazes de lançar enormes rochas contra o inimigo. Suas máquinas foram usadas com bom resultado no cerco romano a Alexandria em 212 a.C. Ele chegou a utilizar a geometria da reflexão óptica para focar os raios do sol sobre uma frota romana invasora, incendiando os navios.

Seus livros sobreviventes (apenas em cópias posteriores) são *Sobre o equilíbrio do plano*, *A quadratura da parábola*, *Sobre a esfera e o cilindro*, *Sobre espirais*, *Sobre conoides e esferoides*, *Sobre corpos flutuantes*, *Medição de um círculo* e *O contador de areia*, juntamente com *O método*, encontrado em 1906 por Johan Heiberg.

O Parafuso de Arquimedes.

A lógica da forma

pesquisador dinamarquês Heiberg estava estudando um pergaminho do século XIII, sobre o qual havia preces escritas, e notou linhas sutis de uma inscrição anterior, que fora apagada para dar lugar às preces. E descobriu que o documento original era uma cópia de diversos trabalhos de Arquimedes, alguns deles desconhecidos até então. Esse tipo de

O palimpsesto de Arquimedes.

documento é chamado palimpsesto – um pedaço de pergaminho que tem uma escrita posterior superposta a um texto mais antigo apagado. (Surpreendentemente, sabe-se agora que o mesmo manuscrito contém trechos de obras perdidas de dois outros autores antigos.) Uma das obras de Arquimedes, *O método de teoremas mecânicos*, explica como adivinhar o volume de uma esfera. A ideia é cortar a esfera em fatias infinitamente finas e colocá-las num dos pratos de uma balança; no outro prato são colocadas fatias similares de um cilindro e de um cone – cujos volumes Arquimedes já conhecia. A lei da alavanca produz o valor requerido para o volume. O pergaminho foi vendido por 2 milhões de dólares a um comprador particular em 1998.

Problemas para os gregos

A geometria grega tinha limitações, algumas das quais foram superadas com a introdução de novos métodos e conceitos. Euclides, efetivamente, restringiu as construções geométricas permitidas às que podiam ser executadas usando uma borda reta sem marcação (régua) e um par de compassos (daí "compasso" – a palavra par é tecnicamente necessária, pelo mesmo motivo que cortamos papel com um *par* de tesouras, mas não sejamos pedantes). Às vezes diz-se que ele fez essa exigência, mas ela está implícita em suas construções, não é uma regra explícita. Com instrumentos adicionais – idealizados da mesma maneira que a curva desenhada por um compasso é idealizada como um círculo perfeito –, novas construções são possíveis.

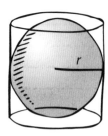

Uma esfera e seu cilindro circunscrito.

A lógica da forma

Por exemplo, Arquimedes sabia que é possível trisseccionar um ângulo usando-se uma aresta reta com duas marcas fixas nela. Os gregos chamavam esse procedimento de "construções por *nêusis*". Sabemos agora (como os gregos devem ter suspeitado) que uma trissecção exata de um ângulo com régua e compasso é impossível, então a contribuição de Arquimedes amplia genuinamente o que é possível. Dois outros problemas famosos do período são duplicar o cubo (construir um cubo cujo volume seja o dobro de um cubo dado) e quadrar o círculo (construir um quadrado com a mesma área que um círculo dado). Sabe-se que esses problemas também são impossíveis usando-se régua e compasso.

Uma ampliação de longo alcance das operações permitidas em geometria – que gerou frutos no trabalho árabe com a equação cúbica por volta de 800 a.C. e teve importantes aplicações em mecânica e astronomia – foi a introdução de uma nova classe de curvas, as *seções cônicas*. Essas curvas, que são extraordinariamente importantes na história da matemática, são obtidas cortando-se um cone duplo com um plano. Hoje abreviamos o nome para cônicas. Elas são de três tipos:

- A *elipse*, uma curva oval obtida quando o plano corta apenas uma metade do cone. Os círculos são elipses especiais.
- A *hipérbole*, uma curva com dois ramos infinitos, obtida quando o plano corta ambas as metades do cone.
- A *parábola*, uma curva de transição que se encontra entre elipses e hipérboles, no sentido de que é paralela a alguma reta que passa pelo vértice do cone e está na superfície do mesmo. A parábola tem apenas um ramo, mas estende-se até o infinito.

As seções cônicas foram estudadas em detalhe por Apolônio de Perga, que viajou de Perga, na Ásia Menor, a Alexandria para estudar sob a orientação de Euclides. Sua obra-prima, *Seções cônicas*, de cerca de 230 a.C., contém 487 teoremas. Euclides e Arquimedes haviam estudado algumas propriedades dos cones, mas seria necessário um livro inteiro para resumir os teoremas de Apolônio. Uma ideia importante merece ser mencionada

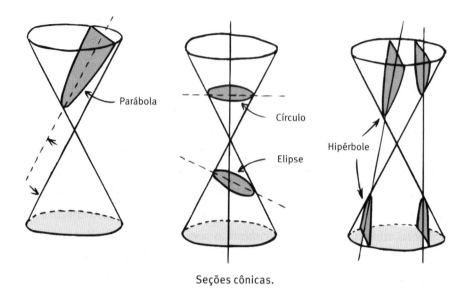

Seções cônicas.

aqui. É a noção de *focos* de uma elipse (ou hipérbole). Os focos são dois pontos especiais associados a esses dois tipos de cônicas. Entre suas muitas propriedades, ressaltamos apenas uma: a distância de um dos focos da elipse a qualquer ponto dela, e de volta ao outro foco, é constante (e igual ao eixo maior da elipse). Os focos da hipérbole possuem uma propriedade similar, mas aqui consideramos a diferença entre as duas distâncias.

Os gregos sabiam como trisseccionar ângulos e duplicar o cubo usando cônicas. Com o auxílio de curvas especiais, em especial a quadratriz, podiam também quadrar o cubo.

Os matemáticos gregos contribuíram com duas ideias cruciais para o desenvolvimento humano. A mais óbvia foi a compreensão sistemática da geometria. Usando a geometria como ferramenta, os gregos entenderam o tamanho e a forma do nosso planeta, sua relação com o Sol e a Lua, até mesmo os movimentos complexos do restante do sistema solar. Usaram a geometria para cavar túneis partindo de ambas as extremidades, encontrando-se no meio, o que diminuiu pela metade o tempo de construção. Construíram máquinas gigantescas e potentes, baseadas em princípios simples como a lei da alavanca, com propósitos tanto pacíficos como

HIPÁTIA DE ALEXANDRIA
(370-415 d.C.)

Hipátia é a primeira mulher matemática no registro histórico. Era filha de Téon de Alexandria, ele próprio um matemático, e é provável que tenha aprendido com ele. Por volta de 400 ela se tornara chefe da escola platonista em Alexandria, lecionando filosofia e matemática. Diversas fontes históricas afirmam que ela era uma professora brilhante.

Não sabemos se Hipátia fez alguma contribuição original para a matemática, mas ela ajudou Téon a redigir um comentário sobre o *Almagesto* de Ptolomeu, e pode também tê-lo ajudado a preparar uma nova edição de *Os elementos*, na qual basearam-se todas as edições posteriores. Escreveu comentários sobre a *Aritmética*, de Diofanto, e *As cônicas*, de Apolônio.

Entre os discípulos de Hipátia estavam várias figuras proeminentes do cristianismo, então uma religião crescente, como Sinésio de Cirene. Algumas de suas cartas a ela estão registradas, e louvam as suas habilidades. Infelizmente muitos dos primeiros cristãos consideravam a filosofia e a ciência de Hipátia por demais enraizadas no paganismo, fazendo com que alguns desaprovassem sua influência. Em 412 o novo patriarca de Alexandria, Cirilo, desentendeu-se politicamente com o prefeito romano Orestes. Hipátia era boa amiga de Orestes, e seus talentos como professora e oradora eram vistos como uma ameaça pelos cristãos. Acabou por se tornar foco de inquietação política, e foi esquartejada por uma turba. Uma das fontes históricas culpa uma seita política, os monges nitrianos, que apoiavam Cirilo. Outra culpa uma turba de Alexandria. Uma terceira fonte alega que ela fazia parte de uma rebelião política, e sua morte foi inevitável.

A morte de Hipátia foi brutal, esquartejada por uma multidão com ladrilhos afiados (outros dizem que eram conchas de ostras). Seu corpo, em pedaços, foi então queimado. Essa punição pode ser uma evidência de que Hipátia foi condenada por bruxaria – na verdade, a primeira bruxa famosa a ser queimada pelos antigos cristãos –, pois a pena por bruxaria, determinada por Constâncio II, era de que a carne deveria ser "arrancada dos ossos com ganchos de ferro".

O que a geometria fez por eles

Por volta de 250 a.C. Eratóstenes de Cirene usou a geometria para avaliar o tamanho da Terra. Ele notou que ao meio-dia, no solstício de verão, o sol estava quase exatamente a pino em Siene (hoje em dia, Assuã), pois brilhava diretamente no fundo de um poço vertical. No mesmo dia do ano, a sombra de uma alta coluna indicava que a posição do sol em Alexandria estava um quinquagésimo de círculo inteiro (cerca de 7,2°) afastada da vertical. Os gregos sabiam que a Terra é esférica, e Alexandria estava ao norte de Siene praticamente em linha reta. Logo, a geometria de uma seção circular de esfera implicava que a distância de Alexandria a Siene era de um quinquagésimo da circunferência da Terra.

Eratóstenes sabia que as caravanas de camelos levavam 50 dias para ir de Alexandria a Siene, e que viajavam uma distância de 100 estádios por dia. Logo, a distância de Alexandria a Siene é de 5.000 estádios, fazendo com que a circunferência da Terra seja de 250.000 estádios. Infelizmente não sabemos ao certo o valor de um estádio, mas uma estimativa é de 157m, levando a uma circunferência de 39.250km. O número moderno é 39.840km.

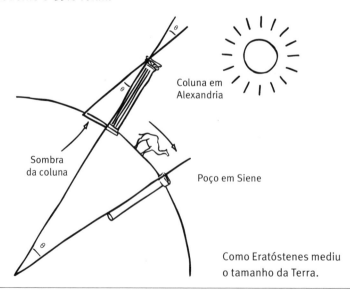

Como Eratóstenes mediu o tamanho da Terra.

A lógica da forma

bélicos. Exploraram a geometria na construção de navios e na arquitetura, e nesta edifícios como o Partenon nos provam que matemática e beleza não estão tão distantes entre si. A elegância visual do Partenon deriva de um sem-número de truques matemáticos, usados pelo arquiteto para superar as limitações do sistema visual humano e as irregularidades no próprio solo em que o edifício se assentava.

A segunda contribuição foi o uso sistemático da dedução lógica para assegurar que aquilo que estava sendo afirmado pudesse ser também justificado. A argumentação lógica emergiu da filosofia dos gregos, mas encontrou sua forma mais explícita e desenvolvida na geometria de Euclides e seus sucessores. Sem fundações lógicas sólidas, a matemática posterior jamais teria surgido.

As duas contribuições permanecem vitais até hoje. A engenharia moderna – projeto e produção, por exemplo – repousa firmemente nos princípios geométricos descobertos pelos gregos. Todo prédio é projetado para não cair por seu próprio peso; muitos são projetados para resistir a terremotos. Cada torre, cada ponte, cada estádio de futebol é um tributo aos geômetras da Grécia Antiga.

Pensamento racional, argumento lógico – isso é igualmente vital. Nosso mundo é complexo demais, é potencialmente perigoso demais, para que baseemos as nossas decisões naquilo em que queremos acreditar, em lugar de fazê-lo com base no que de fato ocorre. O método científico é deliberadamente construído para superar um desejo humano muito arraigado de presumir que aquilo que queremos que seja verdade – o que alegamos "conhecer" – de fato é verdade. Em ciência, a ênfase é colocada no esforço de provar que aquilo que você acredita ser profundamente verdadeiro está errado. Ideias que sobrevivem a rigorosas tentativas de negá-las são as mais prováveis de estar corretas.

O que a geometria faz por nós

A expressão de Arquimedes para o volume da esfera ainda é útil nos dias de hoje. Uma de suas aplicações, que requer um conhecimento de alta precisão de π, é o padrão de unidade de massa para toda a ciência. Por muitos anos, por exemplo, um metro foi definido como sendo o comprimento de uma barra de determinado metal quando medido a uma determinada temperatura.

Muitas unidades básicas de medida são atualmente definidas em termos de coisas como o tempo que um átomo de um elemento específico leva para vibrar um número enorme de vezes. Mas algumas ainda se baseiam em objetos físicos e a massa é um desses casos. A unidade padrão de massa é o quilograma. Um quilograma é atualmente definido pela massa de uma esfera particular, feita de silício puro e guardada em Paris. A esfera foi feita com uma precisão de altíssimo grau, assim como a densidade do silício. A fórmula de Arquimedes é necessária para calcular o volume da esfera, que relaciona densidade e massa.

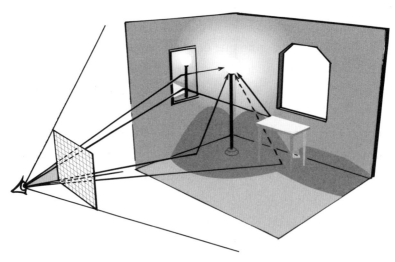

Princípio do trajeto de raios.

A lógica da forma

Outro uso moderno da geometria ocorre em computação gráfica. O cinema tem utilizado largamente imagens produzidas por computador, e muitas vezes é necessário gerar imagens que incluam reflexos – num espelho, numa taça de vinho, qualquer coisa que capte a luz. Sem esses reflexos a imagem não parece realista. Um modo eficiente de fazer isso é por meio do trajeto dos raios. Quando se olha determinada cena de uma direção específica, o olho detecta um raio de luz que se refletiu pelos objetos na cena e, por acaso, penetra no olho vindo dessa direção. Podemos seguir o trajeto desse raio indo de trás para a frente. Em qualquer superfície refletora, a reflexão é tal que o raio incidente e o raio refletido formam ângulos iguais com a superfície. Traduzir esse fato geométrico em cálculos numéricos permite ao computador refazer o trajeto do raio de trás para a frente, seja qual for o número de reflexões que ele tiver sofrido antes de encontrar algo opaco. (Várias reflexões serão necessárias se, por exemplo, a taça de vinho estiver diante de um espelho.)

3. Notações e números

De onde vêm os nossos símbolos numéricos

Estamos tão acostumados ao sistema numérico de hoje, com sua utilização dos dez algarismos decimais 0, 1, 2, 3, 4, 5, 6, 7, 8 e 9 (nos países ocidentais), que é praticamente um choque perceber que existem modos inteiramente diferentes de escrever números. Mesmo hoje, muitas culturas – árabe, chinesa, coreana – usam símbolos diferentes para os dez algarismos, embora todas combinem esses símbolos para formar números maiores usando o mesmo método "posicional" (centenas, dezenas, unidades). Mas diferenças em notação podem ser mais radicais do que isso. Não há nada de especial no número 10. Por acaso é o número de dedos humanos, o que é ideal para contar, mas se tivéssemos desenvolvido sete dedos, ou doze, sistemas muitos similares teriam funcionado igualmente bem, talvez melhor em alguns casos.

Numerais romanos

A maioria dos ocidentais conhece pelo menos um sistema alternativo, os numerais romanos, nos quais – por exemplo – o ano 2012 é escrito MMXII. A maioria de nós também tem consciência, se formos lembrados disso, de que empregamos dois métodos distintos de escrever números que não são inteiros – frações como ¾ e decimais como 0,75. Todavia, outra notação numérica, encontrada em calculadoras, é a notação científica para números muito grandes ou muito pequenos – tais como 5×10^9 para cinco bilhões (muitas vezes vista como 5E9 em visores de calculadoras) ou 5×10^{-6} para cinco milionésimos.

Notações e números

Esses sistemas simbólicos desenvolveram-se ao longo de milhares de anos, e muitas alternativas floresceram em várias culturas. Já vimos o sistema sexagesimal babilônico (que seria natural para qualquer criatura que tivesse sessenta dedos) e os mais simples e mais limitados símbolos numéricos egípcios, com seu estranho tratamento para frações. Posteriormente, números com base 20 eram usados na América Central pela civilização maia. Apenas recentemente a humanidade se firmou nos métodos correntes para escrever números, e seu uso estabeleceu-se mediante uma mistura de tradição e conveniência. A matemática trata de conceitos, não de símbolos — mas escolher bem um símbolo pode ser muito proveitoso.

Numerais gregos

Nós pegamos a história dos símbolos numéricos com os gregos. A geometria grega foi um grande avanço sobre a geometria babilônica, mas a aritmética grega — até onde podemos afirmar em vista das fontes sobreviventes — não foi. Os gregos deram um grande passo para trás: não usavam a notação posicional. Em vez disso, usavam símbolos específicos para múltiplos de 10 ou 100, de modo que, por exemplo, o símbolo para 50 não tinha nenhuma relação particular com o símbolo para 5 ou 500.

A mais antiga evidência de numerais gregos data de cerca de 1.100 a.C. Por volta de 600 a.C. os símbolos haviam mudado, e em torno de 450 a.C. haviam mudado de novo, com a adição do sistema ático, que se assemelha aos numerais romanos. O sistema ático usava |, ||, ||| e |||| para os números 1, 2, 3 e 4. Para o 5 era empregada a letra grega pi maiúscula (Π), provavelmente por ser a primeira letra de penta. Da mesma maneira, 10 era escrito Δ, a primeira letra de deca; 100 era escrito H, a primeira letra de hecaton; 1.000 era escrito Ξ, a primeira letra de chilioi; e 10.000 era escrito M, a primeira letra de mirioi. Mais tarde Π foi mudado para Γ. Assim, o número 2.178, por exemplo, era escrito

$$\Xi\Xi H\Delta\Delta\Delta\Delta\Delta\Delta\Delta\Gamma|||$$

Embora os pitagóricos tenham feito dos números a base de sua filosofia, não se sabe como eles os escreviam. Seu interesse em números quadrados e triangulares sugere que talvez tenham representado os números por padrões de pontos. Na época do período clássico, 600-300 a.C., o sistema grego havia mudado novamente, e as 27 diferentes letras de seu alfabeto eram usadas para representar números de 1 a 900, da seguinte maneira:

1	2	3	4	5	6	7	8	9
α	β	γ	δ	ε	ϛ	ζ	η	θ

10	20	30	40	50	60	70	80	90
ι	κ	λ	μ	ν	ξ	ο	π	ϙ

100	200	300	400	500	600	700	800	900
ρ	σ	τ	υ	φ	χ	ψ	ω	ϡ

Estas são letras gregas minúsculas, acrescentadas de três letras do alfabeto fenício: ϛ (stigma), ϙ (koppa) e ϡ (sampi).

Usar letras para representar números podia causar ambiguidade, de modo que se colocava uma linha horizontal acima dos símbolos numéricos. Para números maiores que 999, o valor de um símbolo podia ser multiplicado por 1.000 colocando-se um traço diante do número.

Os vários sistemas gregos eram razoáveis como método para registrar resultados de cálculos, mas não para executar os cálculos em si. (Imagine tentar multiplicar σμγ por ωλδ, por exemplo.) Os cálculos propriamente ditos eram provavelmente executados utilizando-se um ábaco, talvez representado por pedras na areia, especialmente nos primeiros tempos.

Os gregos escreviam frações de diversas maneiras. Uma delas era escrever o numerador seguido de aspas simples ('), e depois o denominador seguido de aspas duplas ("). Frequentemente o denominador era escrito duas vezes. Assim, $^{21}\!/_{47}$ seria escrito κ α' μ ζ" μ ζ"

onde κ α é 21 e μ ζ é 47. Eles usavam também frações no estilo egípcio, e havia um símbolo especial para ½. Alguns astrônomos gregos, especialmente Ptolomeu, empregavam o sistema sexagesimal babilônico por precisão, mas usando símbolos gregos para os dígitos componentes. Era tudo diferente do que usamos hoje. Na verdade, era uma bagunça.

Símbolos numéricos indianos

Os dez símbolos correntemente usados para representar os algarismos decimais são muitas vezes citados como numerais *indo-arábicos*, por terem se originado na Índia, sendo incorporados e desenvolvidos pelos árabes.

Os mais antigos numerais indianos eram mais parecidos com o sistema egípcio. Por exemplo, os numerais Khasrosthi, usados de 400 a.C. até 100 d.C., representavam os números de 1 a 8 como

| || ||| X |X ||X |||X XX

com um símbolo especial para 10. Os primeiros traços do que acabaria se tornando o moderno sistema simbólico apareceram por volta de 300 a.C. nos numerais brahmis. Inscrições budistas da época incluem precursores dos posteriores símbolos hindus para 1, 4 e 6. No entanto, o sistema brahmi usava símbolos diferentes para múltiplos de 10 ou múltiplos de 100, de modo que era semelhante ao simbolismo numérico grego, exceto por utilizar símbolos especiais em vez de letras do alfabeto. O sistema brahmi não era posicional. Existem registros datados de cerca de 100 d.C. do sistema brahmi completo. Inscrições em grutas e moedas mostram que ele continuou em uso até o século IV.

Entre os séculos IV e VI, o Império Gupta adquiriu controle sobre grande parte da Índia, e os numerais brahmis evoluíram para os numerais guptas. Dali, evoluíram para os numerais nagaris. A ideia era a mesma, mas os símbolos, diferentes.

Os indianos podem ter desenvolvido a notação posicional por volta do século I, mas a mais antiga evidência documentada datável coloca essa notação em 594. É um documento legal que traz a data de 346 no calendário chedii, mas alguns estudiosos acreditam que essa data pode ter sido falsificada. Há, entretanto, um consenso de que a notação posicional estava em uso na Índia a partir de cerca de 400.

Há um problema com o uso dos símbolos apenas de 1 a 9; a notação é ambígua. O que significa 25, por exemplo? Pode significar (na nossa notação) 25, ou 205, ou 2005, ou 250 etc. Na notação posicional, onde o significado de um símbolo depende da localização, é importante especificar a localização sem ambiguidade. Hoje nós fazemos isso usando um décimo símbolo, o zero (0). Mas as civilizações antigas levaram um longo tempo para reconhecer o problema e resolvê-lo dessa maneira. Um motivo era filosófico: como 0 pode ser um número quando um número é uma quantidade de coisas? Será nada uma quantidade? Outro era prático: geralmente ficava claro pelo contexto se 25 significava 25 ou 250 ou qualquer outra coisa.

Numerais brahmis de 1 a 9.

Em algum momento anterior a 400 a.C. — a data exata é desconhecida — os babilônios introduziram em sua notação numérica um símbolo especial para mostrar uma posição ausente. Isso poupou aos escribas o esforço de deixar em branco um espaço cuidadosamente escolhido, possibilitando descobrir o que um número queria dizer mesmo se estivesse escrito de forma desleixada. Essa invenção foi esquecida, ou não transmitida a outras culturas, e acabou sendo redescoberta pelos hindus. O manuscrito Bakhshali, cuja data é discutida mas se situa em algum ponto entre 200 e 1100 d.C., utiliza um ponto forte, •. O texto jain *Lokavibhaaga*, de 458 d.C., usa o conceito de zero, mas não um sím-

Notações e números   57

bolo. Um sistema posicional que carecia do numeral zero foi introduzido por Aryabhata por volta de 500 d.C. Matemáticos indianos posteriores tinham nomes para o zero, mas não usavam um símbolo. O primeiro uso indiscutível do zero em notação de posição ocorre numa tabuleta de pedra em Gwalior no ano 876 d.C.

Aryabhata, Brahmagupta, Mahavira e Bhaskara

Os principais matemáticos indianos foram Aryabhata (nascido em 476 d.C.), Brahmagupta (nascido em 598 d.C.), Mahavira (século IX) e Bhaskara (nascido em 1114). Na verdade deveriam ser descritos como astrônomos, porque a matemática era então considerada uma técnica astronômica. A matemática existente era registrada nos capítulos dos textos astronômicos; não era vista como um tema em si.

Aryabhata nos conta que seu livro *Aryabhatiya* foi escrito quando ele tinha 23 anos. Por mais breve que seja a seção de matemática do livro, ela contém uma riqueza de material: um sistema alfabético para numerais, regras aritméticas, métodos de resolução para equações lineares e quadráticas, trigonometria (incluindo a função seno e o "seno verso" $1 - \cos \theta$). Há também uma excelente aproximação de π, 3,1416.

Brahmagupta foi autor de dois livros: *Brahma Sputa Siddhanta* e *Khanda Khadyaka*. O primeiro é o mais importante; é um texto de astronomia com várias seções sobre matemática, com aritmética e o equivalente verbal da álgebra simples. O segundo livro inclui um método notável para interpolar tabelas de senos – isto é, achar o seno de um ângulo a partir dos senos de um ângulo maior e um ângulo menor.

Mahavira era jain, e incluiu uma porção de matemática jain em seu *Ganita Sara Sangraha*. Esse livro inclui a maior parte do conteúdo dos livros de Aryabhata e Brahmagupta, mas deu um grande passo adiante e, de forma geral, é bem mais sofisticado. Inclui frações, permutações e combinações, a solução de equações quadráticas, triângulos pitagóricos e uma tentativa de achar a área e o perímetro de uma elipse.

O que a aritmética fazia por eles

O mais antigo texto matemático chinês sobrevivente é o *Chiu Chang*, que data de cerca de 100 d.C. Um problema típico é: dois piculs e meio de arroz são comprados por $3/7$ de um tael de prata. Quantos piculs podem ser comprados por 9 taels? A solução proposta usa o que os matemáticos medievais já chamavam de "regra de três". Na notação moderna, seja x a quantidade que queremos calcular.

Então: $\dfrac{x}{9} = \dfrac{5/2}{3/7}$

Logo, $x = 52\ 1/2$ piculs. Um picul tem cerca de 65 quilogramas.

Bhaskara (conhecido como "o mestre") escreveu três obras importantes: *Lilavati*, *Bijaganita* e *Siddhanta Siromani*. Segundo Fyzi, poeta da corte de Akbar, imperador de Mogul, Lilavati era o nome da filha de Bhaskara. O pai fez o horóscopo da filha e determinou a época mais propícia para o seu casamento. Para dramatizar a previsão, pôs uma xícara com um furo dentro de uma bacia de água; a xícara foi construída de maneira que afundasse quando chegasse o momento propício. Mas Lilavati debruçou-se sobre a bacia e uma pérola de suas roupas caiu dentro da xícara e tapou o furo. A xícara não submergiu, o que significava que Lilavati jamais poderia se casar. Para animá-la, Bhaskara escreveu um livro-texto matemático para a filha — mas a história não conta o que ela achou disso.

Lilavati contém ideias sofisticadas em aritmética, inclusive o método da prova dos nove, criada para conferir cálculos, na qual os números são substituídos pela soma de seus dígitos. E contém regras similares de divisibilidade por 3, 5, 7 e 11. O papel do zero como um número em si é deixado claro. *Bijaganita* trata da resolução de equações. *Siddhanta Siromani* trata de geometria: tabelas de senos e várias relações trigonométricas. A reputação de Bhaskara foi tão grande que suas obras ainda eram copiadas por volta de 1800.

O sistema hindu

O sistema hindu começou a se espalhar pelo mundo árabe antes de estar totalmente desenvolvido em seu país de origem. O erudito Severus Sebokht escreve sobre seu uso na Síria em 662: "Omitirei toda discussão sobre a ciência dos indianos ... de suas descobertas sutis em astronomia ... e de seus valiosos métodos de cálculos ... Desejo apenas dizer que essa computação é feita por meio de nove signos."

Em 776 um viajante da Índia apareceu na corte do califa e demonstrou sua maestria no método "siddhanta" de cálculos, juntamente com trigonometria e astronomia. A base para os métodos computacionais parece ter sido o *Brahmasphutasiddhanta*, de Brahmagupta, escrito em 628, mas qualquer que tenha sido o livro foi prontamente traduzido para o árabe.

No início os numerais hindus eram usados sobretudo por eruditos; métodos mais antigos conservaram o uso difundido entre a comunidade comercial árabe e na vida cotidiana, até cerca do ano 1000. Mas a obra *Sobre cálculos com numerais hindus*, de Al-Khwarizmi, em 825, tornou o sistema hindu amplamente conhecido no mundo árabe. O tratado em quatro volumes do matemático Al-Kindi, *Sobre o uso de numerais indianos (Ketab fi Isti'mal al-Adad al-Hindi)*, de 830, fez crescer a consciência da possibilidade de se executar todos os cálculos numéricos usando apenas dez dígitos.

Idade das Trevas?

Enquanto Arábia e Índia faziam avanços significativos em matemática e ciência, a Europa, em comparação, estava estagnada, embora o período medieval não tenha sido exatamente a "Idade das Trevas" imaginada pelo senso comum. Alguns progressos foram feitos, mas eram lentos e não especialmente radicais. O ritmo de mudança começou a acelerar quando o conhecimento das descobertas orientais chegou à Europa.

A Itália fica mais perto do mundo árabe do que a maior parte da Europa, então provavelmente foi inevitável que os progressos árabes em matemática tenham aberto caminho na Europa através da Itália. Veneza, Gênova e Pisa eram importantes centros mercantis, e os mercadores zarpavam desses portos para o norte da África e a extremidade oriental do Mediterrâneo, trocando lã e madeira europeias por seda e especiarias.

Assim como havia o comércio literal de bens, havia também um comércio metafórico de ideias. As descobertas árabes em ciência e matemática viajaram pelas rotas de comércio, muitas vezes de boca em boca. À medida que o comércio foi deixando a Europa mais próspera, as permutas deram lugar ao dinheiro, e manter contas e pagar impostos foi ficando algo mais complexo. O equivalente a uma calculadora de bolso daquela época era o ábaco, um dispositivo no qual contas que se movem sobre arames representam números. No entanto, esses números também precisavam ser anotados em papel, para propósitos legais e manutenção geral de registros. Então os mercadores precisavam de uma boa notação numérica, bem como métodos de fazer cálculos rápidos e acurados.

Evolução dos símbolos numéricos ocidentais.

Uma figura influente foi Leonardo de Pisa, também conhecido como Fibonacci, cuja obra *Liber Abbaci* foi publicada em 1202. (A palavra italiana *"abbaco"*, em geral, significa "cálculo", e não implica necessariamente o uso do ábaco, um termo latino.) Leonardo apresentou os símbolos numéricos indo-arábicos para a Europa.

O *Liber Abbaci* incluía, e promovia, um dispositivo notacional adicional que permanece em uso até hoje: o traço horizontal em uma fração,

Notações e números

como $\frac{3}{4}$ para "três quartos". Os hindus empregavam uma notação similar, mas sem o traço; o traço parece ter sido introduzido pelos árabes. Fibonacci o empregava largamente, mas seu uso diferia do de hoje sob alguns aspectos. Por exemplo, ele usava o mesmo traço como parte de várias frações diferentes.

LEONARDO DE PISA (FIBONACCI)
(1170-1250)

Leonardo nasceu na Itália e cresceu no norte da África, onde seu pai, Guilielmo, trabalhava como diplomata representando os mercadores que comerciavam em Bugia (a Argélia moderna). Acompanhou o pai em suas numerosas viagens, encontrou o sistema árabe para escrever números e compreendeu sua importância. Em seu *Liber Abbaci*, de 1202, ele escreve: "Quando meu pai – que fora nomeado por seu país como notário público na alfândega de Bugia, atuando em nome dos mercadores de Pisa que iam para lá – estava no cargo, ele me levou junto ainda criança e, tendo um olho para a utilidade e a conveniência futura, quis que eu permanecesse lá e recebesse instrução na escola de contabilidade. Ali, quando fui apresentado para a arte dos nove símbolos indianos por meio de um notável ensino, o conhecimento dessa arte logo me agradou mais do que qualquer outra coisa."

O livro apresentava a notação indo-arábica para a Europa e formava um texto aritmético abrangente, contendo uma riqueza de material relacionado com o comércio e a conversão de moedas. Embora tenha levado vários séculos para a notação indo-arábica tomar o lugar do ábaco tradicional, as vantagens de um sistema de cálculo puramente escrito logo se tornou visível.

Leonardo é frequentemente conhecido pelo apelido, "Fibonacci", que significa "filho de Bonaccio", mas esse nome não é registrado antes do século XVIII e provavelmente foi inventado por Guillaume Libri.

Como as frações são muito importantes na nossa história, talvez valha a pena acrescentar alguns comentários sobre a notação. Numa fração como $\frac{3}{4}$, o 4 embaixo nos manda dividir a unidade em quatro partes iguais, e o 3 em cima nos diz para escolher três desses pedaços. Mais formalmente, 4 é o *denominador* e 3 é o *numerador*. Por conveniência tipográfica, as frações são frequentemente escritas usando um traço único, como 3/4, ou às vezes na forma harmônica ¾. O traço horizontal se transforma num traço inclinado.

De modo geral, porém, raramente usamos a notação de frações em trabalho prático. Na maioria das vezes usamos decimais — escrevendo π como 3,14159, por exemplo, o que não é exato, mas aproximado o suficiente para a maioria dos cálculos. Historicamente, temos de dar um pequeno salto para chegar aos decimais, mas estamos seguindo cadeias de ideias, e não cronologia, e será mais simples dar o salto agora. Pulamos então para 1585, quando Guilherme, o Taciturno, escolheu o holandês Simon Stevin como tutor privado para seu filho Maurício de Nassau.

A partir desse reconhecimento, Stevin construiu para si uma bela carreira, tornando-se inspetor de diques, general-contramestre do Exército e, finalmente, ministro das Finanças. Logo percebeu a necessidade de procedimentos contábeis acurados, e atentou para os aritméticos italianos do período da Renascença e para a notação indo-arábica transmitida para a Europa por Leonardo de Pisa. Stevin considerou os cálculos fracionários incômodos, e teria preferido a precisão e a elegância dos sexagesimais babilônicos, não fosse pelo uso da base 60. Tentou encontrar um sistema que combinasse o melhor de ambos, e inventou um análogo do sistema babilônico com base 10: os decimais.

Publicou seu novo sistema de notação, deixando claro que fora experimentado, testado e considerado inteiramente prático por homens inteiramente práticos. Além disso, ressaltou sua eficácia como ferramenta de negócios: "Todos os cálculos com que nos deparamos nos negócios podem ser executados apenas por inteiros, sem auxílio de frações."

Notações e números

Números negativos

Os matemáticos chamam o sistema dos números inteiros positivos de *números naturais*. Incluindo também os negativos obtemos os *números inteiros*. Os *números racionais* (ou meramente "racionais") incluem as frações positivas e negativas, os *números* reais (ou meramente "reais") são os decimais positivos e negativos, inclusive decimais que continuam para sempre, se necessário.

Como foi que os números negativos entraram na história?

No começo do primeiro milênio, os chineses empregavam um sistema de "contagem por varetas", em vez do ábaco. Dispunham as varetas à sua frente em padrões para representar números.

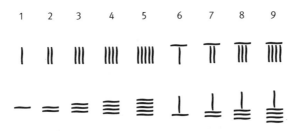

Varetas de contagem chinesas.

A fileira de cima da figura mostra varetas *heng*, que representavam unidades, centenas, dezenas de milhares, e assim por diante, segundo sua posição numa fila para esses símbolos. A fileira de baixo mostra varetas *tsung*, que representam dezenas, milhares, e assim por diante. Portanto, os dois tipos de vareta, se alternavam. Os cálculos eram realizados manipulando-se as varetas de formas sistemáticas.

Ao resolver um sistema de equações lineares, os calculistas chineses arrumariam as varetas sobre uma mesa. Usavam varetas vermelhas para os termos que supostamente deveriam ser somados e varetas pretas para os termos que supostamente deveriam ser subtraídos. Para resolver as equações que escrevemos como

$$3x - 2y = 4$$
$$x + 5y = 7$$

eles montariam as duas equações em duas colunas sobre a mesa: uma coluna com os números 3 (vermelho), 2 (preto) e 4 (vermelho); e outra coluna com 1 (vermelho), 5 (vermelho) e 7 (vermelho).

A notação preto/vermelho não tratava realmente de números negativos, mas de operações de subtração. No entanto, ela montou a cena para o conceito de números negativos, *cheng fu shu*. Agora um número negativo era representado usando o mesmo arranjo de varetas que o correspondente número positivo, colocando-se outra vareta horizontalmente acima do número.

Para Diofanto, todos os números deviam ser positivos, e ele rejeitava soluções negativas para equações. Os matemáticos hindus achavam os números negativos úteis para representar dívidas em cálculos financeiros – dever uma quantia de dinheiro a alguém era pior, financeiramente, do que não ter dinheiro nenhum, de modo que uma dívida devia ser claramente menos que zero. Se você tem 3 libras e paga 2, resta a você $3 - 2 = 1$. Da mesma forma, se você tem uma dívida de 2 libras e consegue 3, seu valor líquido é $-2 + 3 = 1$. Bhaskara comenta que um problema particular tinha duas soluções, 50 e −5, mas ficava nervoso com a segunda solução, dizendo que "não deve ser considerada; as pessoas não aprovam soluções negativas".

Apesar desses contratempos, os números negativos foram gradualmente sendo aceitos. Sua interpretação, num cálculo real, necessitava de cuidado. Às vezes não faziam sentido, às vezes podiam ser dívidas, às vezes podiam significar um movimento descendente em vez de ascendente. Mas, interpretação à parte, sua aritmética funcionava perfeitamente bem, e eram tão úteis como ferramenta de cálculo que teria sido tolice não usá-los.

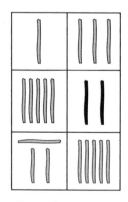

Montando equações, estilo chinês. As varetas mais claras são vermelhas.

Notações e números

A aritmética segue viva

Nosso sistema numérico é tão familiar que temos a tendência de supor que é o único possível, ou pelo menos o único sistema sensato. Na verdade ele evoluiu, de modo exaustivo e com uma porção de becos sem saída, durante milhares de anos. Há muitas alternativas; algumas foram usadas por culturas mais antigas, como os maias. Diferentes notações para os numerais 0-9 são usadas hoje em alguns países. E nossos computadores

---

Numerais maias

Um sistema numérico notável, que usava a notação de base 20 em vez da notação de base 10, foi desenvolvido pelos maias, que viveram na América Central por volta do ano 1000. No sistema de base 20, os símbolos equivalentes ao nosso 347 significariam $3 \times 400 + 4 \times 20 + 7 \times 1$ (já que $20 \times 20 = 400$), que é 1.287 na nossa notação. Os símbolos reais são mostrados aqui.

Civilizações antigas que utilizaram a base 10 provavelmente o fizeram porque os humanos têm dez dedos. Foi sugerido que os maias contavam também os dedos dos pés, sendo por isso o sistema de base 20.

representam internamente os números em notação binária, não decimal: seus programadores asseguram que os números sejam retransformados em decimal antes de aparecerem na tela ou na folha impressa.

Considerando que agora os computadores são onipresentes, existe algum sentido em continuar ensinando aritmética? Sim, por diversas razões. Alguém precisa ser capaz de projetar e construir calculadoras e computadores, e fazer com que trabalhem direito; isso requer *compreensão* aritmética — como e por que ela funciona, não apenas como fazer. E se a sua única habilidade aritmética é ler o que está na calculadora, você provavel-

---

O que a aritmética faz por nós

Usamos a aritmética em toda a nossa vida cotidiana, no comércio e na ciência. Até o desenvolvimento dos computadores e das calculadoras eletrônicas, ou fazíamos os cálculos a mão, com caneta e papel, ou usávamos auxílios como o ábaco ou livros de consulta rápida, que continham tabelas de múltiplos de quantias de dinheiro. Hoje, a maior parte da aritmética acontece eletronicamente nos bastidores — por exemplo, as caixas registradoras de supermercado dizem ao operador quanto troco dar ao freguês, e os bancos totalizam automaticamente o que você tem na conta, em vez de mandar um contador fazer isso. A quantidade de aritmética "consumida" por uma pessoa típica no decorrer de um único dia é substancial.

A aritmética dos computadores, na verdade, não é feita em formato decimal. Computadores usam a base 2, ou binária, em vez da base 10. Em lugar de unidades, dezenas, centenas, milhares, e assim por diante, os computadores usam 1, 2, 4, 8, 16, 32, 64, 128, 256, e assim por diante — potências de 2, cada uma o dobro da anterior. (É por isso que o cartão de memória da sua câmera digital vem em tamanhos engraçados, como 256 megabytes.) Num computador, o número 100 seria decomposto como 64 + 32 + 4 e armazenado na forma 1100100.

Notações e números

mente não notará se o supermercado errar na sua conta. Sem internalizar as operações básicas da aritmética toda a matemática lhe será inacessível. Pode ser que você não se preocupe com isso, mas a civilização moderna desabaria rapidamente se parássemos de ensinar aritmética, porque não se podem identificar futuros engenheiros e cientistas aos cinco anos de idade. Ou mesmo os futuros contadores ou gerentes de banco.

É claro que, uma vez que você tem uma compreensão básica de aritmética manual, usar a calculadora é uma boa maneira de poupar tempo e esforço. Mas, assim como não vai aprender a andar usando sempre uma muleta, você também não aprenderá a pensar com sensatez acerca de números dependendo exclusivamente de uma calculadora.

4. O fascínio do desconhecido
Um X marca o local

O uso de símbolos em matemática vai muito além da sua presença na notação numérica, como fica claro com uma rápida olhada casual em qualquer texto matemático. O primeiro passo importante rumo ao raciocínio simbólico – em oposição à mera representação simbólica – ocorreu no contexto de resolução de problemas. Numerosos textos antigos, remontando até o Antigo Período Babilônico, apresentam aos leitores informação sobre alguma quantidade desconhecida, e em seguida pedem o seu valor. Uma fórmula padrão (no sentido literário) nos tabletes babilônicos diz: "Eu achei uma pedra mas não a pesei." Após alguma informação adicional – "quando acrescentei uma segunda pedra com metade do peso, o peso total foi de 15 *gin*" – o aluno é solicitado a calcular o peso da pedra original.

Álgebra

Problemas desse tipo acabaram dando origem ao que hoje chamamos de álgebra, na qual os números são representados por letras. A quantidade desconhecida é tradicionalmente representada pela letra x, as condições que se aplicam a x são apresentadas em várias fórmulas matemáticas e ensinam-se ao aluno métodos padronizados para extrair o valor de x a partir dessas fórmulas. Por exemplo, o problema babilônico acima seria escrito como $x + \frac{1}{2}x = 15$, e nós aprenderíamos a como deduzir que $x = 10$.

O fascínio do desconhecido

Em nível escolar, a álgebra é um ramo da matemática no qual números desconhecidos são representados por letras, as operações aritméticas são representadas por símbolos e a principal tarefa é deduzir os valores das quantidades desconhecidas, ou incógnitas, a partir de equações. Um problema típico em álgebra escolar é achar uma incógnita x dada a equação $x^2 + 2x = 120$. Esta equação de segundo grau, ou quadrática, tem uma solução positiva, $x = 10$. Aqui $x^2 + 2x = 10^2 + 2 \times 10 = 100 + 20 = 120$. E tem também uma solução negativa, $x = -12$. Agora $x^2 + 2x = (-12)^2 + 2 \times (-12) = 144 - 24 = 120$. Os antigos teriam aceitado a solução positiva, mas não a negativa. Hoje admitimos ambas, porque em muitos problemas os números negativos fazem sentido e correspondem a respostas fisicamente viáveis, e porque a matemática, na verdade, fica mais simples se permitirmos os números negativos.

Em matemática avançada, o uso de letras para representar números é apenas um aspecto mínimo do assunto, o contexto no qual ele teve início. A álgebra trata de propriedades das expressões simbólicas em si; trata de

Um tablete cuneiforme babilônico antigo que
mostra um problema algébrico geométrico.

estrutura e forma, não só do número. Essa visão mais geral da álgebra desenvolveu-se quando os matemáticos começaram a fazer perguntas genéricas acerca da álgebra escolar. Em vez de tentar resolver equações específicas, passaram a olhar a estrutura mais profunda do processo de resolução em si.

Como surgiu a álgebra? O que veio primeiro foram os problemas e os métodos para resolvê-los. Só mais tarde é que a notação simbólica − que agora consideramos como a essência do tópico – foi inventada. Houve muitos sistemas notacionais, mas um acabou eliminando todos os concorrentes. O nome "álgebra" apareceu no meio desse processo e é de origem árabe. (A sílaba inicial "al", equivalente árabe para "o" ou "a", indica sua origem.)

Equações

O que agora chamamos de resolução de equações, na qual uma quantidade desconhecida precisa ser descoberta a partir de informações adequadas, é quase tão antigo quanto a matemática. Há evidência indireta de que os babilônios resolviam equações bastante complicadas já em 2000 a.C., e evidência direta para soluções de problemas mais simples, na forma de tabletes cuneiformes, datando de cerca de 1700 a.C.

A porção sobrevivente do tablete YBC 4652, do Antigo Período Babilônico (1800-1600 a.C.), contém onze problemas a serem resolvidos; o texto no tablete indica que originalmente havia 22. Uma questão típica é:

"Eu achei uma pedra, mas não a pesei. Depois de pegar seis vezes o seu peso, acrescentar 2 *gin* e acrescentar um terço de um sétimo [deste novo peso] multiplicado por 24, eu pesei tudo. O resultado foi 1 *ma-na*. Qual era o peso original da pedra?"

O peso de 1 *ma-na* é 60 *gin*.

Em notação moderna, chamaríamos de x o peso pedido em *gin*. Aí a questão nos diz que:

$$(6x + 2) + \frac{1}{3} \times \frac{1}{7} \times 24(6x + 2) = 60$$

O fascínio do desconhecido 71

e os métodos algébricos padrão nos conduzem à resposta $x = 4\frac{1}{3}$ *gin*. O tablete fornece essa resposta mas não dá indicação clara de como ela foi obtida. Podemos ter confiança de que não foi encontrada utilizando métodos simbólicos como os que usamos agora, porque tabletes posteriores prescrevem métodos de solução em termos de exemplos típicos – "divida *esse* número pela metade, some o produto desses dois, pegue a raiz quadrada ...", e assim por diante.

Esse problema, junto com outros do YBC 4652, é o que atualmente chamamos de equação *linear*, que indica que a incógnita x aparece apenas na primeira potência. Todas essas equações podem ser reescritas na forma

$$ax + b = 0$$

com soluções do tipo $x = -\frac{b}{a}$. Mas nos tempos antigos, sem o conceito de números negativos nem manipulação simbólica, achar uma solução não era algo tão direto. Mesmo hoje, muitos estudantes sofreriam para resolver o problema do YBC 4652.

Mais interessantes são as equações *quadráticas*, ou de segundo grau, onde a incógnita também pode aparecer elevada à segunda potência – ao quadrado. A formulação moderna assume a forma:

$$ax^2 + bx + c = 0$$

e há uma fórmula padrão para achar o valor de x. A abordagem babilônica é exemplificada por um problema no tablete BM 13901:

"Somei sete vezes o lado do meu quadrado e onze vezes a área, [obtendo] 6;15." (Aqui 6;15 é a forma simplificada da notação sexagesimal babilônica, e significa 6 mais $\frac{15}{60}$, ou $6\frac{1}{4}$ na notação moderna.)

A solução apresentada é:

"Anote 7 e 11. Multiplique 6;15 por 11, [obtendo] 1,8;45. Divida 7 pela metade, [obtendo] 3;30 e 3;30. Multiplique, [obtendo] 12;15. Some [isso] a 1,8;45 [obtendo] o resultado 1,21. Esse é o quadrado de 9. Subtraia 3;30, que você multiplicou, de 9. Resultado: 5;30. O recíproco de 11 não pode ser encontrado. Por quanto devo multiplicar 11 para obter 5;30? [A resposta é] 0;30, o lado do quadrado é 0;30."

Note que o tablete diz ao leitor o que fazer, mas não por quê. Trata-se de uma receita. Em primeiro lugar, alguém deve ter entendido o motivo de a receita funcionar, e portanto a anotou; mas uma vez descoberta, podia ser usada por qualquer um que tivesse o treinamento apropriado. Não sabemos se as escolas babilônicas meramente ensinavam a receita, nem se explicavam por que dava certo.

A receita na forma em que está parece bastante obscura, mas é mais fácil interpretá-la do que poderíamos esperar. Os números complicados, na verdade, ajudam; deixam mais claras as regras que estão sendo usadas. Para descobri-las basta sermos sistemáticos. Em notação moderna, escrevemos

$$a = 11, b = 7, c = 6;15 = 6 \tfrac{1}{4}$$

A equação assume a forma

$$ax^2 + bx = c$$

com aqueles valores específicos para a, b e c. Precisamos deduzir x. A solução babilônica nos diz para:

(1) Multiplicar c por a, que nos dá ac.

(2) Dividir b por 2, que é $\tfrac{b}{2}$.

(3) Elevar $\tfrac{b}{2}$ ao quadrado para obter $\tfrac{b^2}{4}$.

(4) Somar isso a ac, que é $ac + \tfrac{b^2}{4}$.

(5) Pegar sua raiz quadrada $\sqrt{\dfrac{ac + b^2}{4}}$.

(6) Subtrair $\tfrac{b}{2}$, que resulta em $\sqrt{\dfrac{ac + b^2}{4}} - \dfrac{b^2}{2}$.

(7) Dividir isso por a, e a resposta é $x = \dfrac{\sqrt{\dfrac{ac + b^2}{4}} - \dfrac{b^2}{2}}{a}$.

O fascínio do desconhecido

Isso é equivalente à fórmula

$$x = \frac{-b + \sqrt{b^2 - 4ac}}{2a}$$

que é ensinada hoje porque colocamos o termo c à esquerda na equação, onde ele vira $-c$.

Fica bem claro que os babilônios sabiam que seu procedimento era um procedimento genérico. O exemplo citado é complexo demais para que a solução seja especial, destinada a resolver esse problema somente.

Como foi que os babilônios pensaram no seu método, e o que achavam dele? Devia haver alguma ideia relativamente simples por trás de um processo tão complicado. Parece plausível, embora não haja evidência direta, que tiveram uma ideia geométrica, completando o quadrado. Uma versão algébrica disso é ensinada ainda hoje. Podemos representar a questão – que, por clareza, optamos escrever na forma $x^2 + ax = b$ – como na figura:

$$x^2 \quad + \quad ax \quad = \quad b$$

Aqui o quadrado e o primeiro retângulo têm altura x; suas larguras são, respectivamente, x e a. O retângulo menor à direita tem área b. A receita babilônica divide efetivamente o primeiro retângulo em duas partes iguais:

$$x^2 \quad + \quad 2(a/2 \times x) \quad = \quad b$$

Podemos então rearrumar as duas novas partes e grudá-las nas bordas do quadrado:

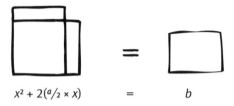

$x^2 + 2(a/_2 \times x)$ $\quad = \quad$ b

O desenho da esquerda agora pede que seja completado de modo a formar um quadrado maior, adicionando o pequeno quadrado sombreado:

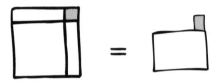

Para manter a equação válida, o mesmo pequeno quadrado sombreado precisa ser acrescentado também ao outro desenho. Mas agora reconhecemos o desenho da direita como o quadrado de lado $(x + a/_2)$, e a figura geométrica é equivalente à expressão algébrica:

$$x^2 + 2\left(\frac{a}{2} \times x\right) + \left(\frac{a}{2}\right)^2 = b + \left(\frac{a}{2}\right)^2$$

E já que o termo da esquerda é um quadrado, podemos reescrever como:

$$\left(x + \frac{a}{2}\right)^2 = b + \left(\frac{a}{2}\right)^2$$

e aí é natural tirar a raiz quadrada

$$x + \frac{a}{2} = \sqrt{b + \left(\frac{a}{2}\right)^2}$$

e finalmente rearranjar de maneira a deduzir que

$$x = \sqrt{b + \left(\frac{a}{2}\right)^2} - \frac{a}{2}$$

que é exatamente como procede a receita babilônica.

O *fascínio do desconhecido*

Não há evidência em nenhum tablete para sustentar o ponto de vista de que essa figura geométrica conduziu os babilônios à receita. No entanto, a sugestão é plausível, e é apoiada indiretamente por vários desenhos que de fato aparecem em tabletes de argila.

Al-jabr

A palavra álgebra vem do árabe *al-jabr*, termo empregado por Mohammed ibn Musa al-Khwarizmi, cuja obra se desenvolveu por volta de 820. Sua obra *Hisab al-jabr wa'l muqabala* explicava métodos gerais para resolver equações manipulando quantidades desconhecidas.

Al-Khwarizmi usava palavras, não símbolos, mas seus métodos são similares aos ensinados hoje. *Al-jabr* significa "somar quantidades iguais a ambos os lados de uma equação", que é o que fazemos quando começamos de

$$x - 3 = 5$$

e deduzimos que

$$x = 8$$

De fato, fazemos essa dedução somando 3 a ambos os lados. *Al-muqabala* possui dois sentidos. Há um sentido especial: "subtrair quantidades iguais de ambos os lados de uma equação", que é o que fazemos para passar de

$$x + 3 = 5$$

para a resposta

$$x = 2$$

Mas tem também um sentido genérico: "comparação".

Al-Khwarizmi dá regras gerais para solucionar seis tipos de equações, que podem ser usadas entre si para resolver todas as equações lineares e quadráticas. Em sua obra encontramos as ideias da álgebra elementar, mas não o uso de símbolos.

Equações cúbicas

Os babilônios conseguiam resolver equações de segundo grau, e seu método era essencialmente o mesmo que é ensinado hoje. Algebricamente, não envolve nada mais complicado que uma raiz quadrada, além das operações básicas da aritmética (soma, subtração, multiplicação, divisão). O passo seguinte óbvio são as equações cúbicas, ou de terceiro grau, que envolvem o cubo, ou terceira potência da incógnita. Escrevemos essas equações como

$$ax^3 + bx^2 + cx + d = 0$$

onde x é o desconhecido, ou incógnita, e os coeficientes a, b, c, d são números conhecidos. Mas até o surgimento dos números negativos, os matemáticos classificavam as equações cúbicas em muitos tipos distintos – de modo que, por exemplo, $x^3 + 3x = 7$ e $x^3 - 3x = 7$ eram consideradas completamente diferentes, requerendo diferentes métodos para sua resolução.

Os gregos descobriram como utilizar as seções cônicas para solucionar algumas equações cúbicas. A álgebra moderna mostra que se uma cônica intercepta outra cônica, os pontos de interseção são determinados por uma equação de terceiro ou quarto grau (dependendo das cônicas). Os gregos não sabiam que isso era um fato genérico, mas exploraram suas consequências em instâncias específicas, usando as cônicas como um novo tipo de instrumento geométrico.

Essa linha de ataque foi complementada e codificada pelo persa Omar Khayyam, mais conhecido pelo seu poema *Rubaiyat*. Por volta de 1075 ele classificou as equações cúbicas em catorze tipos – e mostrou como resolver cada tipo usando cônicas – em sua obra *Sobre as provas dos problemas de Álgebra e Muqabala*. O tratado era um *tour de force* geométrico, e lapidou quase completamente o problema geométrico. Um matemático moderno levantaria certos senões – alguns dos casos de Omar não estão completamente resolvidos porque ele presume que certos pontos construídos geometricamente existem, quando às vezes não existem. Ou seja, supõe que suas cônicas se encontram quando pode ser que não se encontrem. Esses defeitos, porém, são menores.

O fascínio do desconhecido

Soluções geométricas para equações cúbicas estavam perfeitas, e poderia haver soluções algébricas envolvendo coisas como raízes cúbicas. Mas não haveria nada mais complicado? Os matemáticos da Renascença italiana fizeram um dos maiores avanços na álgebra quando descobriram que a resposta era "sim".

Naqueles tempos, os matemáticos construíam sua reputação participando de disputas públicas. Cada participante apresentava problemas ao adversário, e aquele que resolvesse a maior quantidade de problemas era considerado vencedor. Membros do público podiam fazer apostas em quem venceria. Os participantes geralmente ganhavam altas somas – em uma das situações registradas, o derrotado teve de pagar ao vencedor (e aos seus amigos) trinta banquetes. Além disso, era muito grande a possibilidade de o vencedor atrair alunos pagantes, especialmente da nobreza. Logo, o embate matemático público era coisa séria.

Em 1535 houve uma disputa desse tipo, entre Antonio Fior e Niccolò Fontana, apelidado de Tartaglia, "o gago". Tartaglia acabou com Fior, e o seu sucesso se espalhou, chegando aos ouvidos de Girolamo Cardano. E os ouvidos de Cardano esquentaram: ele estava em meio à redação de um texto de álgebra, e as questões que Fior e Tartaglia haviam apresentado um ao outro eram… equações cúbicas. Naquela época, equações cúbicas eram classificadas em três tipos distintos, pois, mais uma vez, os números negativos não eram reconhecidos. Fior sabia resolver apenas um tipo. Inicialmente Tartaglia sabia resolver apenas um tipo diferente. Em símbolos modernos, sua solução para uma equação de terceiro grau do tipo $x^3 + ax = b$ é

$$x = \sqrt[3]{\frac{b}{2} + \sqrt{\frac{a^3}{27} + \frac{b^2}{4}}} + \sqrt[3]{\frac{b}{2} - \sqrt{\frac{a^3}{27} + \frac{b^2}{4}}}$$

Num arroubo de inspiração causada pelo desespero, cerca de uma semana antes da disputa Tartaglia descobriu como resolver também os outros tipos. Então apresentou a Fior apenas os tipos que sabia que o outro não sabia resolver.

Cardano, tendo ouvido falar da disputa, se deu conta de que os dois adversários tinham concebido métodos para solucionar equações cúbicas.

Querendo adicioná-los ao livro, agarrou Tartaglia pelo casaco e lhe pediu para revelar seus métodos. Tartaglia relutou a princípio, pois seu sustento dependia daquilo, mas acabou sendo persuadido a divulgar o segredo. Segundo Tartaglia, Cardano prometeu jamais tornar público o método. Assim, nada mais natural que Tartaglia tenha ficado irado quando seu método apareceu no *Ars Magna* de Cardano – *A grande arte da álgebra*. Ele reclamou bastante e acusou Cardano de plágio.

Cardano estava longe de ser santo. Era um jogador inveterado, que tinha ganhado e perdido somas consideráveis em cartas, dados e até mesmo xadrez. Perdeu a fortuna inteira da família dessa maneira e ficou reduzido à miséria. Era também um gênio, médico competente, matemático brilhante e autopropagandista de sucesso – embora seus atributos positivos fossem diminuídos pela franqueza que muitas vezes se manifestava de forma absolutamente direta e insultuosa. Assim, Tartaglia pode ser perdoado por achar que Cardano mentira e roubara sua descoberta. O fato de Cardano dar todo o crédito a Tartaglia no livro só serviu para piorar as coisas; Tartaglia sabia que era o autor do livro quem seria lembrado, não alguma obscura figura mencionada em uma ou duas frases.

No entanto, Cardano tinha uma desculpa, aliás, uma desculpa muito boa. E também teve um forte motivo para quebrar sua promessa a Tartaglia. O motivo foi que o discípulo de Cardano, Lodovico Ferrari, havia descoberto um método para resolver equações quárticas, envolvendo o quarto grau da incógnita. Era algo completamente novo, e de extrema importância. Assim, é óbvio que Cardano também queria equações quárticas no livro. Uma vez que fora seu aluno quem fizera a descoberta, isso seria legítimo. Mas o método de Ferrari reduzia a resolução de qualquer equação quártica a uma equação cúbica relacionada, logo, dependia da resolução de Tartaglia para equações cúbicas. Cardano não podia publicar o trabalho de Ferrari sem também publicar o de Tartaglia.

Então chegaram notícias que lhe ofereceram uma saída. Fior, que perdera o embate público para Tartaglia, era aluno de Cipião del Ferro. Cardano ouviu dizer que Del Ferro havia resolvido os três tipos de equações cúbicas, não somente aquela que passara para Fior. E corria o boato de que

O fascínio do desconhecido

Sequência de Fibonacci

A terceira seção do *Liber Abbaci* contém um problema que parece ter se originado com Leonardo: "Certo homem pôs um par de coelhos num lugar cercado de paredes por todos os lados. Quantos pares de coelhos podem ser produzidos a partir desse par em um ano se todo mês cada par gera um par novo que, do segundo mês em diante, se torna produtivo?"

Esse problema bastante peculiar leva a uma curiosa, e famosa, sequência de números:

$$1 \quad 2 \quad 3 \quad 5 \quad 8 \quad 13 \quad 21 \quad 34 \quad 55$$

e assim por diante. Cada número é a soma dos dois números anteriores. A sequência é conhecida como *Sequência de Fibonacci*, e aparece repetidamente em matemática, bem como no mundo natural. Em particular, muitas flores têm um número Fibonacci de pétalas. Isso não é coincidência, mas uma consequência do padrão de crescimento da planta e da geometria das células germinativas primordiais – pequenos agrupamentos de células na extremidade da área de crescimento que dão origem a estruturas importantes, inclusive as pétalas.

Embora a regra de crescimento de Fibonacci para a população de coelhos não seja realista, regras mais genéricas de tipo semelhante (chamadas *modelos de Leslie*) são usadas atualmente para certos problemas em dinâmica populacional, o estudo de como populações animais mudam de tamanho à medida que os animais procriam e morrem.

um certo Aníbal del Nave possuía os papéis não publicados de Del Ferro. Então Cardano e Ferrari foram a Bolonha em 1543 para consultar Del Nave, examinaram seus papéis – e ali, bem diante do nariz, estavam as soluções para os três tipos de cúbicas. Assim, Cardano pôde dizer honestamente que não estava publicando o método de Tartaglia, e sim o método de Del Ferro.

Tartaglia não enxergou as coisas dessa maneira. Mas não teve realmente resposta para o argumento de Cardano de que a solução não era em absoluto uma descoberta sua, e sim de Del Ferro. Tartaglia publicou uma longa e amarga diatribe a respeito do caso, e foi desafiado para um debate público por Ferrari, que defenderia seu mestre. Ferrari venceu facilmente, e Tartaglia jamais se recuperou do revés.

O que a álgebra fazia por eles

Vários capítulos do *Liber Abbaci* contêm problemas algébricos relevantes para as necessidades dos mercadores. Um deles, não muito prático, é assim: "Um homem compra 30 pássaros – perdizes, pombos e pardais. Uma perdiz custa 3 moedas de prata, um pombo 2 e um pardal ½. Ele paga 30 moedas de prata. Quantos pássaros de cada tipo ele comprou?"

Na notação moderna, se chamarmos de x o número de perdizes, y o de pombos e z o de pardais, então temos de resolver duas equações:

$$x + y + z = 30$$
$$3x + 2y + \tfrac{1}{2}z = 30$$

Nos números reais ou racionais, essas equações teriam infinitas soluções, mas existe uma condição extra, implícita na questão: os números x, y e z são inteiros. Conclui-se que existe apenas uma solução: 3 perdizes, 5 pombos e 22 pardais.

Leonardo também menciona uma série de problemas acerca da compra de um cavalo. Um homem diz a outro: "Se você me der um terço do seu dinheiro, posso comprar o cavalo." O outro diz: "Se você me der um quarto do seu dinheiro, posso comprar o cavalo." Qual é o preço do cavalo? Dessa vez há muitas soluções; a menor dela em números inteiros estabelece o preço do cavalo em 11 moedas de prata.

O fascínio do desconhecido

GIROLAMO CARDANO

(também conhecido como Hieronymus Cardano, Jerome Cardan)

(1501-1576)

Girolamo Cardano era filho ilegítimo do advogado milanês Fazio Cardano e de uma jovem viúva chamada Chiara Micheria, que tentava criar três filhos. Os filhos morreram de peste em Milão enquanto Chiara dava à luz a Girolamo na vizinha Pavia. Fazio foi um matemático competente e passou sua paixão sobre o tema a Girolamo. Contrariando os desejos do pai – que queria que ele estudasse direito –, Girolamo estudou medicina na Universidade de Pavia.

Quando ainda era estudante, Cardano foi eleito reitor da Universidade de Pádua, para onde havia se mudado, por um único voto. Tendo gastado uma pequena herança de seu recém-falecido pai, Cardano voltouse para o jogo no intuito de aumentar suas finanças: cartas, dados e xadrez. Sempre levava consigo uma faca, e uma vez cortou o rosto de um adversário que ele acreditava estar trapaceando.

Em 1525 Cardano obteve o diploma em medicina, mas sua candidatura para ingressar no Colégio de Médicos em Milão foi rejeitada, provavelmente por ter a reputação de ser uma pessoa difícil. Praticou medicina no vilarejo de Sacca e casou-se com Lucia Bandarini, filha de um capitão das milícias. A prática médica não prosperou e, em 1533, Girolamo voltou-se novamente para o jogo, mas dessa vez teve perdas pesadas e precisou penhorar as joias da esposa e parte do mobiliário da família.

Mas a sorte apareceu e Cardano foi convidado para a velha posição do pai como professor de matemática na Fundação Piatti. Ele continuou praticando medicina simultaneamente, e algumas curas milagrosas fizeram crescer sua reputação como médico. Em 1539, após diversas tentativas, finalmente foi admitido no Colégio de Médicos e começou a publicar textos acadêmicos sobre uma variedade de tópicos, inclusive matemática.

Cardano escreveu uma notável autobiografia, *O livro da minha vida*, uma miscelânea de capítulos sobre assuntos diversos. Sua fama estava no auge, e ele visitou Edimburgo para tratar o arcebispo de St. Andrews, John Hamilton. Hamilton sofria de asma severa. Sob o cuidado de Cardano, sua saúde melhorou drasticamente, e Cardano partiu da Escócia 2 mil coroas de ouro mais rico.

Tornou-se catedrático na Universidade de Pavia, e as coisas corriam tranquilamente até que seu filho mais velho, Giambatista, casou-se secretamente com Brandonia di Seroni, "uma mulher sem vergonha, que não valia nada", segundo a opinião de Cardano. Ela e sua família humilharam e escarneceram publicamente Giambatista, que a envenenou. A despeito dos melhores esforços de Cardano, Giambatista foi executado. Por ter feito o horóscopo de Jesus, em 1570 Cardano foi julgado por heresia. Foi preso, depois solto, porém banido do seu emprego na universidade. Foi a Roma, onde o papa inesperadamente lhe deu uma pensão e ele foi readmitido no Colégio de Médicos.

Ele previu a data da própria morte, e assegurou-se de que estaria certo ao cometer suicídio. Apesar de todos os seus problemas, permaneceu um otimista até o fim.

Simbolismo algébrico

Os matemáticos da Renascença italiana desenvolveram muitos métodos algébricos, mas sua notação ainda era rudimentar. Foram necessárias centenas de anos para que se desenvolvesse o simbolismo algébrico atual.

Um dos primeiros a usar símbolos em lugar de números desconhecidos foi Diofanto de Alexandria. Sua *Aritmética*, escrita por volta de 250, consistia originalmente de treze livros, dos quais seis sobreviveram como cópias posteriores. Seu foco é a solução de equações algébricas, seja com números inteiros ou números racionais – frações p/q onde p e q

O *fascínio do desconhecido*

são números inteiros. A notação de Diofanto difere consideravelmente da que usamos hoje. Embora a *Aritmética* seja o único documento sobrevivente sobre o assunto, há evidência fragmentária de que Diofanto foi parte de uma tradição mais ampla, e não apenas uma figura isolada. A notação de Diofanto não é muito adequada para cálculos, mas os sumariza de forma compacta.

Os matemáticos árabes do período medieval desenvolveram métodos sofisticados de solucionar equações, mas as expressavam em palavras, não em símbolos.

A notação de Diofanto e a nossa

SIGNIFICADO	SÍMBOLO MODERNO	SÍMBOLO DE DIOFANTO
A incógnita	x	γ
Seu quadrado	x^2	$\Delta\gamma$
Seu cubo	x^3	$K\gamma$
Sua quarta potência	x^4	$\Delta\gamma\Delta$
Sua quinta potência	x^5	$\Delta K\gamma$
Sua sexta potência	x^6	$K\gamma K$
Adição	+	Justapor termos (usar AB para A + B)
Subtração	–	$\wedge$
Igualdade	=	ι^σ

A passagem para a notação simbólica ganhou impulso no período da Renascença. O primeiro dos grandes algebristas a começar a usar símbolos foi François Viète, que apresentou muitos de seus resultados em forma simbólica, mas sua notação diferia consideravelmente da notação moderna. Contudo, ele de fato usou letras do alfabeto para representar quantidades conhecidas, bem como desconhecidas. Para distingui-las, adotou a convenção de que as consoantes *B, C, D, F, G...* representavam quantidades conhecidas, enquanto as vogais *A, E, I...* representavam quantidades desconhecidas.

No século XV, alguns poucos símbolos rudimentares começaram a surgir, especialmente as letras *p* e *m* para adição e subtração: *plus* e *minus*. Eram abreviaturas em vez de verdadeiros símbolos. Os símbolos + e − também apareceram por volta dessa época. Surgiram no comércio, onde eram usados pelos mercadores germânicos para distinguir entre itens com peso a mais e com peso a menos. Os matemáticos começaram rapidamente a empregá-los também, tendo os primeiros exemplos escritos surgido em 1481. William Oughtred introduziu o símbolo para a multiplicação, e foi severamente (e corretamente) criticado por Leibniz com o argumento de que o símbolo podia ser confundido de maneira fácil com a letra x.

Em 1557, em seu *A pedra de amolar do espírito*, o matemático inglês Robert Recorde inventou o símbolo = para a igualdade, em uso desde então. Ele escreveu que não podia pensar em duas coisas que fossem mais iguais do que duas linhas paralelas de mesmo comprimento. No entanto, ele utilizou linhas muito mais longas do que usamos hoje, algo como ═══════════. Viète inicialmente escrevia a palavra *"aequalis"* para igualdade, mas posteriormente a substituiu pelo símbolo ~. René Descartes usava um símbolo diferente, ∝.

Os correntes símbolos > e < para "maior que" e "menor que" devem-se a Thomas Harriot. Os parênteses ( ) surgiram em 1544, os colchetes [ ] e as chaves { } foram usados por Viète em torno de 1593. Descartes usava o símbolo √ para raiz quadrada, que é uma elaboração da letra *r* para raiz; mas escrevia √c para a raiz cúbica.

Para ver como diferentes notações algébricas da Renascença eram diferentes da nossa, eis um breve excerto do *Ars Magna* de Cardano:

5p: ℞ m:15

5m: ℞ m:15

25m:m:15 *qd. est* 40

Em notação moderna isso significaria:

$$(5 + \sqrt{-15})\,(5 - \sqrt{-15}) = 25 - (-15) = 40$$

O fascínio do desconhecido 85

Então aqui vemos p: e m: para mais (plus) e menos (minus), R para "raiz quadrada" e *"qd. est"* abreviando a expressão latina "que é". Ele escreveu:

$$\text{qdratu aeqtur 4 rebus p:32}$$

onde nós escreveríamos

$$x^2 = 4x + 32$$

portanto usou abreviações separadas para *"rebus"* e *"qdratu"* para a (coisa) desconhecida e seu quadrado. Em outra parte usou R para a coisa desconhecida, Z para seu quadrado e C para seu cubo.

Uma figura influente mas pouco conhecida foi o francês Nicolas Chuquet, cujo livro *Triparty en la Science de Nombres* (Os tripartidos na ciência dos nomes), de 1484, discutia três tópicos matemáticos principais: aritmética, raízes e incógnitas. Sua notação para raízes era bastante semelhante à de Cardano, mas ele começou a sistematizar o tratamento das potências das incógnitas, usando sobrescritos para os expoentes. Referia-se às primeiras quatro potências da incógnita como *premier, champs, cubiez* e *champs de champs*. Para o que agora escreveríamos como $6x$, $4x^2$ e $5x^3$, ele usava .6.1, .4.2 e .5.3. Usava também potência zero e potências negativas, escrevendo .2.0 e .3.$^{1.m.}$ onde nós escreveríamos $2x^0$ e $3x^{-1}$. Em suma: ele usava a notação exponencial (sobrescritos) para potências da incógnita, mas não tinha símbolo explícito para a incógnita em si.

Essa omissão foi resolvida por Descartes. Sua notação era muito similar à que usamos nos dias de hoje, com uma exceção. Onde nós escrevemos, digamos

$$5 + 4x + 6x^2 + 11x^3 + 3x^4$$

Descartes escrevia

$$5 + 4x + 6xx + 11x^3 + 3x^4$$

Ou seja, ele usava xx para o quadrado. Ocasionalmente, porém, usava x^2. Newton escrevia as potências da incógnita exatamente como escrevemos agora, incluindo expoentes fracionários e negativos, tais como $x^{3/2}$ para a raiz quadrada de x^3. Foi Gauss quem finalmente aboliu o xx em favor do x^2; uma vez que o Grande Mestre fez isso, todo mundo seguiu seu exemplo.

A lógica da espécie

A álgebra começou como uma maneira de sistematizar problemas em aritmética, mas na época de Viète já tinha adquirido vida própria. Antes de Viète, a manipulação e o simbolismo algébricos eram encarados como formas de apresentar e executar procedimentos aritméticos, mas os números ainda eram o ponto principal. Viète fez a distinção crucial entre o que chamou de lógica da espécie e a lógica dos números. Na sua visão, uma expressão algébrica representava uma classe (espécie) inteira de expressões aritméticas. Era um conceito diferente. Em seu *Introdução à arte analítica*, de 1591, ele explicou que a álgebra é um método para operar em formas genéricas, ao passo que a aritmética é um método de operar em números específicos.

Isso pode soar como uma minúcia lógica, mas a diferença de ponto de vista era significativa. Para Viète, um cálculo algébrico tal como (na nossa notação)

$$(2x + 3y) - (x + y) = x + 2y$$

expressa uma maneira de manipular expressões simbólicas. Os termos individuais $2x + 3y$, e assim por diante, são por si sós objetos matemáticos. Podem ser somados, subtraídos, multiplicados e divididos sem considerá-los jamais representações de números específicos. Para os predecessores de Viète, porém, a mesma equação era simplesmente uma relação numérica válida sempre que os símbolos x e y fossem substituídos por números específicos. Assim, a álgebra ganhou vida própria, como sendo a matemática das expressões simbólicas. Foi o primeiro passo rumo à libertação da álgebra dos grilhões da interpretação aritmética.

O fascínio do desconhecido

O que a álgebra faz por nós

Os principais consumidores de álgebra no mundo moderno são os cientistas, que representam as regularidades da natureza por meio de equações algébricas. Essas equações podem ser resolvidas para representar quantidades desconhecidas em termos de quantidades conhecidas. A técnica tornou-se tão rotineira que ninguém mais nota que está usando álgebra.

A álgebra foi aplicada muito de perto em arqueologia em um episódio de *Time Team*,* quando os intrépidos arqueólogos da TV quiseram descobrir a profundidade de um poço medieval. A primeira ideia foi deixar cair algo no poço e cronometrar quanto tempo a peça levava para chegar ao fundo. Ela levou seis segundos. A fórmula algébrica relevante aqui, desprezando a velocidade do som, é:

$$s = \tfrac{1}{2} gt^2$$

onde s é a profundidade, t é o tempo medido para a peça chegar ao fundo e g é a aceleração devido à gravidade, aproximadamente 10 metros por segundo^2. Tomando $t = 6$, a fórmula nos diz que o poço tem, aproximadamente, 180 metros de profundidade.

Por causa de alguma incerteza na fórmula – que na verdade eles tinham lembrado corretamente – o *Time Team* usou três trenas grudadas uma na outra.

A profundidade medida foi de fato muito próxima a 180 metros.

A álgebra é ainda mais óbvia se conhecermos a profundidade e quisermos calcular o tempo. Agora temos de resolver a equação para t em termos de s, levando à resposta de

$$t = \sqrt{\tfrac{2s}{g}}$$

Sabendo que $s = 180$ metros, por exemplo, podemos predizer que t é a raiz quadrada de $^{360}\!/_{10}$, ou seja, a raiz quadrada de 36 – que é 6 segundos.

---

* Série britânica na qual especialistas escavam um sítio arqueológico durante três dias, com o processo sendo explicado em linguagem acessível por um apresentador. (N.T.)

5. Triângulos eternos
Trigonometria e logaritmos

A geometria euclidiana baseia-se em triângulos, principalmente porque todo polígono pode ser construído a partir de triângulos, e a maioria das outras formas interessantes, como círculos e elipses, podem ter aproximações a partir de polígonos. As propriedades métricas dos triângulos – as que podem ser medidas, tais como comprimento dos lados, tamanhos dos ângulos ou área total – estão relacionadas por várias fórmulas, muitas delas elegantes. O uso prático dessas fórmulas, que são extremamente úteis em navegação e topografia, exigiu o desenvolvimento da trigonometria, que basicamente significa "medir triângulos".

Trigonometria

A trigonometria gerou uma série de funções especiais – regras matemáticas para calcular uma grandeza a partir de outra. Essas funções recebem nomes como *seno, cosseno* e *tangente*. As funções trigonométricas acabaram se revelando de vital importância para o todo da matemática, não apenas para a medição de triângulos.

A trigonometria é uma das técnicas matemáticas mais usadas, envolvida em praticamente tudo, desde topografia até navegação e sistemas de GPS em carros. Sua utilização em ciência e tecnologia é tão comum que geralmente passa despercebida, como convém a uma ferramenta universal. Historicamente, ela esteve muito associada aos logaritmos, um método inteligente de converter multiplicações (que são difíceis) em adições (que são bem mais fáceis). As principais ideias surgiram entre cerca de 1400 e 1600, embora com uma prolongada pré-história e muitos enfeites posteriores, e a notação ainda está evoluindo.

Neste capítulo vamos dar uma olhada nos tópicos básicos: funções trigonométricas, a função exponencial e o logaritmo. Consideramos também algumas aplicações, velhas e novas. Muitas das aplicações mais antigas são técnicas de cálculos, que em sua maior parte se tornaram agora obsoletas com a difusão dos computadores. Hoje em dia dificilmente alguém usa logaritmos, por exemplo, para fazer multiplicações. Ninguém mais usa tábuas de logaritmos, agora que os computadores podem calcular rapidamente, e com alta precisão, os valores das funções. Mas no início, quando os logaritmos foram inventados, foram as suas tabelas numéricas que os tornaram úteis, especialmente em áreas como astronomia, onde eram necessários longos e complicados cálculos numéricos. E os compiladores das tábuas de logaritmos tiveram de passar anos – décadas – de suas vidas fazendo somas. A humanidade deve muita coisa a esses dedicados e obstinados pioneiros.

As origens da trigonometria

O problema básico abordado pela trigonometria é o cálculo das propriedades de um triângulo – comprimento dos lados, tamanho dos ângulos – a partir de outras propriedades. Será muito mais fácil descrever a história inicial da trigonometria se primeiro resumirmos as características principais da trigonometria moderna, que consiste basicamente em reelaborar na notação do século XVIII os tópicos que remontam aos gregos, se não antes. Esse resumo fornece um arcabouço no qual podemos descrever as ideias dos antigos, sem nos enrolarmos em conceitos obscuros e eventualmente obsoletos.

A trigonometria parece ter se originado na astronomia, onde é relativamente fácil medir ângulos, mas difícil medir as grandes distâncias. O astrônomo grego Aristarco, numa obra de cerca de 260 a.C., *Sobre tamanhos e distâncias do Sol e da Lua*, deduziu que o Sol fica a uma distância da Terra de

Trigonometria – uma cartilha

A trigonometria se baseia numa série de funções especiais, das quais as mais básicas são *seno, cosseno* e *tangente*. Essas funções se aplicam a um ângulo, tradicionalmente representado pela letra grega θ (teta). Elas podem ser definidas em termos de um triângulo retângulo, cujos três lados *a, b* e *c* são chamados lado *adjacente*, lado *oposto* e *hipotenusa*.

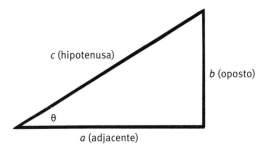

Então:

O *seno* de teta é   sen θ = b/c
O *cosseno* de teta é cos θ = a/c
A *tangente* de teta é tan θ = b/a

Conforme se vê, os valores dessas três funções, para qualquer ângulo θ, são determinados pela geometria do triângulo. (O mesmo ângulo pode ocorrer em triângulos de tamanhos diferentes, mas a geometria dos triângulos semelhantes implica que as *razões* entre os lados sejam independentes do tamanho.) No entanto, uma vez calculadas e tabuladas essas funções, podem ser usadas para resolver o triângulo (calcular todos os seus lados e ângulos) a partir do valor de θ.

As três funções estão relacionadas por uma série de belas fórmulas. Em particular, o Teorema de Pitágoras implica que

$$\text{sen}^2\,\theta + \cos^2\,\theta = 1$$

Triângulos eternos

18 a 20 vezes maior que a distância da Lua. (O número correto é mais próximo de 400, mas Eudoxo e Fídias haviam argumentado que seria 10.) Seu raciocínio era que quando a Lua está semicheia, o ângulo entre as direções do observador ao Sol e à Lua é cerca de 87° (em unidades modernas). Usando as propriedades dos triângulos que resultam em estimativas trigonométricas, deduziu (em notação moderna) que o sen 3° está entre ¹⁄₁₈ e ¹⁄₂₀, levando à sua estimativa da razão entre as distâncias até o Sol e até a Lua. O método estava correto, mas a observação imprecisa; o ângulo correto é 89,8°.

As primeiras tabelas trigonométricas foram calculadas por Hiparco por volta de 150 a.C. Em vez da moderna função seno, ele usou uma grandeza próxima, que do ponto de vista geométrico era igualmente natural. Imagine um círculo, com duas linhas radiais formando um ângulo θ. Os pontos onde as linhas cortam o círculo podem ser unidos por um segmento de reta chamado *corda*. E podem ser também considerados extremidades de uma parte curva do círculo chamada *arco*.

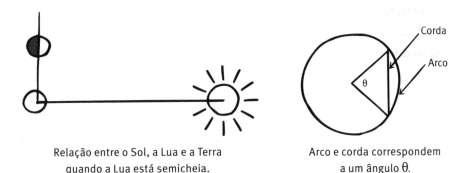

Relação entre o Sol, a Lua e a Terra quando a Lua está semicheia.

Arco e corda correspondem a um ângulo θ.

Hiparco elaborou uma tabela relacionando o comprimento do arco e da corda para uma gama de ângulos. Se o círculo tem raio 1, o comprimento do arco é igual a θ quando esse ângulo é medido em unidades conhecidas como *radianos*. Um pouco de geometria elementar mostra que o comprimento da corda em notação moderna é 2 sen θ/2. Logo, o cálculo de Hiparco está muito próximo de uma tabela de senos, mesmo que não seja apresentado dessa maneira.

Astronomia

Admiravelmente, o início do trabalho em trigonometria era mais complicado que a maior parte do que é ensinado atualmente nas escolas, mais uma vez por causa das necessidades da astronomia (e, mais tarde, da navegação). O espaço natural para se trabalhar não era o plano, mas a esfera. Objetos celestes podem ser imaginados como repousando numa esfera imaginária, a *esfera celeste*. De fato, o céu parece o interior de uma gigantesca esfera cercando o observador, e os corpos celestes estão tão distantes que parecem repousar sobre essa esfera.

Consequentemente, os cálculos astronômicos referem-se à geometria de uma esfera, não de um plano. As exigências são, portanto, não da geometria e trigonometria planas, mas da geometria e trigonometria *esféricas*. Um dos primeiros trabalhos nessa área é o *Sphaerica*, de Menelau, de cerca de 100 d.C. Uma amostra de teorema, sem equivalente na geometria euclidiana, é a seguinte: se dois triângulos têm os mesmos ângulos entre si, então eles são *congruentes* – têm o mesmo tamanho e o mesmo formato. (No caso euclidiano, eles são similares – mesmo formato mas possivelmente tamanhos diferentes.) Em geometria esférica, os ângulos de um triângulo não somam 180°, como ocorre no plano. Por exemplo, um triângulo cujos vértices estejam no polo Norte e em dois pontos do equador separados por 90° claramente tem três ângulos retos, de modo que a soma é 270°. Grosso modo, quanto maior o triângulo maior a soma dos ângulos. Na verdade, essa soma, menos 180°, é proporcional à área total do triângulo.

Estes exemplos deixam claro que a geometria esférica tem suas próprias características e especificidades. O mesmo vale para a trigonometria esférica, mas as grandezas básicas ainda são as funções trigonométricas padrão. Apenas as fórmulas mudam.

Os ângulos de um triângulo esférico não somam 180°.

Ptolomeu

O mais importante texto de trigonometria da Antiguidade é de longe o *Sintaxe matemática*, de Ptolomeu de Alexandria, que data de cerca de 150 d.C. Ele é mais conhecido como *Almagesto*, termo árabe que significa "o maior". Inclui tabelas trigonométricas, novamente apresentadas em termos de cordas, juntamente com os métodos usados para calculá-las, e um catálogo da posição das estrelas na esfera celeste. Um traço essencial do método de cálculo é o Teorema de Ptolomeu, que afirma que se $ABCD$ é um quadrilátero cíclico (um quadrilátero cujos vértices estejam num círculo) então

$$AB \times CD + BC \times DA = AC \times BD$$

(a soma dos produtos de pares de lados opostos é igual ao produto das diagonais).

Uma interpretação moderna desse fato é o notável par de fórmulas

$$\operatorname{sen}(\theta + \varphi) = \operatorname{sen} \theta \cos \varphi + \cos \theta \operatorname{sen} \varphi$$
$$\cos(\theta + \varphi) = \cos \theta \cos \varphi - \operatorname{sen} \theta \operatorname{sen} \varphi$$

O principal aspecto dessas fórmulas é que se você souber os senos e cossenos de dois ângulos poderá facilmente calcular os senos e cossenos da soma desses ângulos. Assim, começando por (digamos) sen 1° e cos 1°, você pode deduzir sen 2° e cos 2° fazendo $\theta = \varphi = 1°$. Aí poderá deduzir sen 3° e cos 3° fazendo $\theta = 1°$ e $\varphi = 2°$, e assim por diante. Você precisou saber como começar, mas depois disso tudo de que precisou foi aritmética – bastante aritmética, porém nada de mais complicado.

Começar foi mais fácil do que poderia parecer, requerendo aritmética e raízes quadradas. Usando o fato óbvio de que $\theta/2 + \theta/2 = \theta$, o Teorema de Ptolomeu implica que

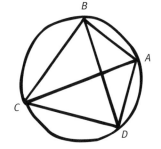

Quadrilátero cíclico e suas diagonais.

$$\operatorname{sen}\frac{\theta}{2} = \sqrt{\frac{1-\cos\theta}{2}}$$

Iniciando com cos 90° = 0, pode-se dividir repetidamente o ângulo ao meio, obtendo senos e cossenos e ângulos tão pequenos quanto se queira. (Ptolomeu usou ¼°.) Então pode-se trabalhar de trás para a frente através de todos os inteiros múltiplos desse ângulo pequeno. Em suma, começando por algumas fórmulas trigonométricas gerais, adequadamente aplicadas, e alguns valores simples para ângulos específicos, é possível descobrir valores para quase praticamente todo ângulo que se queira. Foi um extraordinário *tour de force*, e deu trabalho aos astrônomos por mais de mil anos.

Um aspecto final do *Almagesto* que merece ser destacado é o modo como lidava com a órbita dos planetas. Qualquer um que observe o céu noturno com regularidade rapidamente descobre que os planetas vagueiam contra um fundo de estrelas fixas e que as trajetórias que seguem parecem bastante complicadas, às vezes movendo-se para trás, ou percorrendo laços alongados.

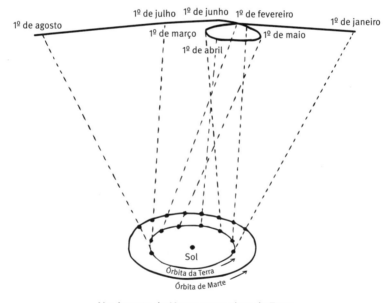

Movimento de Marte como visto da Terra.

Eudoxo, atendendo a um pedido de Platão, havia descoberto uma forma de representar esses movimentos complexos em termos de esferas girantes montadas em outras esferas. A ideia foi simplificada por Apolônio e Hiparco, de maneira a usar *epiciclos* – círculos cujos centros se movem em outros círculos, e assim por diante. Ptolomeu refinou o sistema dos epiciclos, buscando oferecer um modelo bastante acurado dos movimentos planetários.

Primórdios da trigonometria

Os primeiros conceitos trigonométricos aparecem nos escritos dos matemáticos e astrônomos hindus: o *Pancha Siddhanta*, de Varahamihira, ano 500; o *Brahma Sputa Siddhanta*, de Brahmagupta, ano 628, e o mais detalhado *Siddhanta Siromani*, de Bhaskaracharya, em 1150.

Os matemáticos indianos em geral usavam a meia-corda, ou *jya-ardha*, que é efetivamente o seno moderno. Varahamihira calculou essa função para 24 múltiplos inteiros de 3°45', até 90°. Por volta do ano 600, no *Maha Bhaskariya*, Bhaskara forneceu uma fórmula aproximada para o seno de um ângulo agudo, que creditou a Aryabhata. Esses autores deduziram uma quantidade de funções trigonométricas básicas.

O matemático árabe Nasîr-Eddin, em seu *Tratado sobre os quadriláteros*, combinou geometria plana e esférica num único desenvolvimento unificado, fornecendo diversas fórmulas básicas para triângulos esféricos. Ele tratou o assunto matematicamente, e não como sendo parte da astronomia. Mas seu trabalho passou despercebido no Ocidente até por volta de 1450.

Devido à ligação com a astronomia, quase toda trigonometria foi esférica até 1450. Em particular, a topografia – hoje uma das principais usuárias da trigonometria – era realizada usando-se métodos empíricos, codificados pelos romanos. Mas em meados do século XV, a trigonometria plana começou a ganhar vida própria, inicialmente no norte da Liga Hanseática germânica. A Liga controlava a maior parte do comércio, e com isso tinha riqueza e influência. Necessitava também de métodos de navegação aperfeiçoados, junto com melhores controles de tempo e usos práticos das observações astronômicas.

Uma figura-chave foi Johannes Müller, geralmente conhecido como Regiomontanus. Ele foi discípulo de George Peuerbach, que começou a trabalhar numa nova versão corrigida do *Almagesto*. Em 1471, financiado por seu patrono, Bernard Walther, calculou uma nova tabela de senos e uma tabela de tangentes.

Outros matemáticos proeminentes dos séculos XV e XVI calcularam suas próprias tábuas trigonométricas, muitas vezes com extrema acuidade. George Joachim Rhaeticus calculou senos para um círculo de raio 10^{15} – de fato, tabelas com precisão de 15 casas decimais, mas multiplicando todos os valores por 10^{15} para obter números inteiros – para todos os múltiplos de 1 segundo de arco. E apresentou a lei dos senos para triângulos esféricos

$$\frac{\text{sen } a}{\text{sen } A} = \frac{\text{sen } b}{\text{sen } B} = \frac{\text{sen } c}{\text{sen } C}$$

e a *lei dos cossenos*

$$\cos a = \cos b \cos c + \text{sen } b \text{ sen } c \cos A$$

em seu *De Triangulis*, escrito em 1462-63 mas inédito até 1533. Aqui *A*, *B* e *C* são os ângulos do triângulo, e *a*, *b*, e *c* são seus lados – medidos pelos ângulos que determinam no centro da esfera.

Viète escreveu bastante sobre trigonometria – seu primeiro livro sobre o assunto foi *Canon Mathematicus*, de 1579. Ele compilou e sistematizou vários métodos para resolução de triângulos, isto é, calcular seus lados e ângulos a partir de algum subconjunto de informação. Inventou novas identidades trigonométricas, entre elas algumas expressões interessantes para senos e cossenos de múltiplos inteiros de θ em termos do seno e do cosseno de θ.

Logaritmos

O segundo tema deste capítulo é uma das mais importantes funções na matemática: o logaritmo, $\log x$. Inicialmente, o logaritmo era importante porque satisfaz a equação

$$\log xy = \log x + \log y$$

e portanto pode ser usado para converter multiplicações (que são incômodas) em adições (que são mais simples e mais rápidas). Para multiplicar dois números x e y, primeiro encontramos seus logaritmos, somamos os dois e aí achamos o número cujo logaritmo é o resultado (o *antilogaritmo do resultado*). Esse é o produto xy.

Uma vez que os matemáticos haviam calculado as tábuas de logaritmos, elas podiam ser usadas por qualquer pessoa que entendesse o método. A partir do século XVII até meados do século XX, praticamente todos os cálculos científicos, especialmente astronômicos, empregavam logaritmos. Da década de 1960 em diante, porém, as calculadoras eletrônicas e os computadores tornaram os logaritmos obsoletos para propósitos de cálculos. Mas o conceito permaneceu vital para a matemática, porque os logaritmos tinham adquirido papéis fundamentais em muitas partes da matemática, inclusive no cálculo e na análise complexa. Muitos processos físicos e biológicos também envolvem comportamento logarítmico.

Nos dias de hoje abordamos os logaritmos pensando neles como o inverso dos exponenciais. Usando logaritmos de base 10, que é uma escolha natural para a notação decimal, dizemos que x é o logaritmo de y se $y = 10^x$. Por exemplo, como $10^3 = 1000$, o logaritmo de 1000 (na base 10) é 3. A propriedade básica dos logaritmos é consequência da lei exponencial

$$10^{a+b} = 10^a \times 10^b$$

No entanto, para que o logaritmo tenha utilidade, precisamos ser capazes de encontrar um x adequado para qualquer real positivo y. Seguindo o exemplo de Newton e outros da sua época, a ideia principal é que qualquer potência racional $10^{p/q}$ possa ser definida como sendo a q-ésima raiz de 10^p. Como qualquer número real x pode ser aproximado tanto quanto se queira de um número racional p/q, podemos aproximar 10^x de $10^{p/q}$. Não é o meio mais eficiente para *calcular* o logaritmo, mas é o meio mais simples de provar que ele existe.

Historicamente a descoberta do logaritmo foi menos direta. Começou com John Napier, barão de Murchiston, na Escócia. O barão tinha um grande interesse em métodos eficientes de cálculo, e inventou as *varetas de Napier* (ou *ossos de Napier*), um conjunto de bastões marcados que podiam ser usados para realizar multiplicações de modo rápido e confiável simulando métodos de caneta e papel. Por volta de 1594 começou a trabalhar num método mais teórico, e seus escritos nos contam que ele levou vinte anos para aperfeiçoar e publicar o método. Parece provável que ele tenha iniciado com progressões geométricas, sequências de números nas quais cada termo é obtido do anterior multiplicado por um número fixo – tais como as potências de 2.

$$1 \quad 2 \quad 4 \quad 8 \quad 16 \quad 32 \quad \ldots$$

ou potências de 10

$$1 \quad 10 \quad 100 \quad 1.000 \quad 10.000 \quad 100.000 \quad \ldots$$

Aqui, havia muito já se notara que somar expoentes equivalia a multiplicar as potências. Estava tudo certo quando se queria multiplicar duas potências inteiras de 2, ou duas potências inteiras de 10. Mas havia lacunas enormes entre esses números, e as potências de 2 ou 10 pareciam não ajudar muito quando se tratava de problemas como $57{,}681 \times 29{,}443$, por exemplo.

Logaritmos de Napier*

Enquanto o bom barão tentava de algum modo preencher as lacunas nas progressões geométricas, o médico do rei Jaime VI da Escócia, James

---

*O autor emprega aqui o termo "Napierian logarithms", cuja tradução literal seria "logaritmos napierianos". Acontece que entre nós o "logaritmo neperiano" é equivalente ao "logaritmo natural", ou seja, o logaritmo de base *e*, que será explicado adiante. Para evitar confusão, optamos por traduzir o termo original por "logaritmos de Napier", que constituem os logaritmos originalmente criados por ele e depois aperfeiçoados. A própria notação utilizada para este logaritmo, como se verá, é absolutamente específica e nada tem a ver com a notação empregada hoje em dia, uma vez que nossos logaritmos neperianos costumam ser representados por *ln*. (N.T.)

Trigonometria no plano

Atualmente a trigonometria é desenvolvida primeiro no plano, onde a geometria é mais simples e os princípios básicos mais fáceis de captar. (É curioso como frequentemente novas ideias matemáticas são desenvolvidas primeiro num contexto complicado, e as simplificações subjacentes surgem bem mais tarde.) Há uma lei dos senos e uma lei dos cossenos para triângulos planos, e vale a pena fazer uma pequena digressão para explicá-las. Consideremos um triângulo plano com ângulos A, B, C, e lados a, b, c.

Agora a lei dos senos assume a forma

$$\frac{a}{\operatorname{sen} A} = \frac{b}{\operatorname{sen} B} = \frac{c}{\operatorname{sen} C}$$

e a lei dos cossenos é

$$a^2 = b^2 + c^2 - 2bc \cos A$$

com fórmulas associadas envolvendo outros ângulos.

Podemos usar a lei dos cossenos para achar os ângulos de um triângulo a partir de seus lados.

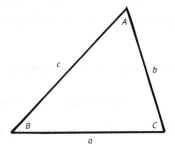

Lados e ângulos de um triângulo.

Craig, contou a Napier sobre uma descoberta que estava sendo largamente usada na Dinamarca, e que tinha o nome esquisito de *prostaférese*. Ela referia-se a qualquer processo que convertesse produtos em somas. O principal método em uso prático baseava-se numa fórmula descoberta por Viète:

$$\operatorname{sen} \frac{x+y}{2} \cos \frac{x-y}{2} = \frac{\operatorname{sen} x + \operatorname{sen} y}{2}$$

Se você tivesse tabelas de senos e cossenos, poderia usar esta fórmula para converter um produto em soma. Era confuso, mas ainda assim era mais rápido do que multiplicar os números diretamente.

Napier apropriou-se da ideia e descobriu uma melhora importantíssima. Formou uma série geométrica com uma razão comum muito próxima a 1, isto é, em lugar de potências de 2 ou potências de 10, deveríamos usar, digamos, 1,0000000001. Potências sucessivas de um número assim têm um espaçamento muito próximo, o que permite nos livrarmos daquelas incômodas lacunas. Por algum motivo Napier escolheu uma razão ligeiramente *inferior* a 1, ou seja, 0,9999999. Assim, sua sequência geométrica corria *de trás para a frente*, de um número grande para números sucessivamente menores. Na verdade, ele começou com 10.000.000 e foi multiplicando esse valor por potências sucessivas de 0,9999999. Se escrevemos Naplog x para o logaritmo de Napier de x, ele tem a curiosa característica de

$$\text{Naplog } 10.000.000 = 0$$
$$\text{Naplog } \;\; 9.999.999 = 1$$

e assim por diante. O logaritmo de Napier, Naplog x, satisfaz a equação

$$\text{Naplog } (10^7 xy) = \text{Naplog } (x) + \text{Naplog } (y)$$

E isso pode ser usado para cálculos, porque é fácil multiplicar ou dividir por uma potência de 10, ainda que falte elegância. No entanto, é muito melhor do que a fórmula trigonométrica de Viète.

Logaritmos de base 10

O progresso seguinte veio quando Henry Briggs, o primeiro professor a assumir a cátedra Saviliana de geometria da Universidade de Oxford, visitou Napier. Briggs sugeriu substituir o conceito de Napier por outro mais simples: o logaritmo de base 10, $L = \log_{10} x$, que satisfaz a condição

$$x = 10^L.$$

Agora

$$\log_{10} xy = \log_{10} x + \log_{10} y$$

e tudo fica fácil. Para achar xy, basta somar os logaritmos de x e y e achar o antilogaritmo do resultado.

Antes que essas ideias pudessem ser disseminadas, Napier morreu; corria o ano de 1617, e a descrição que havia feito de suas varetas de cál-

---

O que a trigonometria fez por eles

O *Almagesto* de Ptolomeu formou a base para todos os estudos de movimento planetário anteriores à descoberta de Johannes Kepler de que as órbitas são elípticas. Os movimentos observados de um planeta são complicados pelo movimento relativo da Terra, que não era reconhecido na época de Ptolomeu. Mesmo que os planetas se movessem em círculos com velocidade uniforme, o movimento da Terra em torno do Sol exigiria uma combinação de dois movimentos circulares diferentes, e um modelo acurado precisa ser bem mais complicado que o modelo de Ptolomeu. Seu esquema de epiciclos combina movimentos circulares fazendo o centro de um círculo girar em torno de outro círculo. Esse segundo círculo pode girar ao redor de um terceiro, e assim por diante. A geometria do movimento circular uniforme naturalmente envolve funções trigonométricas, e astrônomos posteriores as utilizaram para cálculo de órbitas.

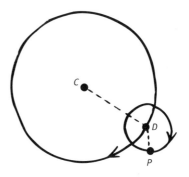

Um epiciclo. O planeta *P* gira uniformemente em torno do ponto *D*, que por sua vez gira uniformemente em torno do ponto *C*.

culo, *Rabdologia*, acabara de ser publicada. Seu método original para calcular logaritmos, o *Mirifici Logarithmorum Canonis Constructio*, surgiu dois anos depois. Briggs assumiu a tarefa de calcular a tabela de logaritmos briggsianos (base 10, ou *comuns*). Ele o fez começando por $\log_{10} 10 = 1$, e tirando sucessivas raízes quadradas. Em 1617 publicou *Logarithmorum Chilias Prima*, os logaritmos dos números inteiros de 1 a 100, calculados com 14 casas decimais. Seu *Aritmética logarítmica*, de 1624, tabulava logaritmos comuns dos números de 1 a 20.000 e de 90.000 a 100.000, também com 14 casas decimais.

A ideia se revelou uma bola de neve. John Speidell calculou logaritmos de funções trigonométricas (tais como log sen x), publicados como *Novos logaritmos* em 1619. O relojoeiro suíço Jobst Bürgi publicou seu trabalho com logaritmos em 1620, e podia muito bem já estar de posse da ideia básica em 1588, bem antes de Napier. Mas a evolução histórica da matemática depende do que as pessoas publicam – no sentido original de tornar público –, e ideias que permanecem guardadas não têm influência sobre os outros. Assim, o crédito, provavelmente de maneira correta, deve ir para as pessoas que colocam suas ideias impressas, ou pelo menos em cartas de grande circulação. (A exceção são aqueles que colocam as ideias *dos outros* impressas sem o devido crédito. Isso é absolutamente inaceitável.)

O número *e*

Associado à versão de Napier dos logaritmos está um dos mais importantes números em matemática, agora representado pela letra *e*. Seu valor é, aproximadamente, 2,7128. O número surge quando tentamos formar logaritmos a partir de uma série geométrica cuja razão é ligeiramente maior que 1. Isso leva à expressão $(1 + 1/n)^n$, onde n é um inteiro muito grande, e quanto maior n vai se tornando, mais a expressão se aproxima de um número especial, que representamos por *e*.

A fórmula sugere que existe uma base natural para os logaritmos, que não é nem 10 nem 2, mas *e*. O *logaritmo natural* de x é o número y que satisfaz a condição $x = e^y$. Na matemática de hoje o logaritmo natural é escrito

O que a trigonometria faz por nós

A trigonometria é fundamental para qualquer levantamento topográfico, desde terrenos para construção até continentes. É relativamente fácil medir ângulos com alta precisão, mas mais difícil medir distâncias, especialmente em terrenos difíceis. Os topógrafos, portanto, começam fazendo uma medição cuidadosa de uma distância, a *linha de base*, ou seja, a distância entre dois locais específicos. A partir daí, criam uma rede de triângulos, e usam os ângulos medidos, mais a trigonometria, para calcular os lados desses triângulos. Assim, é possível construir um mapa preciso de toda a área envolvida. Esse processo é conhecido como triangulação. Para conferir sua precisão, pode-se fazer uma segunda medição de distância quando a triangulação estiver completa.

A figura ao lado mostra um dos primeiros exemplos, um levantamento famoso executado na África do Sul em 1751 pelo grande astrônomo Abbé Nicolas Louis de Lacaille. Seu principal objetivo era catalogar as estrelas dos céus meridionais, mas para fazê-lo com precisão antes teve de medir o arco de uma linha de longitude adequada. Para isso, desenvolveu uma triangulação ao norte da Cidade do Cabo.

Seu resultado sugere que a curvatura da Terra é menor nas latitudes meridionais do que nas setentrionais, uma dedução importante que foi verificada por medições posteriores. A Terra tem um formato ligeiramente similar ao de uma pera. Suas atividades de catalogação foram tão bem-sucedidas que ele deu nome a quinze das 88 constelações atualmente reconhecidas, tendo observado mais de 10 mil estrelas usando um pequeno telescópio de refração.

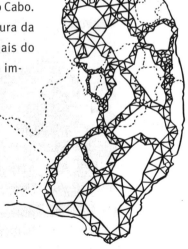

Triangulação da África do Sul feita por Lacaille.

$y = \ln x$. Às vezes a base e é explicitada, como $y = \log_e x$, mas é uma notação que se restringe à matemática escolar, pois em matemática avançada e ciência o único logaritmo de importância é o logaritmo natural. Logaritmos de base 10 são melhores para cálculos em notação decimal, mas os logaritmos naturais são mais fundamentais do ponto de vista matemático.

A expressão e^x é chamada de *exponencial* de x, e é um dos conceitos mais importantes de toda a matemática. O número e é um desses estranhos números especiais que aparecem na matemática, e possuem um significado de extrema importância. Outro número desses é π. Esses dois números são apenas a ponta do iceberg – existem muitos outros. Mas também são os mais importantes dos números especiais porque aparecem por toda a paisagem matemática.

Onde estaríamos sem eles?

Não há como subestimar a dívida que temos para com aqueles indivíduos de grande visão que inventaram os logaritmos e a trigonometria, tendo passado anos calculando as primeiras tábuas numéricas. Seus esforços abriram caminho para uma compreensão científica quantitativa do mundo natural, possibilitando viagens e comércio ao redor do mundo por meio do aperfeiçoamento da navegação e da elaboração de mapas. As técnicas básicas de topografia baseiam-se em cálculos trigonométricos. Mesmo hoje, quando equipamentos de topografia usam lasers, e os cálculos são feitos por um chip eletrônico com um programa específico para aquela área, os conceitos que o laser e o chip incorporam são descendentes diretos da trigonometria que intrigaram matemáticos da Índia e da Arábia antigas.

Os logaritmos possibilitaram a cientistas fazer multiplicações rápidas e acuradas. Vinte anos de esforço num livro de tabelas, de um único matemático, pouparam milhares de anos de trabalho posterior de muitos homens. Tornou-se, então, possível realizar análises científicas usando caneta e papel, análises que, de outra forma, consumiriam um longo tempo. A ciência jamais teria progredido sem alguns desses métodos. Os benefícios de uma ideia tão simples são incalculáveis.

6. Curvas e coordenadas
Geometria é álgebra é geometria

Embora seja habitual classificar a matemática em áreas separadas, como aritmética, álgebra, geometria, e assim por diante, isso se deve mais à conveniência humana do que à verdadeira estrutura do assunto. Em matemática não existem fronteiras rígidas entre áreas aparentemente distintas, e problemas que parecem pertencer a uma área podem ser solucionados usando-se métodos de outra. Na verdade, os maiores avanços muitas vezes dependem de estabelecer alguma conexão inesperada entre tópicos anteriormente distintos.

Fermat

A matemática grega possui traços de tais conexões, com ligações entre o Teorema de Pitágoras e números irracionais, e o uso feito por Arquimedes de analogias mecânicas para achar o volume da esfera. A verdadeira extensão e influência de tal fertilização cruzada tornou-se inegável em um período curto – dez anos antes e depois de 1630. Durante esse breve período, dois dos maiores matemáticos descobriram conexões notáveis entre a álgebra e a geometria. De fato, eles mostraram que cada uma dessas áreas pode ser convertida na outra utilizando coordenadas. Tudo em Euclides, e na obra de seus sucessores, pode ser reduzido a cálculos algébricos. Reciprocamente, tudo em álgebra pode ser interpretado em termos de geometria de curvas e superfícies.

Pode parecer que tais conexões tornam supérflua uma das duas áreas. Se toda a geometria pode ser substituída por álgebra, para que precisamos da geometria? A resposta é que cada área tem o seu ponto de vista característico, que em dadas ocasiões pode ser muito penetrante e poderoso. Algumas vezes é melhor pensar geometricamente, e às vezes o pensamento algébrico é superior.

A primeira pessoa a descrever coordenadas foi Pierre de Fermat. Fermat é mais conhecido pelo seu trabalho em teoria dos números, mas também estudou muitas outras áreas da matemática, inclusive probabilidade, geometria e aplicações para a óptica. Por volta de 1620, Fermat tentava entender a geometria das curvas, e começou por reconstituir, a partir da pouca informação que tinha disponível, um livro perdido de Apolônio chamado *Sobre os loci do plano*. Tendo feito isso, Fermat embarcou em suas próprias investigações, compilando-as em 1629 mas só publicando o material cinquenta anos depois, como *Introdução aos loci planos e sólidos*. Ao fazê-lo, descobriu as vantagens de reformular conceitos geométricos em termos algébricos.

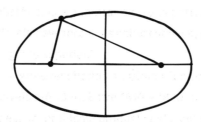

Propriedade dos focos da elipse.

Locus, no plural *loci*, é hoje um termo obsoleto, mas era comum ainda em 1960. Hoje usamos o termo *lugar* geométrico, que surge quando buscamos todos os pontos do plano ou do espaço que satisfaçam condições geométricas específicas. Por exemplo, podemos querer o lugar geométrico de todos os pontos cujas distâncias a dois outros pontos fixos sempre somem o mesmo valor. Esse lugar geométrico revela-se uma elipse, sendo os dois pontos fixos os seus focos. Essa propriedade da elipse era conhecida dos gregos.

Fermat notou um princípio geral: se as condições impostas ao ponto puderem ser expressas numa única equação envolvendo duas incógnitas,

Curvas e coordenadas

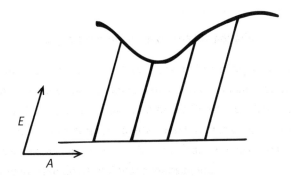

A abordagem de Fermat para as coordenadas.

o lugar geométrico correspondente será uma curva – ou uma reta, que consideramos um tipo especial de curva para evitar ter de fazer distinções desnecessárias. Ele ilustrou esse princípio por meio de um diagrama no qual as duas grandezas desconhecidas A e E são representadas como distâncias em duas direções distintas.

Ele então listou alguns tipos especiais de equações ligando A e E e explicou que curvas representavam. Por exemplo, se $A^2 = 1 + E^2$, então o lugar geométrico correspondente é a hipérbole.

Em termos modernos, Fermat introduziu eixos *oblíquos* no plano (oblíquo significando que não se cruzam necessariamente em ângulo reto). As variáveis A e E são as duas *coordenadas*, que nós chamaríamos de x e y, de um ponto dado em relação aos eixos. Logo, o princípio de Fermat afirma que qualquer equação com duas coordenadas define uma curva, e seus exemplos nos dizem que tipos de equações correspondem a que tipos de curvas, baseando-se nas curvas padrão conhecidas pelos gregos.

Descartes

A noção moderna de coordenadas veio a se constituir com o trabalho de Descartes. No nosso dia a dia, estamos familiarizados com espaços de duas e três dimensões, e é preciso um grande esforço de imaginação para contemplar outras possibilidades. Nosso sistema visual apresenta o mundo exterior a cada olho como uma imagem bidimensional – como a imagem de uma tela de TV. As imagens ligeiramente diferentes em cada olho, ao serem combinadas pelo cérebro, nos fornecem o senso de profundidade, mediante o qual percebemos o mundo que nos cerca como tendo três dimensões.

A chave para espaços multidimensionais é a ideia de um sistema de coordenadas, que foi introduzido por Descartes no apêndice *A geometria* do seu livro *O discurso do método*. Sua ideia é que a geometria do plano pode ser reinterpretada em termos algébricos. Sua abordagem é essencialmente a mesma que a de Fermat. Escolha um ponto no plano e o chame de origem. Desenhe dois eixos, retas que passam pela origem formando um ângulo reto. Rotule um dos eixos com o símbolo x e o outro com o símbolo y. Então, qualquer ponto P do plano é determinado por um par de distâncias (x, y), que nos contam qual é a distância desse ponto até a origem com medidas paralelas ao eixos x e y, respectivamente.

Por exemplo, num mapa, x pode ser a distância a leste da origem (com números negativos representando distâncias a oeste), enquanto y pode ser a distância ao norte da origem (com números negativos representando distâncias ao sul).

As coordenadas funcionam também no espaço tridimensional, mas agora dois números não são suficientes para localizar um ponto. No entanto, três números bastam. Além das distâncias leste-oeste e norte-sul, precisamos conhecer a distância acima ou abaixo da origem. Geralmente usamos um número positivo para a distância acima e um número negativo para a distância abaixo. As coordenadas no espaço assumem a forma (x, y, z).

É por isso que se diz que o plano é bidimensional e o espaço tridimensional. O *número de dimensões* é dado pela quantidade de números necessários para especificar o ponto.

No espaço tridimensional, uma equação única envolvendo x, y e z geralmente define uma superfície. Por exemplo, $x^2 + y^2 + z^2 = 1$ afirma que o ponto (x, y, z) está sempre a uma distância de 1 unidade da origem, o que implica estar sobre a superfície da esfera de raio unitário cujo centro é a origem.

RENÉ DESCARTES
(1596-1650)

Descartes começou a estudar matemática em 1618, como aluno do cientista holandês Isaac Beeckman. Deixou a Holanda para viajar pela Europa, e juntou-se ao Exército bávaro em 1619. Continuou a viajar entre 1620 e 1628, visitando Boêmia, Hungria, Alemanha, Holanda, França e Itália. Conheceu Mersenne em Paris, em 1622, e correspondeu-se regularmente com ele daí em diante, o que o manteve em contato com a maioria dos acadêmicos importantes do período.

Em 1628 Descartes estabeleceu-se na Holanda, e começou seu primeiro livro, *O mundo, ou Tratado da luz*, sobre a física da luz. A publicação foi adiada quando ele ouviu falar da prisão domiciliar de Galileu e ficou temeroso. O livro foi publicado, de forma incompleta, depois da sua morte. Em vez disso, ele desenvolveu suas ideias sobre pensamento lógico numa obra fundamental publicada em 1637: *O discurso do método*. O livro tinha três apêndices: *A dióptrica*, *Os meteoros* e *A geometria*.

Seu livro mais ambicioso, *Princípios da filosofia*, foi publicado em 1644. Era dividido em quatro partes: *Princípios do conhecimento humano*, *Princípios das coisas materiais*, *O mundo visível* e *A Terra*. Era uma tentativa de fornecer uma fundamentação matemática para todo o universo físico, reduzindo tudo na natureza à mecânica.

Em 1649, Descartes foi à Suécia para atuar como tutor da rainha Cristina. Ele habitualmente se levantava às onze horas, enquanto a rainha era madrugadora. Trabalhar como tutor da rainha em matemática às cinco toda manhã, num clima gelado, resultou em problemas sérios para a saúde de Descartes. Após alguns meses, ele morreu de pneumonia.

Frontispício de *O discurso do método*.

Coordenadas como usamos hoje

O desenvolvimento inicial da geometria de coordenadas fará mais sentido se primeiro explicarmos como funciona a versão moderna. Há diversas variantes, porém a mais comum começa desenhando-se no plano duas retas perpendiculares entre si, chamadas *eixos*. Seu ponto de encontro é a *origem*. Os eixos são convencionalmente dispostos de modo que um deles seja horizontal e o outro, vertical.

Ao longo de ambos os eixos escrevemos os números inteiros, com os negativos indo em um sentido e os positivos no sentido oposto. Convencionalmente, o eixo horizontal é chamado de eixo x e o vertical, de eixo y. Os símbolos x e y são usados para representar pontos sobre esses respectivos eixos – as distâncias da origem. Um ponto genérico no plano, a uma distância x ao longo do eixo horizontal e a uma distância y ao longo do eixo vertical, é identificado por um par de números (x, y). Esses números são as *coordenadas* do ponto.

Qualquer equação que relacione x e y restringe os pontos possíveis àqueles que possuam coordenadas que satisfaçam a equação. Por exemplo, se $x^2 + y^2 = 1$, então (x, y) precisa estar à distância 1 da origem, pelo Teorema de Pitágoras. Tais pontos formam um círculo com centro na origem e raio 1. Dizemos que $x^2 + y^2 = 1$ é a *equação* dessa circunferência. Toda equação corresponde a alguma curva no plano; de modo recíproco, cada curva corresponde a uma equação.

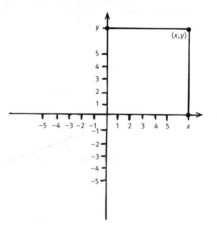

Note que a palavra "dimensão" não é definida aqui em si mesma. Nós não encontramos o número de dimensões de um espaço encontrando algumas coisas chamadas dimensões e contando-as. Em vez disso, descobrimos *quantos números* são necessários para especificar onde está um local no espaço, e esse será o número de dimensões.

Coordenadas cartesianas

A geometria de coordenadas cartesianas revela uma unidade algébrica subjacente às seções cônicas – curvas que os gregos haviam construído como seções de um cone duplo. Algebricamente, descobre-se que as seções cônicas são as curvas mais simples logo depois das linhas retas. Uma linha reta corresponde a uma equação linear

$$ax + by + c = 0$$

com constantes a, b, c. Uma seção cônica corresponde a equações quadráticas

$$ax^2 + bxy + cy^2 + dx + ey + f = 0$$

com constantes a, b, c, d, e, f. Descartes apresentou o fato, mas não forneceu prova. No entanto, estudou realmente um caso especial, baseado num teorema devido a Pappus que caracterizava seções cônicas, e mostrou que nesse caso a equação resultante era quadrática.

Ele foi adiante para considerar equações de grau mais elevado, definindo curvas mais complexas do que a maioria proveniente da geometria grega clássica. Um exemplo típico é o folium de Descartes, com equações

$$x^3 + y^3 - 3axy = 0$$

que forma um laço com duas pontas que tendem ao infinito.

Talvez a contribuição mais importante feita pelo conceito de coordenadas ocorreu aqui: Descartes afastou-se da visão grega de curvas como coisas construídas por meios geométricos específicos, e as viu como o aspecto visual de qualquer fórmula algébrica. Conforme comentou Isaac

QUAL BERNOULLI FEZ O QUÊ?
Uma *checklist* dos Bernoulli

A família suíça Bernoulli teve uma influência enorme no desenvolvimento da matemática. Por cerca de quatro gerações eles produziram matemática significativa, tanto pura como aplicada. Muitas vezes descritos como uma máfia matemática, os Bernoulli geralmente começavam em carreiras como direito, medicina ou na Igreja, mas acabavam mudando e se tornando matemáticos, tanto profissionais como amadores.

Muitos conceitos matemáticos distintos levam o nome Bernoulli. Não é sempre *o mesmo* Bernoulli. Em vez de fornecer dados biográficos sobre eles, eis um sumário de quem fez o quê.

Jacob I (1654-1705): Coordenadas polares, fórmula para o raio de curvatura de uma curva plana. Curvas especiais, tais como a catenária e a lemniscata. Provou que uma isócrona (curva segundo a qual um corpo cai com velocidade vertical uniforme) é um cicloide invertido. Discutiu figuras isoperimétricas, tendo o menor comprimento sob condições variadas, tópico que mais tarde levou ao cálculo de variações. Entre os primeiros estudiosos da probabilidade e autor do primeiro livro sobre o assunto, *Ars Conjectandi*. Pediu que uma espiral logarítmica fosse gravada em sua lápide, junto com a inscrição *Eadem mutata resurgo* (Ressurgirei o mesmo, embora mudado).

Johann I (1667-1748): Desenvolveu o cálculo e o promoveu na Europa. Seu aluno, o marquês de l'Hôpital, inseriu o trabalho de Johann no primeiro livro-texto de cálculo. "A regra de l'Hôpital" para avaliar limites reduzindo a 0/0 é devida a Johann. Escreveu sobre óptica (reflexão e refração), trajetórias ortogonais de famílias de curvas, comprimentos de curvas e avaliação de áreas por séries, trigonometria analítica e função exponencial. E também sobre a braquistócrona (curva de descida mais rápida), comprimento da cicloide.

Curvas e coordenadas

Nicolau I (1687-1759): Foi detentor da cátedra de matemática de Galileu em Pádua. Escreveu sobre geometria e equações diferenciais. Mais tarde lecionou lógica e direito. Matemático talentoso, mas não muito produtivo. Correspondeu-se com Leibniz, Euler e outros – suas principais realizações estão espalhadas entre 560 itens de correspondência. Formulou o Paradoxo de São Petersburgo em probabilidade.

Criticou o uso indiscriminado que Euler fez das séries divergentes. Auxiliou na publicação de *A arte da conjectura*, de Jacob Bernoulli. Apoiou Leibniz na sua controvérsia com Newton.

Nicolau II (1695-1726): Chamado para a Academia de São Petersburgo, morreu afogado meses depois. Discutiu o Paradoxo de São Petersburgo com Daniel.

Daniel (1700-1782): O mais famoso dos três filhos de Johann. Trabalhou com probabilidade, astronomia, física e hidrodinâmica. Seu *Hidrodinâmica*, de 1738, contém o *princípio de Bernoulli* acerca da relação entre pressão e velocidade. Escreveu sobre marés, teoria cinética dos gases e cordas vibrantes. Pioneiro em equações diferenciais parciais.

Johann II (1710-1790): Filho caçula dos três filhos de Johann. Estudou direito mas tornou-se professor de matemática na Basileia. Trabalhou na teoria matemática do calor e da luz.

Johann III (1744-1807): Como seu pai, estudou direito mas voltou-se para a matemática. Chamado para a Academia de Berlim aos dezenove anos. Escreveu sobre astronomia, probabilidade e dízimas periódicas.

Jacob II (1759-1789): Importantes trabalhos sobre elasticidade, hidrostática e balística.

Newton em 1707: "Os modernos, tendo avançado muito mais além [que os gregos], acolheram na geometria todas as linhas que podem ser expressas por equações."

Estudiosos posteriores inventaram numerosas variações do sistema de coordenadas cartesianas. Numa carta de 1643, Fermat pegou as ideias de Descartes e as estendeu para três dimensões. Aqui ele mencionou superfícies tais como elipsoides e paraboloides, que são determinados por equações quadráticas com três variáveis x, y, z. Uma contribuição influente foi a introdução das coordenadas *polares* por Jacob Bernoulli em 1691. Em lugar de um par de eixos, ele usou um ângulo θ e a distância r para determinar pontos no plano. Aqui as coordenadas são (r, θ).

Mais uma vez, as equações nessas variáveis especificam curvas. Mas agora equações simples podem especificar curvas que ficariam muito complicadas em coordenadas cartesianas. Por exemplo, a equação $r = \theta$ corresponde a uma espiral, do tipo conhecido como *espiral de Arquimedes*.

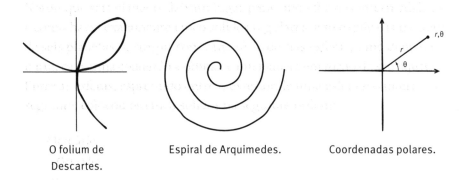

O folium de Descartes.   Espiral de Arquimedes.   Coordenadas polares.

Funções

Uma importante aplicação das coordenadas em matemática é um método de representar funções graficamente.

Uma *função* não é um número, mas uma receita que começa com algum número e calcula um outro número associado ao primeiro. A receita envolvida é geralmente apresentada como uma fórmula, que atribui a cada número, x (possivelmente dentro de um campo limitado), um outro número, $f(x)$.

Por exemplo, a função raiz quadrada é definida pela regra $f(x) = \sqrt{x}$, ou seja, tire a raiz quadrada de um número dado. Essa receita requer que x seja positivo. Da mesma maneira, a função elevar ao quadrado é definida por $f(x) = x^2$, e dessa vez não há restrição para x.

Podemos visualizar geometricamente uma função definindo a coordenada y para um dado valor de x, por $y = f(x)$. Essa equação apresenta uma relação entre as duas coordenadas, e portanto determina uma curva, que é chamada *gráfico* da função f.

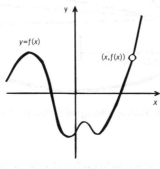

Gráfico da função f.

O gráfico da função $f(x) = x^2$ acaba se revelando uma parábola. O da raiz quadrada $f(x) = \sqrt{x}$ é meia parábola, mas deitada de lado. Funções mais complicadas levam a curvas mais complicadas. O gráfico da função $y = \operatorname{sen} x$ é uma onda que sobe e desce.

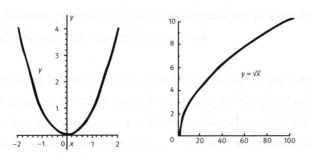

Gráficos do quadrado e da raiz quadrada.

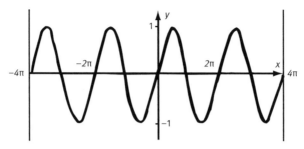

Gráfico da função seno.

Geometria de coordenadas hoje

As coordenadas são uma dessas ideias simples que tiveram grande influência na vida cotidiana. Nós as usamos em todo lugar, geralmente sem perceber que as estamos usando. Praticamente toda computação gráfica emprega um sistema interno de coordenadas, e a geometria que surge na tela é abordada algebricamente. Uma operação simples como girar uma foto digital alguns graus, para conseguir que o horizonte de fato fique horizontal, baseia-se na geometria de coordenadas.

A mensagem mais profunda da geometria de coordenadas trata da interconexão em matemática. Conceitos cujas manifestações físicas parecem totalmente diferentes podem ser aspectos diversos da mesma coisa. Aparências superficiais podem ser enganosas. Grande parte da efetividade da matemática como forma de entender o Universo brota de sua capacidade de adaptar ideias, transferindo-as de uma área da ciência para outra. A matemática é a última instância em transferência de tecnologia. E são essas interconexões cruzadas, reveladas nos últimos 4 mil anos, que tornam a matemática um tema único e unificado.

O que as coordenadas fizeram por eles

A geometria de coordenadas pode ser empregada em superfícies mais complicadas que o plano, como a esfera. As coordenadas mais comuns na esfera são longitude e latitude. Assim, a confecção de mapas, bem como o uso de mapas em navegação, pode ser vista como aplicação da geometria de coordenadas.

O maior problema de navegação para um capitão de navio era determinar a latitude e a longitude de sua embarcação. A latitude é relativamente fácil, porque o ângulo do Sol acima do horizonte varia com a latitude e pode ser tabulado. Desde 1730, o instrumento padrão para achar a latitude foi o sextante (agora tornado praticamente obsoleto pelo GPS). O sextante foi inventado por Newton, mas Newton não publicou. Foi redescoberto independentemente pelo matemático inglês John Hadley e pelo inventor americano Thomas Godfrey. Navegadores mais antigos usavam o astrolábio, que remonta à Arábia medieval. A longitude é mais ardilosa. O problema acabou sendo resolvido com a construção de um relógio altamente preciso, que era acertado com a hora local no início da viagem. A hora do nascer e do pôr do sol, bem como os movimentos da Lua e das estrelas, depende da longitude, possibilitando determiná-la comparando a hora local com a hora do relógio. A história da invenção do cronômetro por John Harrison, que resolveu o problema, tem um relato famoso no livro *Longitude*, de Dava Sobel.

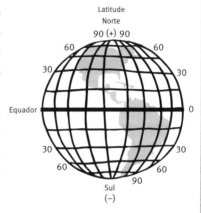
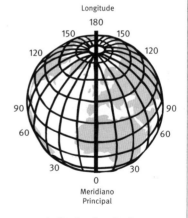

Latitude e longitude como coordenadas.

O que as coordenadas fazem por nós

Nós continuamos a usar coordenadas para mapas, mas outro uso comum da geometria de coordenadas é o mercado de ações, onde as flutuações de algum valor são registradas como uma curva. Aqui a coordenada x é o tempo, e a coordenada y é o preço da ação. Enormes quantidades de dados financeiros e científicos são registradas da mesma maneira.

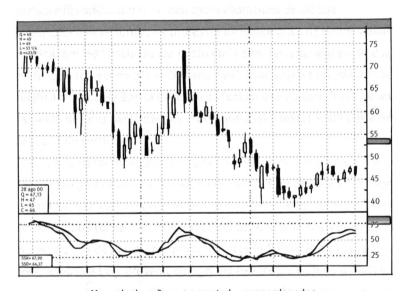

Mercado de ações representado em coordenadas.

7. Padrões em números

A origem da teoria dos números

Apesar de ficarem cada vez mais fascinados pela geometria, os matemáticos não perderam seu interesse pelos números. Mas começaram a fazer perguntas mais profundas, e responderam a muitas delas. Algumas tiveram de esperar por técnicas mais poderosas. Algumas permanecem sem resposta até hoje.

Teoria dos números

Existe algo de fascinante nos números. Os números naturais 1, 2, 3, 4, 5... são claros, sem enfeites. Pode haver algo mais simples? Mas o exterior de simplicidade esconde profundezas ocultas, e muitas das mais desconcertantes questões em matemática abordam as propriedades aparentemente diretas dos números inteiros. Essa área é conhecida como *teoria dos números*, e acaba se mostrando difícil exatamente porque seus ingredientes são tão básicos. A pura simplicidade dos números inteiros deixa pouco espaço para técnicas rebuscadas.

As primeiras contribuições sérias para a teoria dos números – isto é, completas com provas, não apenas afirmações – são encontradas nos trabalhos de Euclides, em que as ideias estão discretamente disfarçadas de geometria. O tema foi desenvolvido numa área distinta da matemática pelo grego Diofanto, que teve parte dos seus escritos registrados em cópias posteriores. A teoria dos números recebeu um grande impulso nos anos 1600, dado por Fermat, e desenvolvida por Leonhard Euler, Joseph-Louis

Lagrange e Carl Friedrich Gauss num ramo extenso e profundo da matemática, que tocava muitas outras áreas, aparentemente não relacionadas. No fim do século XX essas ligações haviam sido usadas para responder a algumas – embora não todas – antigas charadas, inclusive a famosa conjectura feita por Fermat por volta de 1650, conhecida como seu Último Teorema.

Durante a maior parte da história, a teoria dos números tratou dos mecanismos internos da matemática em si, com poucas ligações com o mundo real. Se algum dia houve um ramo da matemática considerado como vivendo nas alturas inebriantes das torres de marfim foi a teoria dos números. Mas o advento do computador digital mudou tudo isso. Os computadores funcionam com representações eletrônicas de números inteiros, e os problemas e oportunidades levantados pelos computadores geralmente conduzem à teoria dos números. Após 2.500 anos como exercício puramente intelectual, a teoria dos números finalmente causou impacto na vida cotidiana.

Primos

Qualquer um que contemple a multiplicação de números inteiros nota uma diferença fundamental.

Muitos números podem ser decompostos em peças menores, no sentido de que o número considerado surge da multiplicação dessas peças menores entre si. Por exemplo, 10 é 2 × 5 e 12 é 3 × 4. Alguns números, porém, não se decompõem dessa maneira. Não há como expressar 11 como produto de dois números inteiros *menores*, e o mesmo vale para 2, 3, 5, 7 e muitos outros.

Os números que podem ser expressos como produto de dois números menores são ditos compostos. Os que não podem ser assim expressos são primos. Segundo essa definição, o número 1 deveria ser considerado primo, mas por boas razões ele é colocado numa classe própria especial e chamado uma *unidade*. Assim, os primeiros números primos são

2 3 5 7 11 13 17 19 23 29 31 37 41

Padrões em números

Como sugere a lista, não existe padrão óbvio para os primos (exceto que todos, fora o primeiro, são ímpares). De fato, eles parecem ocorrer de maneira um tanto irregular, e não há modo simples de predizer o número primo seguinte da lista. Mesmo assim, não há dúvida de que esse número é, de alguma forma, *determinado* – basta testar números sucessivos até achar o próximo primo.

Apesar de sua distribuição irregular – ou talvez justamente por causa dela – os primos são de importância vital em matemática. Eles formam os blocos construtivos básicos para todos os números, no sentido de que números maiores são criados multiplicando números menores. A química nos diz que qualquer molécula, por mais complicada que seja, é composta de átomos – partículas de matéria quimicamente indivisíveis. De forma análoga, a matemática nos diz que qualquer número, por maior que seja, é composto de primos – números indivisíveis. Então, os primos são os átomos da teoria dos números.

Essa característica dos primos é útil porque muitas questões em matemática podem ser resolvidas para todos os números inteiros contanto que possam ser resolvidas para os primos, e os primos têm propriedades especiais que às vezes tornam mais fácil a solução da questão. Esse aspecto dual dos primos – importantes porém malcomportados – excita a curiosidade do matemático.

Euclides

Euclides introduziu os primos no Livro VII de *Os elementos*, e deu provas de três propriedades básicas. Em terminologia moderna, são elas:

(i) Todo número pode ser expresso como produto de primos.
(ii) Essa expressão é única exceto pela ordem em que os primos ocorrem.
(iii) Há infinitos números primos.

O que Euclides efetivamente afirmou e provou é um pouco diferente. A Proposição 31, Livro VII, nos diz que qualquer número composto é medido por algum primo – isto é, pode ser dividido exatamente pelo primo. Por exemplo, 30 é composto, e é exatamente divisível por diversos primos, entre eles 5 – de fato, $30 = 6 \times 5$. Repetindo-se o processo de extrair um divisor, ou *fator*, primo, podemos decompor o número num produto de primos. Assim, começando por $30 = 6 \times 5$, observamos que 6 também é composto, com $6 = 2 \times 3$. Agora $30 = 2 \times 3 \times 5$, e todos os três fatores são primos.

Se, em vez disso, tivéssemos começado com $30 = 10 \times 3$, decomporíamos o 10, como $10 = 2 \times 5$, fazendo $30 = 2 \times 5 \times 3$. Ocorrem mesmo três primos, mas multiplicados em ordem diferente – o que, obviamente, não afeta o resultado. Pode parecer óbvio que, qualquer que seja a forma de decompor um número em fatores primos, vamos obter sempre o mesmo resultado a não scr pela ordem, mas isso é um pouco complicado de provar. Na verdade, afirmativas similares em alguns sistemas de números correlatos acabam se revelando *falsas*, mas para números inteiros comuns a afirmativa é verdadeira. A fatoração em primos é única. Euclides prova o fato básico necessário para estabelecer essa singularidade na Proposição 30, Livro VII de *Os elementos*: se um primo divide o produto de dois números, então precisa dividir pelo menos um desses números. Uma vez conhecida a Proposição 30, a singularidade da fatoração em primos é consequência direta.

A Proposição 20, Livro IX, afirma que: "Os números primos são mais que qualquer grande quantidade considerada de números primos." Em termos modernos, significa que a lista de primos é infinita. A prova é dada num caso representativo: suponha que haja apenas três números primos, a, b e c. Multiplique-os entre si e some 1, de modo a obter $abc + 1$. Este número precisa ser divisível por algum primo, mas esse primo não pode ser nenhum dos três originais, uma vez que eles dividem exatamente abc, de maneira que não podem dividir também $abc + 1$, pois senão dividiriam também a diferença, que é 1. Portanto, encontramos um novo primo, contradizendo a premissa de que a, b, c são todos os primos que existem.

Embora a prova de Euclides empregue três primos, a mesma ideia funciona para uma lista mais longa. Multiplique todos os primos dessa lista, some um e depois pegue algum fator primo do resultado; isso sempre gera um primo que não está na lista. Logo, nenhuma lista finita de números primos pode jamais ser completa.

Por que a singularidade dos fatores primos não é óbvia

Já que os primos são os átomos da teoria dos números, poderia parecer óbvio que os *mesmos* átomos sempre aparecem quando um número é fragmentado em primos. Afinal, os átomos são peças indivisíveis. Se você pode fragmentar um número de dois jeitos diferentes, isso não envolveria dividir um átomo? Mas aqui a analogia com a química é ligeiramente enganosa.

Para ver que a singularidade da fatoração em primos *não* é óbvia, podemos trabalhar com um conjunto restrito de números

$$1 \quad 5 \quad 9 \quad 13 \quad 17 \quad 21 \quad 25 \quad 29$$

e assim por diante. Esses são os números que excedem em 1 os múltiplos de 4. Produtos desses números também têm a mesma propriedade, de modo que podemos construir tais números multiplicando números menores do mesmo tipo. Vamos definir como "quaseprimo" qualquer número dessa lista que não seja produto de dois números menores *da lista*. Por exemplo, 9 é quaseprimo: os únicos números menores na lista são 1 e 5, e seu produto não é 9. (É verdade que $9 = 3 \times 3$, é claro, mas o número 3 não faz parte da lista.)

É óbvio – e verdadeiro – que todo número da lista é um produto de quaseprimos. No entanto, embora esses quaseprimos sejam os átomos do conjunto, acontece algo muito estranho. O número 693 se decompõe de duas maneiras diferentes: $693 = 9 \times 77 = 21 \times 33$, e todos os quatro fatores, 9, 21, 33 e 77, são *quaseprimos*. Assim, a singularidade da fatoração falha com esse tipo de número.

> ## O maior primo conhecido
>
> Não existe maior primo, mas o maior primo *conhecido* até maio de 2009 era $2^{43.112.609} - 1$, que tem 12.978.189 dígitos decimais. Números da forma $2^p - 1$, com p sendo primo, são chamados primos de Mersenne, porque Mersenne conjecturou em seu *Cogitata Physica-Mathematica*, de 1644, que esses números são primos para $p = 2, 3, 5, 7, 13, 17, 19, 31, 67, 127$ e 257 e compostos para todos os outros números inteiros até 257.
>
> Existem métodos especiais muito rápidos para testar tais números e checar se são primos, e agora sabemos que Mersenne cometeu cinco erros. Seus números são compostos quando $p = 67$ e 257, e há mais três primos com $p = 61, 89, 107$. Atualmente são conhecidos 44 primos de Mersenne. Encontrar novos primos é um bom modo de testar novos supercomputadores, mas não tem qualquer significação prática.

Diofanto

Nós mencionamos Diofanto de Alexandria em conexão com a notação algébrica, mas sua maior influência foi na teoria dos números. Diofanto estudou questões gerais em vez de questões numéricas específicas, embora suas *respostas* tenham sido números específicos. Por exemplo: "Ache três números tais que sua soma, e a soma de dois quaisquer entre eles, seja um quadrado perfeito." Sua resposta é 41, 80 e 320. Verificando: a soma de todos três é $441 = 21^2$. As somas dos pares são $41 + 80 = 11^2$, $41 + 320 = 19^2$ e $80 + 320 = 20^2$.

Uma das mais conhecidas equações resolvidas por Diofanto é uma consequência colateral do Teorema de Pitágoras. Podemos apresentar o teorema algebricamente: se um triângulo retângulo tem lados a, b, c, com c sendo o lado maior, então $a^2 + b^2 = c^2$. Existem alguns triângulos retângulos especiais para os quais os lados são números inteiros. O mais simples e mais conhecido é quando *a*, *b*, *c* são respectivamente 3, 4, 5; aqui $3^2 + 4^2 = 9 + 16 = 25 = 5^2$. Outro exemplo, o segundo mais simples, é $5^2 + 12^2 = 13^2$.

De fato, existem infinitas *trincas pitagóricas* como essas. Diofanto encontrou todas as soluções numéricas inteiras possíveis do que agora escrevemos como $a^2 + b^2 = c^2$. Sua receita é pegar qualquer par de números inteiros e formar a diferença entre seus quadrados, o dobro de seu produto e a soma de seus quadrados. Esses três números sempre formam uma trinca pitagórica, e todos esses triângulos surgem dessa maneira quando também fazemos com que todos os três números sejam multiplicados por uma constante. Se os números forem 1 e 2, por exemplo, obteremos o famoso triângulo 3-4-5. Em especial, uma vez que existem infinitas maneiras de escolher um par de números, existem infinitas trincas pitagóricas.

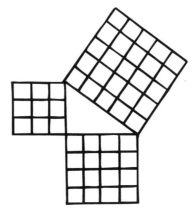

O triângulo retângulo 3-4-5.

Fermat

Depois de Diofanto, a teoria dos números estagnou por mais de mil anos, até que foi assumida por Fermat, que fez muitas descobertas importantes. Um de seus teoremas mais elegantes nos diz exatamente quando um determinado inteiro *n* é a soma de dois quadrados perfeitos: $n = a^2 + b^2$. A solução fica mais simples quando é primo. Fermat observou que existem três tipos básicos de primos:

(i) O número 2, o único primo par.

(ii) Primos que têm uma unidade a mais que um múltiplo de 4, tais como 5, 13, 17, e assim por diante – esses primos são todos ímpares.

(iii) Primos que têm uma unidade a menos que um múltiplo de 4, tais como 3, 7, 11, e assim por diante – esses primos também são ímpares.

Ele provou que um primo é a soma de dois quadrados se pertence às categorias (i) ou (ii), e não é a soma de dois quadrados se pertence à categoria (iii).

Por exemplo, 37 está na categoria (ii), sendo $4 \times 9 + 1$, e $37 = 6^2 + 1^2$, uma soma de dois quadrados. Por outro lado, $31 = 4 \times 8 - 1$ está na categoria (iii), e você pode tentar de todas as maneiras possíveis escrever 31 como soma de dois quadrados, e não achará nada que dê certo. (Por exemplo, $31 = 25 + 6$, onde 25 é quadrado, mas 6 não é.)

A conclusão é que um número é a soma de dois quadrados se, e somente se, todo divisor primo da forma $4k - 1$ ocorre para uma potência par. Usando métodos semelhantes, Joseph-Louis Lagrange provou, em 1770, que todo número inteiro positivo é a soma de quatro quadrados perfeitos (inclusive um ou mais zeros se necessário). Fermat apresentara esse resultado antes, mas não há prova registrada.

Uma das descobertas mais influentes de Fermat é também uma das mais simples. É conhecida como Pequeno Teorema de Fermat, para evitar confusão com seu Último (às vezes chamado de Grande) Teorema, e afirma que se p é um primo qualquer e a é um número inteiro qualquer, então $a^p - a$ é um múltiplo de p. A propriedade correspondente é *geralmente* falsa quando p é composto, mas nem sempre.

O resultado mais celebrado de Fermat levou 350 anos para ser provado. Ele o apresentou por volta de 1640 e alegou a existência de uma prova, mas tudo que sabemos do trabalho é uma breve nota. Fermat possuía um exemplar da *Aritmética*, de Diofanto, que inspirou muitas de suas investigações, e ele com frequência anotava suas ideias na margem. Em algum momento devia estar pensando na equação pitagórica: some dois quadrados para obter um quadrado. Ele se perguntou o que aconteceria se em

Padrões em números

O que não sabemos sobre os números primos

Mesmo hoje, os primos ainda têm alguns segredos. Dois famosos problemas não resolvidos são a Conjectura de Goldbach e a Conjectura dos Primos Gêmeos.

Christian Goldbach foi um matemático amador que se correspondia regularmente com Euler. Numa carta de 1742, descreveu a evidência de que todo número inteiro maior que 2 é a soma de três primos. Goldbach encarava 1 como primo, o que não fazemos mais; como consequência, agora excluiríamos os números $3 = 1 + 1 + 1$ e $4 = 2 + 1 + 1$. Euler propôs uma conjectura mais forte: que todo número par maior que 2 é a soma de dois primos. Por exemplo, $4 = 2 + 2$, $6 = 3 + 3$, $8 = 5 + 3$, $10 = 5 + 5$, e assim por diante. Essa conjectura implica a de Goldbach. Euler estava confiante de que ela era verdadeira, mas não conseguiu achar uma prova, e a conjectura ainda está em aberto. Experimentos com computador mostraram que é verdadeira para todo número par até 10^{18}. O melhor resultado foi obtido por Chen Jing-Run em 1973 usando complicadas técnicas da análise. Ele provou que todo número par suficientemente grande é a soma de dois primos, ou de um primo e um quase primo (produto de dois primos).*

A conjectura dos primos gêmeos é muito mais antiga, e remonta a Euclides. Ela afirma que existem infinitos *primos gêmeos p* e *p* + 2. Exemplos de primos gêmeos são 5 e 7, 11 e 13. Mais uma vez, não há prova a favor ou contra. Em 1966, Chen provou que existem infinitos primos p, tais que $p + 2$ é ou primo ou quase primo. Atualmente, o maior par de primos gêmeos é $2.003.663.613 \times 2^{195000} \pm 1$, encontrado por Eric Vautier, Patrick McKibbon e Dmitri Gribenko em 2007.

---

* Não confundir este "quase primo" (*almost-prime*), com o "quaseprimo" (*quasiprime*) do exemplo dado anteriormente. (N.T.)

vez de quadrados tentasse cubos, mas não encontrou soluções. O mesmo problema surgiu para potências de quarto e quinto graus ou mais elevadas.

Em 1670, o filho de Fermat, Samuel, publicou uma edição da tradução da *Aritmética* feita por Bachet, que incluía as notas de margem de Fermat. Uma dessas notas tornou-se notória: a afirmação de que se $n \geq 3$, a soma de duas potências de grau n nunca é uma potência de grau n. A nota na margem afirma: "É impossível resolver um cubo na soma de dois cubos, uma quarta potência na soma de duas quartas potências, ou, em geral, qualquer potência superior à segunda em duas potências do mesmo tipo; e desse fato encontrei uma prova notável. A margem é muito pequena para contê-la."

Parece improvável que sua prova, se é que existiu, estivesse correta. A primeira, e até hoje única, prova foi deduzida por Andrew Wiles em 1994; ela usa métodos abstratos avançados que não existiam até o final do século XX.

Depois de Fermat, vários matemáticos importantes trabalharam em teoria dos números, com destaque para Euler e Lagrange. A maioria dos teoremas que Fermat formulou, mas não provou, foram polidos e refinados durante esse período.

Gauss

O grande avanço seguinte na teoria dos números foi feito por Gauss, que publicou sua obra-prima, *Investigações em aritmética*, em 1801. Esse livro empurrou a teoria dos números para o centro do palco matemático. Daí em diante, ela passou a ser o núcleo da principal corrente matemática. Gauss focalizou principalmente nas novidades do seu próprio trabalho, mas também assentou os alicerces da teoria dos números e sistematizou as ideias de seus predecessores.

A mais importante dessas mudanças estruturais foi uma ideia muito simples, mas poderosa: *aritmética modular*. Gauss descobriu um novo tipo de sistema numérico, análogo aos inteiros mas diferindo num aspecto-chave: um número específico, conhecido como *módulo*, era identificado como o número zero. Essa ideia curiosa revelou-se fundamental para a nossa compreensão das propriedades de divisibilidade dos inteiros comuns.

PIERRE DE FERMAT
(1601-1665)

Pierre Fermat nasceu em Beaumont-de-Lomagne, na França, em 1601, filho do mercador de couro Dominique Fermat e de Claire de Long, filha de uma família de juristas. Em 1629 ele já tinha feito importantes descobertas em geometria e no que seria o precursor do cálculo, mas escolheu a carreira de direito, tornando-se conselheiro no Parlamento de Toulouse em 1631. Isso lhe deu o direito de acrescentar o "de" ao nome. Como um surto de peste matou seus superiores, ele progrediu rapidamente. Em 1648, tornou-se conselheiro do rei no Parlamento local de Toulouse, onde serviu pelo resto da vida, chegando ao nível mais elevado da Corte Criminal em 1652.

Fermat nunca teve uma posição acadêmica, mas a matemática era sua paixão. Em 1653 contraiu a peste; correram rumores de que havia morrido, mas sobreviveu. Manteve extensiva correspondência com outros intelectuais, especialmente com o matemático Pierre de Carcavi e com o monge Marin Mersenne.

Trabalhou em mecânica, óptica, probabilidade e geometria, e seu método de localizar os valores máximo e mínimo de uma função abriram caminho para o cálculo. Tornou-se um dos mais importantes matemáticos do mundo, mas publicou pouco de seu trabalho, especialmente porque não estava disposto a dedicar o tempo necessário para dar a ele uma forma publicável.

Sua influência mais duradoura foi na teoria dos números, onde desafiou outros matemáticos a provar uma série de teoremas e solucionar vários problemas. Entre eles estava a (erroneamente denominada) "equação de Pell", $nx^2 + 1 = y^2$, e a afirmação de que a soma de dois cubos perfeitos diferentes de zero não pode ser um cubo perfeito. Esse é um caso especial de uma conjectura mais geral, o "Último Teorema de Fermat", em que os cubos são substituídos por potências enésimas para qualquer $n \geq 3$.

Fermat morreu em 1665, exatamente dois dias depois de concluir um caso judicial.

Eis a ideia de Gauss. Dado um inteiro m, dizemos que a e b são *congruentes módulo* m, representado por

$$a \equiv b \;(\text{mod } m)$$

se a diferença $a - b$ for exatamente divisível por m. Então a aritmética no módulo m funciona exatamente da mesma maneira que a aritmética comum, exceto que podemos substituir m por 0 em qualquer ponto do cálculo. Assim, qualquer múltiplo de m pode ser ignorado.

A expressão "aritmética do relógio" é com frequência usada para captar o espírito da ideia de Gauss. Num relógio, o número 12 é efetivamente a mesma coisa que 0 porque a hora se repete após 12 passos (24 na Europa continental, em atividades militares e em todos os países que utilizam o sistema de 24 horas para definir horários). Sete horas depois das 6, num relógio "de ponteiros", não é 13 horas e sim 1 hora; assim, no sistema de Gauss $13 \equiv 1 \;(\text{mod } 12)$. Portanto, a aritmética modular é como um relógio que leva m horas para dar uma volta inteira. Não é surpresa que a aritmética modular desponte sempre que os matemáticos olham para coisas que mudam em ciclos repetitivos.

Investigações em aritmética usava a aritmética modular como base para ideias mais profundas, e mencionamos três.

A maior parte do livro é um vasta ampliação das observações de Fermat de que os primos da forma $4k + 1$ são a soma de dois quadrados, enquanto os da forma $4k - 1$ não são. Gauss reformulou esse resultado como caracterização de inteiros que podem ser escritos na forma $x^2 + y^2$, com x e y inteiros. Então perguntou o que acontece se em vez dessa fórmula usarmos uma *forma quadrática* genérica, como $ax^2 + bxy + cy^2$. Seus teoremas são técnicos demais para serem discutidos aqui, mas ele conseguiu um entendimento quase completo da questão.

Outro tópico é a lei da reciprocidade quadrática, que intrigou e espantou Gauss por muitos anos. O ponto de partida é uma questão simples: como é a aparência de quadrados perfeitos num dado módulo? Por exemplo, suponhamos que o módulo seja 11. Então os possíveis quadrados perfeitos (de números menores que 11) são

$$0 \quad 1 \quad 4 \quad 9 \quad 16 \quad 25 \quad 36 \quad 49 \quad 64 \quad 81 \quad 100$$

Padrões em números   131

que, quando reduzidos (mod 11), são

$$0 \quad 1 \quad 3 \quad 4 \quad 5 \quad 9$$

com cada número diferente de zero aparecendo duas vezes. Esses números são os *resíduos quadráticos*, mod 11.

A chave para essa pergunta é olhar os números primos. Se p e q são primos, quando é que q é um quadrado (mod p)? Gauss descobriu que, se por um lado não há meio fácil de responder a essa pergunta diretamente, ela traz uma notável relação com outra pergunta: quando p é um quadrado (mod q)? Por exemplo, a lista de resíduos quadráticos acima mostra que $q = 5$ é um quadrado módulo $p = 11$. Também é verdade que 11 é um quadrado módulo 5 – porque $11 \equiv 1$ (mod 5) e $1 = 1^2$. Logo, ambas as perguntas têm a mesma resposta.

Gauss provou que essa lei da reciprocidade vale para qualquer par de números ímpares, exceto quando ambos os primos são da forma $4k - 1$, e neste caso as duas perguntas têm resposta opostas. Ou seja: para quaisquer primos p e q,

q é um quadrado (mod p) se e somente se p for um quadrado (mod p),

a menos que p e q sejam ambos da forma $4k - 1$, e nesse caso

q é um quadrado (mod p) se e somente se p não for um quadrado (mod q).

Inicialmente Gauss não sabia que não se tratava de uma observação nova: Euler havia notado o mesmo padrão. Mas, ao contrário de Euler, Gauss conseguiu provar que isso é sempre verdade. A prova foi muito difícil, e Gauss levou vários anos para preencher uma lacuna pequena, mas crucial.

Um terceiro tópico no *Investigações em aritmética* é a descoberta que havia convencido Gauss a se tornar matemático aos dezenove anos: uma construção geométrica para o heptadecágono regular (um polígono de 17 lados iguais). Euclides forneceu construções, usando régua sem escala e compasso, para polígonos regulares com 3, 5 e 15 lados; também sabia que esses números podiam ser repetidamente duplicados mediante as bissetrizes dos ângulos, incluindo polígonos regulares com 4, 6, 8 e 10 lados, e assim por diante. Mas Euclides não forneceu construções para os polígonos de 7 e 9 lados, ou para

CARL FRIEDRICH GAUSS
(1777-1855)

Gauss foi altamente precoce, tendo supostamente corrigido a aritmética de seu pai aos três anos de idade. Em 1792, com assistência financeira do duque de Brunswick-Wolfenbüttel, Gauss foi para o Collegium Carolinum de Brunswick. Ali fez diversas descobertas matemáticas importantes, inclusive a lei da reciprocidade quadrática e o teorema dos números primos, mas não os provou. De 1795 a 1798 estudou em Göttingen, onde descobriu como construir um polígono regular de dezessete lados com regra e compasso. *Investigações em aritmética*, até hoje a obra mais importante sobre teoria dos números, foi publicada em 1801.

A reputação pública de Gauss, porém, residia em predições astronômicas. Em 1801, Giuseppe Piazzi descobriu o primeiro asteroide: Ceres. As observações eram tão esparsas que os astrônomos estavam preocupados com a possibilidade de não conseguir encontrá-lo de novo quando ressurgisse de trás do Sol. Diversos deles previram onde o asteroide reapareceria; e Gauss fez o mesmo, sendo o único a acertar. Na verdade, Gauss utilizara um método que ele mesmo havia inventado, hoje chamado "método dos quadrados mínimos", para deduzir resultados precisos de observações limitadas. Ele não revelou a técnica na época, mas desde então ela se tornou fundamental em estatística e ciência observacional.

Em 1805 Gauss casou-se com Johanna Ostoff, a quem amava muito, e em 1807 deixou Brunswick para tornar-se diretor do observatório de Göttingen. Em 1808 seu pai faleceu, e Johanna morreu no ano seguinte após dar à luz seu segundo filho. Logo depois, a criança também morreu.

Apesar dessas tragédias pessoais, Gauss continuou sua pesquisa. Em 1809 publicou *Theoria Motus Corporum Coelestium in Sectionibus Conicis Solem Ambientium*, uma importante contribuição para a mecânica celeste. Casou-se novamente com Minna, uma amiga íntima de Johanna, mas foi um casamento mais por conveniência do que por amor.

Padrões em números

> Por volta de 1816 Gauss escreveu uma resenha de deduções do axioma das paralelas a partir dos outros axiomas de Euclides, na qual insinuava uma opinião que provavelmente já tinha desde 1800 – a possibilidade de uma geometria logicamente consistente que diferia da de Euclides.
>
> Em 1818 foi encarregado de um levantamento geodésico de Hanôver, fazendo sérias contribuições para os métodos empregados em levantamentos. Em 1831, após a morte de Minna, Gauss começou a trabalhar com o físico Wilhelm Weber no estudo do campo magnético da Terra.
>
> Eles descobriram o que agora é chamado de leis de Kirchhoff para circuitos elétricos, e construíram um telégrafo grosseiro, mas eficiente. Quando Weber foi obrigado a deixar Göttingen em 1837, o trabalho científico de Gauss entrou em declínio, embora continuasse interessado no trabalho de outros, especialmente Ferdinand Eisenstein e Georg Bernhard Riemann. Ele morreu tranquilamente enquanto dormia.

qualquer outro além dos citados. Durante cerca de 2 mil anos, o mundo matemático supôs que Euclides tivera a última palavra e que nenhum outro polígono regular podia ser construído. Gauss provou que estavam errados.

É fácil ver que o principal problema é construir polígonos regulares de p lados quando p é primo. Gauss mostrou que essa construção é equivalente a resolver a equação algébrica

$$x^{p-1} + x^{p-2} + x^{p-3} + \ldots + x^2 + x + 1 = 0$$

Agora a construção com régua e compasso pode ser vista, graças à geometria de coordenadas, como uma sequência de equações quadráticas. Se uma construção desse tipo existe, segue-se que (e isso não é inteiramente trivial) $p - 1$ deve ser uma potência de 2.

Os casos gregos $p = 3$ e $p = 5$ satisfazem essa condição: aqui $p - 1 = 2$ e 4, respectivamente. Mas eles não são os únicos primos desse tipo. Por exemplo, $17 - 1 = 16$, que é uma potência de 2. Isso ainda não prova que seja possível construir um 17-ágono, mas fornece um forte indício, e Gauss conseguiu achar a redução explícita dessa equação de 16º grau a uma série de quadráticas. Ele afirmou, mas não provou, que uma construção é possível sempre que $p - 1$ é potência de 2 (ainda com a condição de que p seja *primo*), e é impossível para todos os outros primos. A prova logo foi completada por outros.

Esses primos especiais são chamados *primos de Fermat*, pois foram estudados por Fermat. Ele observou que se p é primo e $p - 1 = 2^k$, então o próprio k precisa ser uma potência de 2. Ele notou os primeiros primos de Fermat: 2, 3, 5, 17, 257 e 65.537. Conjecturou que números da forma $2^{2m} + 1$ são sempre primos, mas estava errado. Euler descobriu que quando $m = 5$ há um fator 641.

Segue-se que deve existir também construções de régua-e-compasso para um 257-ágono e um 65.537-ágono. F.J. Richelot construiu o polígono regular de 257 lados em 1832, e seu trabalho está correto. J. Hermes passou dez anos trabalhando num 65.537-ágono, e completou sua construção em 1894. Estudos recentes sugerem que há erros.

A teoria dos números começou a ficar matematicamente interessante com o trabalho de Fermat, que identificou muitos dos significativos padrões ocultos no estranho e intrigante comportamento dos números inteiros. Sua desagradável tendência de não fornecer provas foi corrigida por Euler, Lagrange e algumas figuras menos proeminentes, com exceção do seu Último Teorema, mas a teoria dos números parecia consistir em teoremas isolados – muitas vezes profundos e difíceis, mas não muito relacionados entre si.

Tudo isso mudou quando Gauss entrou em cena e concebeu os fundamentos conceituais gerais para a teoria dos números, tais como a aritmética modular. Ele também relacionou essa teoria com a geometria por meio do seu trabalho com polígonos regulares. A partir desse momento, a teoria dos números tornou-se uma trama fundamental na tapeçaria da matemática.

As percepções de Gauss levaram ao reconhecimento de um novo tipo de estrutura em matemática – novos sistemas numéricos, tais como os inteiros mod n, e novas operações, tais como a composição em formas quadráticas. Em retrospecto, a teoria dos números do fim do século XVIII

Padrões em números

O que a teoria dos números fez por eles

Uma das primeiras aplicações práticas da teoria dos números ocorre em engrenagens. Se duas rodas dentadas são unidas de modo que seus dentes se encaixem, tendo uma roda m dentes e a outra n dentes, então o movimento das rodas está relacionado com esses números. Por exemplo, suponhamos que uma das rodas tenha 30 dentes e outra tenha 7. Se eu girar a primeira roda exatamente uma vez, o que faz a roda menor? Ela retorna à posição inicial após 7, 14, 21 e 28 passos. Então, os dois últimos passos, para completar 30, avançam em apenas 2 passos. Este número aparece porque é o resto da divisão de 30 por 7. Assim, o movimento das engrenagens é uma representação mecânica da divisão com resto, e essa é a base da aritmética modular.

Engrenagens com rodas dentadas eram usadas pelos antigos artesãos gregos para projetar um dispositivo impressionante, o mecanismo de Antiquitera. Em 1900 o mergulhador Elias Stadiatis encontrou um bloco de rocha corroído nos destroços de um naufrágio de 65 a.C., perto da ilha de Antiquitera, a cerca de quarenta metros de profundidade. Em

Uma reconstituição do mecanismo de Antiquitera.

1902 o arqueólogo Valerios Stais notou que a rocha continha uma roda dentada, e era na verdade o resíduo de um complicado mecanismo de bronze. Havia palavras inscritas no alfabeto grego.

A função do mecanismo foi deduzida a partir de sua estrutura, e acabou se revelando uma calculadora astronômica. Há mais de trinta engrenagens – a última reconstrução, em 2006, sugere que havia originalmente 37. Os números dos dentes nas rodas correspondem a importantes relações astronômicas. Em particular, há duas engrenagens com 53 dentes – um número difícil de produzir –, e esse número provém da velocidade com que gira o ponto da Lua mais distante da Terra. Todos os fatores primos dos números de dentes baseiam-se em dois ciclos astronômicos clássicos, os ciclos metônico e saros. Análises por raios X revelaram novas inscrições e as tornaram legíveis, e agora é certo que o dispositivo era usado para prever posições do Sol, da Lua e, provavelmente, dos planetas então conhecidos. As inscrições datam de cerca de 150-100 a.C.

O mecanismo de Antiquitera tem um projeto sofisticado, e parece incorporar a teoria de Hiparco do movimento da Lua. Pode muito bem ter sido construído por um de seus discípulos, ou pelo menos com ajuda deles. Provavelmente foi um brinquedo interessante para algum personagem da realeza, em vez de instrumento prático, o que pode explicar seu sofisticado desenho e fabricação.

---

e começo do século XIX levou à álgebra abstrata do fim do século XIX e do século XX. Os matemáticos começavam a ampliar a gama de conceitos e estruturas que eram objetos aceitáveis de estudo. Apesar de seu tema especializado, *Investigações em aritmética* é um marco significativo no desenvolvimento da moderna abordagem à totalidade da matemática. Esse é um dos motivos de Gauss ter um conceito tão alto entre os matemáticos.

Até a última parte do século XX, a teoria dos números permaneceu um ramo da matemática pura – interessante por si só e por suas numerosas aplicações dentro da própria matemática, mas de pouca importância real no mundo externo. Tudo isso mudou com a invenção da comunicação digital no fim do século XX. Desde então a comunicação passou a depender de números, e não é surpresa que a teoria dos números tenha vindo para o centro do palco nessas áreas de aplicação. Às vezes leva tempo para uma boa ideia matemática adquirir importância prática – às vezes centenas de anos –, mas em algum momento a maior parte dos temas que os matemáticos consideram significativos em si mesmos acabam se revelando valiosos também no mundo real.

MARIE-SOPHIE GERMAIN
(1776-1831)

Sophie Germain era filha do comerciante de seda Ambroise-François Germain e de Marie-Madaleine Gruguelin. Aos treze anos leu sobre a morte de Arquimedes, assassinado por um soldado romano enquanto contemplava um diagrama geométrico na areia, e ganhou inspiração para tornar-se matemática. Apesar dos esforços bem-intencionados dos pais para dissuadi-la – na época a matemática não era considerada uma vocação adequada para uma jovem dama –, leu os trabalhos de Newton e Euler, enrolada num cobertor, enquanto seu pai e sua mãe dormiam. Quando os pais se convenceram de seu envolvimento com a matemática, renderam-se e começaram a ajudá-la, dando-lhe apoio financeiro por toda a vida.

Ela conseguiu as anotações de aulas da École Polytechnique e escreveu para Lagrange com um trabalho próprio original, sob o nome de "Monsieur LeBlanc". Lagrange, impressionado, acabou descobrindo que a autora das cartas era uma mulher, e teve o bom-senso de encorajá-la, tornando-se seu patrocinador. Os dois trabalharam juntos, e alguns de seus resultados foram incluídos numa edição posterior do *Ensaio sobre a teoria dos números* de Lagrange, publicado originalmente em 1798.

Seu correspondente mais celebrado foi Gauss. Sophie estudou o *Investigações em aritmética*, e de 1804 a 1809 escreveu numerosas cartas a seu autor, outra vez escondendo o fato de ser mulher por meio do nome LeBlanc. Gauss elogiou o trabalho de LeBlanc em cartas a outros matemáticos. Em 1806, quando os franceses ocuparam Braunschweig, descobriu que LeBlanc era uma mulher. Preocupada com a possibilidade de Gauss poder sofrer o mesmo destino de Arquimedes, Sophie contatou um amigo da família que era oficial graduado no Exército francês, o general Pernety. Gauss ficou sabendo disso e acabou descobrindo que LeBlanc na verdade era Sophie.

Sophie não precisava ter se preocupado. Gauss ficou ainda mais impressionado e lhe escreveu: "Mas como descrever a você minha admiração e minha perplexidade ao ver meu estimado correspondente Monsieur LeBlanc metamorfosear-se nesta ilustre personagem ... Quando uma mulher, a qual, segundo nossos costumes e preconceitos, deve encontrar infinitamente mais dificuldades do que os homens para familiarizar-se com essas espinhosas pesquisas, mesmo assim consegue superar esses obstáculos e penetrar em suas partes mais obscuras, então, sem dúvida, ela deve ter a mais nobre coragem, talentos bastante extraordinários e gênio superior."

Sophie obteve alguns resultados no Último Teorema de Fermat, os melhores disponíveis até 1840. Entre 1810 e 1820 trabalhou em vibrações de superfícies, um problema proposto pelo Institut de France. Em especial, buscava-se uma explicação para os "padrões Chladni" – padrões simétricos que aparecem se é borrifada areia numa placa de metal, que então é levada a vibrar usando um arco de violino. Na sua terceira tentativa ela foi agraciada com uma medalha de ouro, mas por razões desconhecidas, possivelmente como protesto contra o tratamento injusto para com mulheres cientistas, não apareceu para a cerimônia de premiação.

Em 1829 desenvolveu um câncer no seio, mas continuou a trabalhar em teoria dos números e na curvatura e superfícies até sua morte, dois anos depois.

Padrões em números

O que a teoria dos números faz por nós

A teoria dos números forma a base para muitos códigos de segurança importantes usados no comércio pela internet. O mais conhecido desses códigos é o criptossistema RSA (Ronald Rivest, Adi Shamir e Leonard Adleman), que tem a surpreendente característica de que o método de pôr as mensagens em código pode ser tornado público sem trair o procedimento inverso de decodificar a mensagem.

Suponha que Alice queira mandar uma mensagem secreta para Bob. Antes de fazê-lo, os dois combinam dois números primos grandes p e q (tendo pelo menos cem dígitos) e os multiplicam entre si para obter $M = pq$. Eles podem revelar esse número se quiserem. E também calculam $K = (p - 1)(q - 1)$, mas o mantém em segredo.

Agora Alice representa sua mensagem como um número x no espectro 0 a M (ou uma série desses números se for uma mensagem longa). Para codificar a mensagem ela escolhe algum número a, que não tenha fatores comuns com K, e calcula $y \equiv x^a$ (mod M). O número a precisa ser conhecido por Bob, e também pode ser tornado público.

Para decodificar as mensagens, Bob precisa saber um número b tal que $ab \equiv 1$ mod K. Esse número (que existe e é único) é mantido em segredo. Para decodificar y Bob calcula

$$y^b \ (\text{mod } M).$$

Por que isso decodifica? Porque

$$y^b \equiv (x^a)^b \equiv x^{ab} \equiv x^1 \equiv x \ (\text{mod } M),$$

usando uma generalização do Pequeno Teorema de Fermat devida a Euler.

Este método é prático porque há testes eficientes para achar números primos grandes. No entanto, não há métodos eficientes para achar os fatores primos de um número grande. Logo, contar às pessoas o produto pq não as ajuda a encontrar p e q, e sem eles não é possível calcular o valor de b, necessário para decodificar a mensagem.

8. O sistema do mundo
A invenção do cálculo

O avanço isolado mais significativo na história da matemática foi o cálculo, inventado de forma independente por volta de 1680 por Isaac Newton e Gottfried Leibniz. Leibniz publicou primeiro, mas Newton – incitado por amigos ultrapatriotas – alegou primazia e acusou Leibniz de plagiador. A briga azedou as relações entre os matemáticos britânicos e os da Europa continental por um século, e os ingleses foram os que mais perderam.

O sistema do mundo

Mesmo que Leibniz provavelmente mereça a precedência, Newton transformou o cálculo numa técnica central no florescente tópico da física matemática, a rota mais eficiente que a humanidade conhece para compreender o mundo natural. Newton chamou sua teoria "O sistema do mundo". Pode não ter sido muito modesto, mas era uma descrição bastante justa. Antes de Newton, a compreensão humana dos padrões da natureza consistia principalmente nas ideias de Galileu sobre corpos em movimento, em especial a trajetória parabólica de um objeto como uma bala de canhão, e a descoberta de Kepler de que Marte segue uma elipse através dos céus. Depois de Newton, os padrões matemáticos passaram a governar quase tudo no mundo físico: o movimento dos corpos terrestres e celestes, o fluxo do ar e da água, a transmissão de calor, luz e som e a força da gravidade.

O sistema do mundo 141

Curiosamente, porém, a mais importante publicação de Newton sobre as leis matemáticas da natureza, *Principia: princípios matemáticos de filosofia natural*, não menciona nada de cálculo; em vez disso, baseia-se na aplicação inteligente da geometria no estilo dos gregos antigos. Mas as aparências enganam: documentos não publicados conhecidos como *Portsmouth Papers* mostram que quando estava trabalhando no *Principia*, Newton já tinha as ideias principais do cálculo. É provável que Newton *tenha usado* os métodos do cálculo para fazer muitas descobertas, mas optou por não apresentá-los dessa maneira. Sua versão do cálculo foi publicada após sua morte no *Método das fluxões*, de 1732.

Cálculo

O que é o cálculo? Os métodos de Newton e Leibniz serão mais fáceis de entender se fizermos uma apresentação inicial das ideias principais. O cálculo é a matemática das taxas de variação instantâneas – qual é a rapidez com que está variando uma determinada grandeza *neste exato instante*? Eis um exemplo físico: um trem se move ao longo da ferrovia: com que velocidade ele está *exatamente agora*? O cálculo tem dois ramos principais. O *cálculo diferencial* fornece métodos para calcular taxas de variação e possui muitas aplicações geométricas, em especial para achar tangentes para curvas. O *cálculo integral* faz o contrário: dada uma taxa de variação de alguma grandeza, ele especifica a grandeza em si. As aplicações geométricas do cálculo integral incluem o cálculo de áreas e volumes. Talvez a descoberta mais significativa seja a ligação inesperada entre essas duas questões geométricas clássicas aparentemente não relacionadas: achar a tangente para uma curva e achar áreas.

O cálculo lida com *funções*: procedimentos que pegam um número genérico e calculam outro número a ele associado. O procedimento é geralmente especificado por uma fórmula, atribuindo a um número dado x (possivelmente dentro de um domínio específico) um número associado $f(x)$. Exemplos incluem a função raiz quadrada, $f(x) = \sqrt{x}$ (a qual exige que

x seja positivo) e a função elevar ao quadrado $f(x) = x^2$ (onde não existe restrição a x).

A primeira ideia-chave do cálculo é a *diferenciação*, que obtém a *derivada* de uma função. A derivada é a taxa em que $f(x)$ está variando, comparada com a variação de x – a *taxa de variação* de $f(x)$ em relação a x.

Geometricamente, a taxa de variação é a inclinação da tangente ao gráfico de f no valor x. Ele pode ser aproximado achando-se a inclinação da *secante* – a linha que corta o gráfico de f em dois pontos próximos, correspondente a x e $x + h$, respectivamente, onde h é pequeno. A inclinação da secante é

$$\frac{f(x+h) - f(x)}{h}$$

Agora suponhamos que h se torne muito pequeno. Então a secante aproxima-se da tangente ao gráfico em x. Assim, em certo sentido a inclinação pedida – a derivada de f em x – é o limite dessa expressão quando h se torna tão pequeno quanto se queira.

Vamos tentar esse cálculo com um exemplo simples, $f(x) = x^2$. Agora

$$\frac{f(x+h) - f(x)}{h} = \frac{(x+h)^2 - x^2}{h} = \frac{x^2 + 2hx + h^2 - x^2}{h} = 2x + h$$

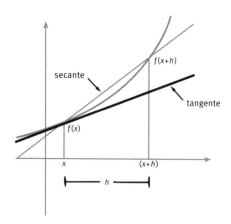

Geometria de aproximações para a derivada.

O sistema do mundo

À medida que h vai se tornando muito, muito pequeno, a inclinação $2x + h$ vai ficando mais e mais próxima de $2x$. Logo, a derivada de f é a função g para a qual $g(x) = 2x$. A principal questão conceitual aqui é definir a que nos referimos quando dizemos limite. Levou mais de um século para se achar uma definição lógica.

A outra ideia-chave em cálculo é a *integração*. Ela é vista com mais facilidade como o processo inverso da diferenciação. Assim, a integral de g, escrita

$$\int g(x)\mathrm{d}x$$

é a função, qualquer que seja, que tenha como derivada $g(x)$. Por exemplo, como a derivada de $f(x) = x^2$ é $g(x) = 2x$, a integral de $g(x) = 2x$ é $f(x) = x^2$. Em símbolos,

$$2x\mathrm{d}x = x^2$$

A necessidade do cálculo

A inspiração para a invenção do cálculo veio de duas direções. Dentro da matemática pura, o cálculo diferencial evoluiu dos métodos de se achar tangentes para curvas e o cálculo integral evoluiu dos métodos de calcular áreas de figuras planas e volumes de sólidos. Mas o principal estímulo para o cálculo veio da física – a crescente percepção de que a natureza tem padrões. Por razões que ainda não entendemos realmente, muitos dos padrões fundamentais na natureza envolvem taxas de variação. Então só fazem sentido, e só podem ser descobertos, por meio do cálculo.

Antes da Renascença, o modelo mais preciso de movimento do Sol, da Lua e dos planetas era o de Ptolomeu. Nesse modelo, a Terra era fixa, e tudo o mais – principalmente o Sol – girava em torno numa série de círculos (reais ou imaginários, dependendo do gosto). Os círculos se originaram como esferas no trabalho do astrônomo grego Hiparco; suas esferas giravam em volta de gigantescos eixos, alguns dos quais estavam presos a outras esferas e se moviam junto com elas. Esse tipo de movimento composto parecia necessário para modelar os complexos movimentos dos planetas. Lembre-se de que alguns planetas, tais como Mercúrio, Vênus e Marte, pareciam percorrer trajetórias complicadas que incluíam laços. Outros – Júpiter e Saturno eram os únicos outros planetas conhecidos na época – comportavam-se mais ponderadamente, mas mesmo esses corpos celestes exibiam estranhas irregularidades, conhecidas desde os tempos dos babilônios.

Nós já falamos do sistema de Ptolomeu, conhecido como *epiciclos*, que substituiu as esferas por círculos, mas reteve o movimento composto. O modelo de Hiparco não era extremamente acurado, comparado com as observações, mas o de Ptolomeu encaixava-se nas observações de forma efetivamente precisa, e por mais de mil anos foi visto como a última palavra no assunto. Seus escritos, traduzidos para o árabe como o *Almagesto*, foram usados por astrônomos em muitas culturas.

Deus versus ciência

Mesmo o *Almagesto*, porém, falhava em concordar com todos os movimentos planetários. Além disso, era bastante complicado. Por volta do ano 1000, alguns pensadores árabes e europeus começaram a se perguntar se o movimento diurno do Sol poderia ser explicado por uma Terra girando, e alguns deles chegaram a brincar com a ideia de que a Terra girava em torno do Sol. Mas na época essas especulações não deram em nada.

Na Europa da Renascença, contudo, a atitude científica começou a criar raízes, e uma das primeiras baixas foi o dogma religioso. Na época, a Igreja católica romana exercia substancial controle sobre a visão que seus adeptos tinham do Universo. Não se tratava apenas de que o Universo, e seu desenrolar diário, era creditado ao Deus cristão. O ponto era que a natureza do Universo era considerada como correspondendo a uma leitura muito literal da Bíblia. A Terra, portanto, era vista como o centro de todas as coisas, o terreno sólido em torno do qual os céus giravam. E os seres humanos eram o ápice da criação, a razão de o Universo existir.

Nenhuma observação científica jamais provou a não existência de algum intangível criador invisível. Mas as observações podem desbancar –

O *sistema do mundo*

e desbancaram – a visão da Terra como centro do Universo. Isso causou uma enorme balbúrdia, e provocou a morte de muita gente inocente, às vezes de maneira hedionda e cruel.

Copérnico

O assunto pegou fogo em 1543, quando o estudioso polonês Nicolau Copérnico publicou um livro original, assombroso e um tanto herético: *Sobre as revoluções das esferas celestes*. Como Ptolomeu, ele usou os epiciclos para obter precisão. Diferentemente de Ptolomeu, colocou o Sol no centro, enquanto tudo o mais, inclusive a Terra, mas excluindo a Lua, girava em torno do Sol. Só a Lua girava em torno da Terra.

A principal razão de Copérnico para essa proposta radical era pragmática: ela substituía os 77 epiciclos de Ptolomeu por meros 34. Entre os epiciclos concebidos por Ptolomeu havia muitas repetições de um círculo particular: círculos de tamanho e velocidade de rotação específicos ficavam aparecendo, associados com muitos corpos celestes distintos. Copérnico percebeu que se todos esses epiciclos fossem transferidos para a Terra, seria necessário apenas um deles. Agora interpretamos isso em termos do movimento dos planetas em relação à Terra. Se erroneamente assumimos que a Terra é fixa, como parece ao observador inocente, então o movimento da Terra em torno do Sol é transferido para todos os planetas como um epiciclo adicional.

Outra vantagem da teoria de Copérnico era que tratava todos os planetas exatamente da mesma maneira. Ptolomeu precisava de mecanismos diferentes para explicar os planetas internos e os externos. Agora, a única diferença era que os internos estavam mais próximos do Sol do que a Terra, enquanto os externos estavam mais distantes. Tudo fazia muito sentido – mas foi totalmente rejeitado, por uma série de razões, nem todas elas religiosas.

A teoria de Copérnico era complicada, desconhecida, e seu livro era difícil de ler. Tycho Brahe, um dos melhores observadores astronômicos do período, encontrou discrepâncias entre a teoria heliocêntrica de Copérnico e algumas observações sutis, que também discordavam da teoria de Ptolomeu – ele tentou encontrar uma solução melhor.

Kepler

Quando Brahe morreu, seus documentos foram herdados por Kepler, que passou anos analisando as observações, à procura de padrões. Kepler era meio místico, na tradição pitagórica, e tinha a tendência de impor padrões artificiais a dados observacionais. A mais famosa dessas tentativas abortadas para encontrar regularidades nos céus foi a sua belíssima, porém totalmente equivocada, explicação do espaçamento entre os planetas em termos dos sólidos regulares. No seu tempo, os planetas conhecidos eram seis: Mercúrio, Vênus, Terra, Marte, Júpiter e Saturno. Kepler indagou a si mesmo se as distâncias dos planetas em relação ao Sol não teriam algum padrão geométrico. Mais ainda, indagou-se por que havia seis planetas. Notou que seis planetas deixam lugar para cinco formas intermediárias, e como havia exatamente cinco sólidos regulares, isso explicaria o limite de seis planetas. E surgiu com uma série de seis esferas, uma dentro da outra, cada uma contendo a órbita de um planeta em torno de seu equador. Entre as esferas, espremido entre o exterior de uma esfera e o interior da seguinte, colocou os cinco sólidos na seguinte ordem:

Mercúrio
  Octaedro
Vênus
  Icosaedro
Terra
  Dodecaedro
Marte
  Tetraedro
Júpiter
  Cubo
Saturno

Os números se encaixavam razoavelmente bem, especialmente dada a limitada precisão da época. Mas há 120 modos diferentes de arranjar os cinco sólidos, que entre si dão uma quantidade enorme de espaçamentos diferentes. Não é de surpreender que um desses arranjos estivesse em razoável concordância com a realidade. A descoberta posterior de mais planetas acertou em cheio essa busca específica de padrões e a mandou para a lata de lixo da história.

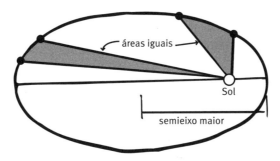

O planeta se move ao longo de um dado intervalo.

Pelo caminho, porém, Kepler descobriu alguns padrões que ainda reconhecemos como genuínos, agora chamados Leis de Kepler do Movimento Planetário. Ele os extraiu, em mais de vinte anos de cálculos, das observações de Marte feitas por Brahe. As leis dizem que:

(i) Os planetas se movem ao redor do Sol em órbitas elípticas.
(ii) Os planetas varrem áreas iguais em tempos iguais.
(iii) O quadrado do período de revolução de qualquer planeta é proporcional ao cubo de sua distância média até o Sol.

O aspecto menos ortodoxo do trabalho de Kepler é que ele descartou o círculo clássico (supostamente a forma mais perfeita possível) em favor da elipse. Ele o fez com alguma relutância, dizendo a si mesmo que apenas se fixaria na elipse quando todo o resto estivesse eliminado. Não há motivo particular para esperar que as três leis tenham qualquer relação

JOHANNES KEPLER
(1571-1630)

Kepler era filho de um mercenário e da filha de um estalajadeiro. Quando criança, viveu com a mãe na estalagem do avô até a morte do pai, provavelmente numa guerra entre a Holanda e o Sacro Império Romano. Era matematicamente precoce, e em 1589 estudou astronomia com Michael Maestlin na Universidade de Tübingen. Ali travou contato com o sistema ptolomaico. A maioria dos astrônomos da época estava mais preocupada em calcular órbitas do que em se perguntar como os planetas realmente se moviam. Kepler, porém, desde o começo, interessou-se pelas trajetórias precisas que os planetas seguiam, em lugar do sistema de epiciclos proposto. Familiarizou-se com o sistema de Copérnico, e rapidamente se convenceu de que era literalmente verdadeiro, e não apenas um truque matemático.

Em 1596 fez sua primeira tentativa de descobrir padrões nos movimentos dos planetas através da obra *Mistério cosmográfico*, com seu estranho modelo baseado em sólidos regulares. O modelo não concordava exatamente com as observações, de modo que Kepler escreveu para um importante astrônomo de observações, Tycho Brahe. Kepler tornou-se assistente matemático de Brahe, e foi instruído a trabalhar na órbita de Marte. Após a morte de Brahe, continuou a trabalhar no problema. Brahe deixara uma riqueza de dados, e Kepler debateu-se para adequar uma órbita sensata a eles. Os cálculos sobreviventes ocupam perto de mil páginas, às quais Kepler se referia como "minha guerra com Marte". Sua órbita final era tão precisa que a única diferença com os dados modernos surge da mínima alteração da órbita ao longo dos séculos que se passaram.

Para Kepler, 1611 foi um ano ruim. Seu filho morreu, aos sete anos. Em seguida, morreu sua esposa. Então o imperador Rodolfo II, que tolerava os protestantes, abdicou e Kepler foi forçado a abandonar Praga. Em

> 1613 Kepler voltou a se casar, e um problema ocorrido com ele durante a celebração do matrimônio o levou a escrever seu livro *Nova estereometria dos barris de vinho*, em 1615.
>
> Em 1619 publicou *Harmonia do mundo*, uma continuação do *Mistério cosmográfico*. O livro continha uma profusão de nova matemática, inclusive padrões de ladrilhamento e poliedros. Formulava também a terceira lei do movimento planetário. Enquanto escrevia o livro sua mãe foi acusada de ser bruxa. Com auxílio da faculdade de direito em Tübingen, ela acabou sendo solta, em parte porque os promotores não haviam seguido os procedimentos legais corretos para tortura.

próxima com a realidade além do arranjo hipotético dos sólidos regulares, mas conforme se constatou, as três leis tinham importância científica real.

Galileu

Outra figura importantíssima do período foi Galileu Galilei, que descobriu regularidades matemáticas no movimento de um pêndulo e nos corpos em queda. Em 1589, como professor de matemática da Universidade de Pisa, realizou experiências com corpos rolando por um plano inclinado, mas não publicou seus resultados. Foi nessa época que se deu conta da importância de testes controlados no estudo dos fenômenos naturais, uma ideia que hoje é fundamental para toda a ciência. Dedicou-se à astronomia, fazendo uma série de descobertas essenciais, que acabaram levando-o a abraçar a teoria copernicana do Sol como centro do sistema solar. Isso o pôs em rota de colisão com a Igreja, e acabou sendo julgado por heresia e colocado sob prisão domiciliar.

Durante os últimos anos de sua vida, com a saúde já precária, escreveu *Discursos e demonstrações matemáticas sobre duas novas ciências*, explicando seu trabalho com o movimento de corpos em planos inclinados. Afirmava

GALILEU GALILEI
(1564-1642)

Galileu era filho de Vincenzo Galilei, um professor de música que havia realizado experiências com cordas para validar suas teorias musicais. Aos dez anos de idade Galileu foi para um mosteiro em Vallombrosa para ser educado, com a perspectiva de se tornar médico. Mas Galileu não estava realmente interessado em medicina, e passou o tempo estudando matemática e filosofia natural – o que agora chamamos de ciência.

Em 1589 Galileu tornou-se professor de matemática na Universidade de Pisa. Em 1591 assumiu um posto mais bem remunerado em Pádua, onde lecionou geometria euclidiana e astronomia para estudantes de medicina. Naquela época os médicos faziam uso da astrologia no tratamento de seus pacientes, de modo que esses temas eram parte necessária do currículo.

Ao saber da invenção do telescópio, Galileu construiu um para si e se tornou tão proficiente que cedeu seus métodos ao Senado veneziano, dando exclusividade no direito de uso em troca de um aumento de salário. Em 1609 Galileu observou os céus, fazendo uma descoberta após outra: quatro das luas de Júpiter, estrelas individuais na Via Láctea, montanhas na Lua. Presenteou com um telescópio Cosimo de Médici, grão-duque da Toscana, e logo se tornou o matemático-chefe do duque.

Descobriu a existência das manchas solares e publicou a observação em 1612. A essa altura suas descobertas astronômicas o tinham convencido da verdade da teoria heliocêntrica de Copérnico, e em 1616 explicitou seus pontos de vista numa carta à grã-duquesa Christina, na qual dizia que a teoria de Copérnico representava a realidade física e não era apenas uma forma conveniente de simplificar cálculos.

Na mesma época, o papa Paulo V ordenou à Inquisição que decidisse sobre a verdade ou falsidade da teoria heliocêntrica, e eles a declararam falsa. Galileu foi instruído a não defender a teoria, mas um novo papa foi eleito, Urbano VIII. Como ele parecia mais tranquilo em relação ao assunto, Galileu não levou a proibição a sério. Em 1623 publicou *O ensaiador*, dedicando-o a Urbano. Nele, fez uma famosa afirmativa de que o Universo "é escrito na linguagem da matemática, e suas letras são triângulos, círculos e outras figuras geométricas, sem as quais é humanamente impossível compreender uma única palavra dele".

Em 1630 Galileu pediu permissão para publicar outro livro, *Diálogo sobre os dois principais sistemas do mundo*, acerca das teorias geocêntrica e heliocêntrica. Em 1632, quando a permissão chegou de Florença (mas não de Roma), ele foi em frente. O livro se propunha a provar que a Terra se move, sendo as marés a principal evidência disso. Na verdade, a teoria de Galileu sobre as marés estava completamente errada, mas as autoridades da Igreja viram o livro como dinamite teológica e a Inquisição o baniu, convocando Galileu a Roma para ser julgado por heresia. Foi considerado culpado, mas escapou com uma sentença de prisão perpétua, na forma de prisão domiciliar. Sob esse aspecto, saiu-se melhor do que muitos outros hereges, para os quais ser queimado na fogueira era um castigo comum. Ainda em prisão domiciliar escreveu os *Discursos*, explicando seu trabalho com corpos em movimento para o mundo externo. O livro foi contrabandeado para fora da Itália e publicado na Holanda.

que a distância de um corpo inicialmente estacionário movendo-se com aceleração constante é proporcional ao quadrado do tempo. Essa lei é a base de sua descoberta anterior de que um projétil segue uma trajetória parabólica. Junto com as leis do movimento planetário de Kepler, criou a existência de uma nova matéria: a *mecânica*, o estudo matemático dos corpos em movimento.

Esse é o contexto físico-astronômico que levou ao cálculo. A seguir, daremos uma olhada no contexto matemático.

A invenção do cálculo

A invenção do cálculo foi resultado de uma série de investigações anteriores do que parecem ser problemas sem relação entre si, mas que possuem uma unidade oculta. Esses problemas incluíam o cálculo da velocidade instantânea de um objeto em movimento a partir da distância que havia percorrido até um determinado momento, descobrir a tangente de uma curva, descobrir o comprimento de uma curva, descobrir valores máximo e mínimo de uma grandeza variável, descobrir a área de uma determinada forma no plano e o volume de um determinado sólido no espaço. Algumas ideias e exemplos importantes foram desenvolvidos por Fermat, Descartes e Isaac Barrow, um inglês não muito conhecido, mas os métodos permaneceram específicos para problemas particulares. Era necessário um método geral.

Leibniz

O primeiro grande avanço real foi feito por Gottfried Wilhelm Leibniz, advogado de profissão, que dedicou grande parte da sua vida à matemática, lógica, filosofia, história e a muitos ramos da ciência. Por volta de 1673 começou a trabalhar no clássico problema de achar a tangente para uma curva, e notou que este era efetivamente o problema inverso de achar áreas e volumes. O último se reduzia a achar uma curva dadas suas tangentes; o primeiro problema era exatamente o inverso.

Leibniz usou essa ligação para definir o que de fato eram integrais, usando a abreviação *omn* (uma abreviação de *omnia*, a palavra latina para "tudo"). Encontramos, assim, nos seus manuscritos fórmulas como

$$\text{omn } x^2 = \frac{x^3}{3}$$

Em 1675 ele substituiu *omn* pelo símbolo $\int$, ainda usado hoje em dia, que é uma letra s alongada antiga, representando soma. Ele trabalhava em termos de pequenos incrementos dx e dy a grandezas x e y, e usava

O sistema do mundo

sua razão $\mathrm{d}y/\mathrm{d}x$ para determinar a taxa de variação de y como função de x. Essencialmente, se f é uma função Leibniz escrevia

$$dy = f(x + dx) - f(x)$$

de modo que

$$\frac{dy}{dx} = \frac{f(x + dx) - f(x)}{dx}$$

que é a aproximação secante habitual para a inclinação da tangente.

Leibniz reconheceu que essa notação tinha seus problemas. Se dy e dx são diferentes de zero, então $\mathrm{d}y/\mathrm{d}x$ não é a taxa de variação instantânea, mas uma aproximação. Ele tentou contornar o problema considerando dx e dy como infinitesimalmente pequenos. Um *infinitesimal* é um número diferente de zero menor que qualquer outro número diferente de zero. Infelizmente, é fácil ver que tal número não pode existir (meio infinitesimal também é diferente de zero, mas menor), de modo que a abordagem faz pouco mais do que deslocar o problema para outro lugar.

Em 1676 Leibniz sabia como integrar e diferenciar qualquer potência de x, escrevendo a fórmula

$$dx^n = nx^{n-1}dx$$

o que hoje escreveríamos como

$$\frac{d}{dx} x^n = nx^{n-1}$$

Em 1677 ele deduziu regras para diferenciar a soma, o produto e o quociente de duas funções, e em 1680 obteve a fórmula para o comprimento de um arco de curva e do volume de um sólido de rotação como integrais das várias grandezas correlacionadas.

Embora saibamos desses fatos e das datas a eles associadas com base em anotações não editadas, ele publicou suas ideias sobre cálculo bastante tarde, em 1684. Jacob e Johann Bernoulli acharam esse documento muito obscuro, descrevendo-o como "um enigma mais do que uma explicação". Em retrospecto, vemos que nessa época Leibniz havia descoberto uma parte significativa do cálculo, com aplicações em curvas complicadas como a cicloide e um sólido domínio de conceitos tais como curvatura. Infelizmente, seus escritos eram fragmentados e virtualmente ilegíveis.

Newton

O outro criador do cálculo foi Isaac Newton. Dois de seus amigos, Isaac Barrow e Edmond Halley, vieram a reconhecer suas notáveis habilidades e o incentivaram a publicar seu trabalho. Newton detestava ser criticado, e quando publicou, em 1672, suas ideias sobre a luz o trabalho provocou uma tempestade de críticas, o que reforçou sua relutância em comprometer seus pensamentos em páginas impressas. Ainda assim, continuou a publicar esporadicamente e escreveu dois livros. Em especial seguiu desenvolvendo suas ideias sobre gravidade, e em 1684 Halley tentou convencê-lo a publicar o trabalho. Mas além dos receios genéricos de Newton em relação a críticas, havia um obstáculo técnico. Ele fora forçado a modelar planetas em partículas puntiformes, com massa diferente de zero mas tamanho zero, o que lhe parecia ser pouco realista e um convite a críticas. Queria substituir esses pontos discutíveis por esferas sólidas, mas não podia provar que a atração gravitacional de uma esfera é a mesma que a de uma partícula puntiforme de mesma massa.

Em 1686 conseguiu preencher a lacuna, e o *Principia* viu a luz do dia em 1687. O livro continha muitas novidades originais em termos de ideias. A mais importante eram as leis matemáticas do movimento, ampliando o trabalho de Galileu, e a gravidade, baseada nas leis descobertas por Kepler.

A principal lei do movimento de Newton (há algumas subsidiárias) afirma que a aceleração de um corpo em movimento, multiplicada pela sua massa, é igual à força que age sobre o corpo. Agora velocidade é a derivada da posição e aceleração é a derivada da velocidade. Então, mesmo para *formular* a Lei de Newton precisamos da *derivada segunda* (a derivada da derivada) da posição em relação ao tempo, atualmente escrita

$$\frac{\mathrm{d}^2 x}{\mathrm{d}t^2}$$

Em vez disso, Newton colocava dois pontos em cima do x: ($\ddot{x}$).

O sistema do mundo 155

A lei da gravidade afirma que quaisquer duas partículas de matéria atraem-se mutuamente com uma força que é proporcional a suas massas e inversamente proporcional ao quadrado da distância entre elas. Assim, por exemplo, a força que atrai a Terra à Lua ficaria um quarto menor se a Lua fosse afastada o dobro da distância atual, ou um nono se a distância fosse triplicada. Mais uma vez, como essa lei trata de forças, ela envolve a derivada segunda de posição.

Newton deduziu a lei a partir das três leis de Kepler do movimento planetário. A dedução publicada foi uma obra-prima de geometria eucli-diana clássica. Newton escolheu esse estilo de apresentação porque envol-via matemática familiar e assim não podia ser criticado facilmente. Mas muitos aspectos do *Principia* devem sua gênese à invenção não publicada de Newton, o cálculo.

Entre seus primeiros trabalhos sobre o tema havia um artigo intitu-lado "Sobre a análise por meio de equações com um número infinito de termos", que ele fez circular entre alguns amigos em 1669. Em termino-logia moderna, perguntava qual é a equação de uma função $f(x)$ se a área sob esse gráfico é da forma x^m. (Na verdade, perguntava algo ligeiramente mais genérico, mas vamos manter as coisas simples.) Ele deduziu, para sua própria satisfação, que a resposta é $f(x) = mx^{m-1}$.

A abordagem de Newton para o cálculo de derivadas era muito seme-lhante à de Leibniz, exceto que usava o em lugar de dx, de modo que seu método sofre do mesmo problema lógico: parece ser apenas uma aproxi-mação. Mas Newton podia mostrar que, assumindo o como sendo muito pequeno, a aproximação ficaria cada vez melhor. No limite, quando o se torna tão pequeno quanto se queira, o erro desaparece. Assim, sustentava Newton, o resultado final era *exato*. Ele introduziu uma palavra nova, *fluxão*, para captar sua ideia principal – a de uma grandeza fluindo rumo a zero mas sem jamais chegar lá.

Em 1671 ele redigiu uma abordagem mais extensa, o *Método de fluxões e séries infinitas*. O primeiro livro sobre cálculo não foi publicado até 1711; o segundo apareceu em 1736. Fica claro que em 1671 Newton possuía a maior parte das ideias básicas do cálculo.

ISAAC NEWTON
(1642-1727)

Newton vivia numa fazenda no minúsculo vilarejo de Woolsthorpe, em Lincolnshire, na Inglaterra. Seu pai morrera dois meses antes de ele nascer e sua mãe administrava a fazenda. Ele foi educado em escolas locais comuns e não exibiu talento especial de nenhum tipo, exceto pela facilidade com brinquedos mecânicos. Uma vez criou um balão de ar quente e o testou com o gato da família como piloto; o balão e o gato jamais foram vistos de novo. Foi para o Trinity College na Universidade de Cambridge, tendo se saído razoavelmente bem na maioria dos exames – exceto em geometria. Como aluno de graduação não causou grande impacto.

A peste
Então, em 1665, a grande peste começou a devastar Londres e os arredores, e os estudantes foram mandados para casa antes que o mesmo ocorresse em Cambridge. De volta à casa rural da família, Newton começou a pensar muito mais profundamente sobre questões científicas e matemáticas.

Gravidade
Durante os anos de 1665-66 ele concebeu sua lei da gravidade para explicar o movimento planetário, desenvolveu as leis da mecânica para explicar e analisar qualquer tipo de corpo ou partícula em movimento, inventou tanto o cálculo diferencial como o integral e fez importantes avanços em óptica. Como era do seu feitio, não publicou nada desses trabalhos, retornando tranquilamente ao Trinity para concluir o mestrado e ser eleito membro do corpo docente. Conquistou a posição de professor lucasiano de matemática quando o titular, Barrow, renunciou, em 1669. Dava palestras bastante comuns, aliás ruins, e poucos alunos de graduação as frequentavam.

O sistema do mundo

Os que se opunham a esse procedimento – em especial o bispo George Berkeley em seu livro de 1734, *O analista: um discurso dirigido a um matemático infiel* – ressaltavam que era ilógico dividir numerador e denominador por o quando se iguala o a 0. Com efeito, o procedimento oculta o fato de que a fração é na verdade $\frac{0}{0}$, que sabidamente não tem sentido. Newton respondeu que ele não estava de fato igualando o a 0; estava determinando o que acontecia quando o se tornava tão próximo de 0 quanto se quisesse, *sem realmente jamais chegar lá*. O método era sobre fluxões, não números.

Os matemáticos buscaram refúgio em analogias físicas – Leibniz referia-se ao "espírito de finesse" como oposto ao "espírito da lógica" –, mas Berkeley estava absolutamente correto. Foi necessário mais de um século para se achar uma boa resposta a suas objeções, definindo a noção intuitiva de "passar ao limite" de maneira rigorosa. O cálculo então se transformou numa matéria mais sutil, a *análise*. Mas durante um século após a invenção do cálculo, ninguém exceto Berkeley se preocupou muito com seus fundamentos lógicos, e o cálculo se desenvolveu apesar dessa falha.

Desenvolveu-se porque Newton estava certo, mas seriam precisos quase duzentos anos antes que o conceito de uma fluxão fosse formulado de modo logicamente aceitável, em termos de limites. Felizmente para a matemática o progresso não foi impedido até uma fundamentação lógica decente ser descoberta. O cálculo era útil demais, e importante demais, para ser refreado por causa de alguns poucos subterfúgios lógicos. Berkeley ficou indignado, sustentando que o método parecia funcionar apenas porque os vários erros se cancelavam mutuamente. Ele tinha razão – mas deixou de averiguar por que eles sempre se cancelavam. Porque se esse fosse o caso, eles não eram erros de forma nenhuma!

Associado à diferenciação está o processo inverso, a *integração*. A integral de $f(x)$, escrita $\int f(x)\, dx$, é qualquer função resultante de $f(x)$ quando é diferenciada. Geometricamente ela representa a área sob o gráfico da função f. A *integral definida* $\int_a^b f(x)\, dx$ é a área sob este gráfico entre os valores $x = a$ e $x = b$.

Derivadas e integrais solucionavam problemas que haviam desafiado a engenhosidade de matemáticos anteriores. Velocidades, tangentes, máximos e mínimos podiam ser todos achados usando diferenciação. Comprimentos, áreas e volumes podiam ser calculados por integração. Mas havia mais. Surpreendentemente, parecia que os padrões da natureza estavam escritos na linguagem do cálculo.

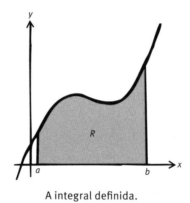

A integral definida.

Os ingleses ficam para trás

À medida que a importância foi ficando cada vez mais clara, maior prestígio passou a ser associado ao seu criador. Mas quem *foi* seu criador?

Vimos que Newton começou a pensar sobre cálculo em 1665, mas não publicou nada sobre o assunto até 1687. Leibniz, cujas ideias correm numa linha ligeiramente similar à de Newton, havia começado a trabalhar em cálculo em 1673, e publicou seus primeiros artigos sobre o tema em 1684. Os dois trabalharam independentemente, mas Leibniz pode ter sabido sobre o trabalho de Newton quando visitou Paris em 1672 e Londres em 1673; Newton tinha enviado um exemplar de *Sobre a análise* para Barrow em 1669 e Leibniz conversou com várias pessoas que também conheciam Barrow, de modo que pode ter ficado sabendo sobre esse trabalho.

Quando Leibniz publicou seu trabalho em 1684, alguns amigos de Newton ficaram ofendidos – provavelmente porque ele perdera a corrida

O sistema do mundo

O que o cálculo fez por eles

Um dos primeiros usos do cálculo para compreender os fenômenos naturais foi a questão do formato de uma corrente pênsil. A questão era controversa; alguns matemáticos achavam que a resposta era uma parábola, outros discordavam. Em 1691 Leibniz, Christian Huygens e Johann Bernoulli publicaram propostas de soluções. A mais clara era a de Bernoulli. Ele escreveu uma equação diferencial para descrever a posição da corrente, com base na mecânica newtoniana e nas leis do movimento de Newton.

A solução, como se viu, não era uma parábola, mas uma curva conhecida como catenária, com a equação

$$y = k(e^x + e^{-x})$$

para k constante.

Os cabos de pontes suspensas, porém, são parabólicos. A diferença surge porque esses cabos suportam o peso da ponte, bem como seu próprio peso. Mais uma vez, isso pode ser demonstrado usando-se o cálculo.

A ponte suspensa The Clifton: uma parábola.

Uma corrente pendente forma uma catenária.

por pouco e todos perceberam tarde demais o que estava em jogo – e acusaram Leibniz de roubar as ideias de Newton. Os matemáticos não britânicos, especialmente os Bernoulli, saltaram em defesa de Leibniz, sugerindo que era Newton, e não Leibniz, o culpado de plágio. O que ocorreu de fato é que ambos fizeram suas descobertas de forma bastante independente, como mostram seus manuscritos não publicados; para turvar ainda mais as águas, ambos tinham se apoiado substancialmente no trabalho de Barrow, que provavelmente tinha maiores motivos de queixas do que qualquer um dos dois.

As acusações poderiam ter sido facilmente retiradas, mas em vez disso a disputa ficou mais acalorada; Johann Bernoulli estendeu seu desgosto por Newton para toda a nação inglesa. O resultado final foi um desastre para a matemática na Inglaterra, porque os ingleses teimosamente se prenderam ao estilo de pensar geométrico de Newton, que era difícil de usar, ao passo que os analistas continentais empregavam os métodos algébricos, mais formais, de Leibniz e impulsionaram o tema adiante num ritmo muito veloz. A maior parte da recompensa em física matemática foi para os franceses, alemães, suíços e holandeses, enquanto a matemática inglesa definhava atolada em águas estagnadas.

A equação diferencial

A ideia individual mais importante a surgir da enchente de trabalho com cálculo era a existência, e a utilidade, de um novo e singular tipo de equação – a *equação diferencial*. Equações algébricas relacionam várias potências de um número desconhecido. Equações diferenciais são muito mais grandiosas: relacionam várias derivadas de uma *função* desconhecida.

As leis do movimento de Newton nos contam que se $y(t)$ é a altura de uma partícula movendo-se sob ação da gravidade nas proximidades da superfície da Terra, então a segunda derivada d^2y/dt^2 é proporcional à força g que atua; especificamente

$$g = m \frac{d^2y}{dt^2}$$

onde *m* é a massa da partícula. Essa equação não especifica a função *y* diretamente. Em vez disso, especifica a propriedade de sua segunda derivada. Precisamos resolver a equação diferencial para achar *y* em si. Duas integrações sucessivas trazem a solução:

$$y = \frac{gt^2}{2m} + at + b$$

onde *b* é a altura inicial da partícula e *a* é sua velocidade inicial. A fórmula nos diz que o gráfico da altura *y* em relação ao tempo *t* é uma parábola com a boca virada para baixo. E foi isso que Galileu observou.

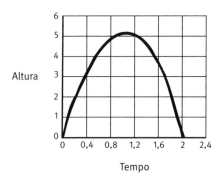

Trajetória parabólica de um projétil.

Os esforços pioneiros de Copérnico, Kepler, Galileu e outros cientistas da Renascença levaram à descoberta de padrões matemáticos no mundo natural. Alguns padrões aparentes acabaram se revelando falsos e foram descartados; outros forneceram modelos muito precisos da natureza e foram preservados e desenvolvidos. A partir desses primórdios, emergiu a noção de que vivemos num "universo-relógio", que funciona segundo regras rígidas e inquebráveis, apesar de séria oposição religiosa, especialmente por parte da Igreja de Roma.

A grande descoberta de Newton foi que os padrões da natureza parecem se manifestar não como regularidades em certas grandezas, mas como relações entre suas *derivadas*. As leis da natureza são escritas na lin-

O que o cálculo faz por nós

Equações diferenciais são abundantes na ciência: são, de longe, a maneira mais comum de modelar sistemas naturais. Escolhendo uma aplicação ao acaso, são usadas rotineiramente para calcular trajetórias de sondas espaciais, tais como a missão Mariner a Marte, as duas sondas Pioneer que exploraram o sistema solar e nos deram imagens tão maravilhosas de Júpiter, Saturno, Urano e Netuno e os recentes exploradores de Marte, *Spirit* e *Opportunity*, veículos robóticos de seis rodas que exploraram o planeta vermelho.

A missão Cassini, atualmente explorando Saturno e suas luas, é outro exemplo. Entre suas descobertas está a existência de lagos de metano e etano líquidos na lua Titã. É claro que o cálculo não é a única técnica empregada em missões espaciais – mas sem ele essas missões literalmente jamais teriam saído do chão.

Falando de forma mais prática, toda aeronave que voa, todo carro que roda pela estrada, toda ponte suspensa e todo prédio à prova de terremotos devem seu projeto, em parte, ao cálculo. Mesmo a nossa compreensão de como populações animais variam com o tempo provém de equações diferenciais. O mesmo vale para a disseminação de epidemias, onde os modelos do cálculo são usados para planejar o modo mais eficaz de intervir e prevenir que a doença se espalhe. Um modelo recente de epidemia de febre aftosa no Reino Unido mostrou que a estratégia adotada na época não foi a melhor disponível.

---

guagem do cálculo; o que importa não são os valores das variáveis físicas e sim as taxas com que variam. Foi uma percepção profunda e originou uma revolução, levando mais ou menos diretamente à ciência moderna e mudando o planeta para sempre.

9. Padrões na natureza
Formulando as leis da física

A principal mensagem no *Principia* de Newton não foram as leis específicas da natureza que ele descobriu e usou, mas a ideia de que tais leis existem – junto com a evidência de que a forma de modelar matematicamente as leis da natureza era com equações diferenciais. Enquanto os matemáticos da Inglaterra se engajavam em acusações estéreis a respeito do alegado (e totalmente fictício) roubo das ideias de Newton sobre o cálculo por parte de Leibniz, os matemáticos não britânicos absorviam e internalizavam a grande percepção de Newton, abrindo importantes vias de compreensão em mecânica celeste, elasticidade, dinâmica dos fluidos, calor, luz e som – os temas centrais da física matemática. Muitas das equações que eles deduziram permanecem em uso até os dias de hoje, apesar dos muitos avanços – ou talvez por causa deles – nas ciências físicas.

Equações diferenciais

Para começar, os matemáticos concentraram-se em descobrir fórmulas explícitas para soluções de tipos particulares de equações de diferenciais comuns. De certa forma, foi uma decisão feliz, pois fórmulas desse tipo geralmente não existem, de modo que a atenção focalizou-se em equações que podiam ser resolvidas por uma fórmula, e não em equações que descrevessem genuinamente a natureza. Um bom exemplo é a equação diferencial para um pêndulo, que assume a forma

$$\frac{d^2\theta}{dt^2} + k^2 \operatorname{sen} \theta = 0$$

para uma constante k adequada, onde t é o tempo e θ é o ângulo no qual o pêndulo fica suspenso, com $\theta = 0$ sendo a direção vertical para baixo. Não existe solução para essa equação em termos de funções clássicas (polinomial, exponencial, trigonométrica, logarítmica, e assim por diante). Existe, sim, uma solução usando funções elípticas, inventadas mais de um século depois. No entanto, se considerarmos um ângulo pequeno, ou seja, supondo um pêndulo fazendo oscilações pequenas, então sen θ é aproximadamente igual a θ, e quanto menor θ, melhor é a aproximação. Logo, a equação diferencial pode ser substituída por

$$\frac{d^2\theta}{dt^2} + k^2 \theta = 0$$

e agora existe uma fórmula para a solução, em geral,

$$\theta = A \operatorname{sen} kt + B \cos kt$$

para constantes A e B, determinadas pela posição inicial do pêndulo e sua velocidade angular.

Essa abordagem possui algumas vantagens: por exemplo, podemos rapidamente deduzir que o período do pêndulo – o tempo que ele leva para fazer uma oscilação completa – é $2\pi/k$. A principal desvantagem é que a solução falha quando θ se torna suficientemente grande (e aqui mesmo $20°$ já é grande se quisermos uma resposta precisa). Há também uma questão de rigor: será que uma solução exata para uma equação aproximada pode fornecer uma solução aproximada para a equação exata? Aqui a resposta é sim, mas isso só foi provado por volta de 1900.

A segunda equação pode ser resolvida explicitamente porque é uma equação *linear* – envolve apenas a primeira potência da incógnita θ e sua derivada, e os coeficientes são constantes. O protótipo da função para todas as equações diferenciais lineares é a exponencial $y = e^x$. Isso satisfaz a equação

$$\frac{dy}{dx} = y$$

Ou seja, e^x é sua própria derivada. Essa propriedade é um dos motivos pelos quais o número e é tão natural. Uma consequência é que a derivada do logaritmo natural $\ln x$ é $1/x$, de maneira que a integral de $1/x$ é $\ln x$. Qualquer equação diferencial com coeficientes constantes pode ser resolvida usando funções exponenciais e trigonométricas (que, como veremos, são exponenciais disfarçadas).

Tipos de equação diferencial

Há dois tipos de equação diferencial. Uma equação diferencial *ordinária* (EDO) refere-se a uma função desconhecida y de uma única variável x e relaciona várias derivadas de y, tais como dy/dx e d^2y/dx^2. As equações diferenciais descritas até aqui têm sido equações diferenciais ordinárias. Muito mais difícil, porém essencial para a física matemática, é o conceito de equação diferencial *parcial* (EDP). Tal equação refere-se a uma função desconhecida y de *duas ou mais* variáveis, tal como $f(x, y, t)$, onde x e y são coordenadas no plano e t é o tempo. A EDP relaciona essas funções com expressões em suas derivadas parciais em relação a cada uma das variáveis. É usada uma nova notação para representar derivadas de algumas variáveis em relação a outras, enquanto as restantes permanecem fixas. Assim, $\partial x/\partial t$ indica a taxa de mudança de x em relação ao tempo, enquanto y se mantém constante. Essa é chamada uma *derivada parcial* – daí o termo equação diferencial parcial.

Euler introduziu as EDPs em 1734 e d'Alembert fez algum trabalho com elas em 1743, mas essas primeiras investigações foram isoladas e especiais. O primeiro grande avanço veio em 1746 quando d'Alembert retomou um antigo problema, a corda de violino vibrando. Johann Bernoulli havia analisado uma versão de elemento finito dessa questão em 1727, considerando as vibrações de um número finito de massas pontuais espaçadas igualmente ao longo de uma corda sem peso. D'Alembert trabalhou com uma corda contínua, de densidade uniforme, aplicando os cálculos de Bernoulli a n massas, fazendo depois com que n tendesse ao infinito. Logo, uma corda contínua era efetivamente pensada como infinitos segmentos infinitesimais de corda, unidos entre si.

Começando a partir dos resultados de Bernoulli, que se baseavam nas leis do movimento de Newton, e fazendo algumas simplificações (por exemplo, de que o tamanho da vibração é pequeno), d'Alembert foi conduzido à EDP

$$\frac{\partial^2 y}{\partial t^2} = a^2 \frac{\partial^2 y}{\partial x^2}$$

onde $y = y(x, t)$ é a forma da corda num instante t, como função da coordenada horizontal x. Aqui a é uma constante relacionada com a tensão na corda e sua densidade. Utilizando um argumento engenhoso, d'Alembert provou que a solução geral para sua EDP tinha a forma

$$y(x, t) = f(x + at) + f(x - at)$$

onde f é periódico, com período igual ao dobro do comprimento da corda, e f é uma função ímpar – isto é, $f(-z) = -f(z)$. Essa forma satisfaz a condição de contorno natural de que as extremidades da corda não se movem.

Equação de onda

Agora chamamos a EDP de d'Alembert de *equação de onda* e interpretamos sua solução como uma superposição de ondas simetricamente dispostas, uma movendo-se com velocidade a e outra com velocidade $-a$ (ou seja, viajando no sentido oposto). Ela veio a se tornar uma das equações mais importantes em física matemática, porque as ondas surgem em muitas circunstâncias diferentes.

Euler tomou conhecimento do artigo de d'Alembert e imediatamente tentou aperfeiçoá-lo. Em 1753 mostrou que sem as condições de contorno a solução geral é

$$y(x, t) = f(x + at) + g(x - at)$$

onde f e g são periódicas, mas não satisfazem nenhuma outra condição. Em especial, essas funções podem ter fórmulas diferentes em diferentes domínios de x, uma característica à qual Euler se referiu como funções descontínuas, embora na terminologia de hoje elas sejam contínuas mas com primeiras derivadas descontínuas.

Num artigo anterior, publicado em 1749, Euler mostrou que (por simplicidade vamos tomar o comprimento da corda como sendo 2π) as funções periódicas ímpares mais simples são funções trigonométricas

$$f(x) = \text{sen } x, \text{sen } 2x, \text{sen } 3x, \text{sen } 4x \ldots$$

e assim por diante. Essas funções representam vibrações senoidais puras de frequências 1, 2, 3, 4, e assim por diante. A solução geral, disse Euler, é uma superposição de tais curvas. A curva básica sen x é o modo de vibração fundamental e as outras são os modos mais altos – o que agora chamamos de harmônicos.

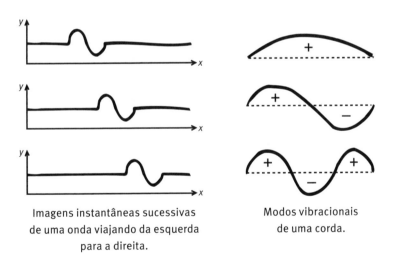

Imagens instantâneas sucessivas de uma onda viajando da esquerda para a direita.

Modos vibracionais de uma corda.

A comparação entre a solução de Euler da equação de onda e a de d'Alembert provocou uma crise estrutural. D'Alembert não reconhecia a possibilidade de funções descontínuas do sentido de Euler. Além disso, parecia haver uma falha fundamental no trabalho de Euler, porque as funções trigonométricas envolvidas são contínuas, assim como todas as superposições (finitas) delas. Euler não se envolvera na questão das superposições finitas versus infinitas – naquela época ninguém era realmente muito rigoroso em relação a esses assuntos, tendo que aprender pelo modo mais difícil que isso realmente importa. E agora o fato de não se fazer tal distinção estava causando sérios problemas. A controvérsia foi esquentando até que o trabalho posterior de Fourier fez o caldo ferver e transbordar.

Música, luz, som e eletromagnetismo

Os antigos gregos sabiam que uma corda vibrando pode produzir muitas notas musicais diferentes, dependendo da posição dos nós, ou seja, os pontos de repouso. Para a frequência fundamental, apenas as extremidades ficam em repouso. Se a corda tem um nó no centro, então ela produz uma nota uma oitava mais alta; e quanto mais nós houver, mais alta será a frequência da nota. As vibrações mais altas são chamadas de *sons harmônicos*.

As vibrações de uma corda de violino são *ondas estacionárias* – a forma da corda em qualquer instante é a mesma, exceto que é esticada ou comprimida numa direção que forma um ângulo reto com o comprimento. O valor máximo para a corda esticada é a *amplitude* da onda, que determina fisicamente o volume do som da nota. As ondas mostradas na página anterior têm forma senoidal; e suas amplitudes variam senoidalmente com o tempo.

Em 1759 Euler ampliou essas ideias das cordas para tambores. Mais uma vez deduziu uma equação de onda, descrevendo como o deslocamento da superfície do tambor na direção vertical varia com o tempo. Sua interpretação física é que a aceleração de um pequeno pedaço da superfície é proporcional à tensão média exercida sobre ele por todas as partes vizinhas da superfície do tambor. Tambores diferem de cordas de violino não só por sua dimensionalidade – um tambor é uma membrana bidimensional plana –, mas por ter um *contorno* muito mais interessante. Em todo esse assunto, os contornos são absolutamente cruciais. O contorno de um tambor pode ser qualquer curva fechada, e a condição básica é que o contorno do tambor seja *fixo*. O resto da superfície pode se mover, mas sua borda é presa firmemente.

Os matemáticos do século XVIII foram capazes de resolver as equações para movimentos de tambores de diversos formatos. Mais uma vez descobriram que todas as vibrações podem ser compostas a partir de vibrações mais simples, e que estas produzem uma lista específica de frequências. O caso mais simples é o tambor retangular, cujas vibrações mais simples são combinações de oscilações senoidais em duas direções perpendiculares. Um caso mais difícil é o tambor circular, que leva a novas funções chamadas *funções de Bessel*. As amplitudes dessas ondas ainda variam senoidalmente com o tempo, mas sua estrutura espacial é mais complicada.

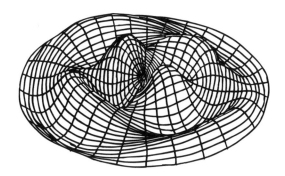

Vibrações de um tambor circular.

A equação de onda é extremamente importante. Ondas surgem não só em instrumentos musicais, mas na física da luz e do som. Euler descobriu uma versão tridimensional da equação de onda, que aplicou às ondas sonoras. Aproximadamente um século mais tarde, James Clerk Maxwell extraiu a mesma expressão matemática de suas equações para o eletromagnetismo e predisse a existência de ondas de rádio.

Atração gravitacional

Outra aplicação importantíssima das EDPs surgiu na teoria da atração gravitacional, também conhecida como *teoria potencial*. O problema que a motivou foi a atração gravitacional da Terra, ou de qualquer outro planeta. Newton modelara os planetas como esferas perfeitas, mas sua forma verdadeira é mais próxima à de um elipsoide. E enquanto a atração gravitacional de uma esfera é a mesma que a de uma partícula puntiforme (para distâncias fora da esfera), o mesmo não vale para elipsoides.

Colin Maclaurin fez progressos importantes nessas questões num premiado ensaio de 1740 e num livro subsequente, *Tratado das fluxões*, publicado em 1742. Seu primeiro passo foi provar que se um fluido de densidade uniforme gira numa velocidade constante, sob influência de sua própria gravidade, então a forma de equilíbrio é um esferoide oblato – um elipsoide de revolução. Ele então estudou as forças de atração geradas por tal esferoide, com um sucesso limitado. Seu principal resultado foi que se dois esferoides têm os mesmos focos, e se uma partícula se encontra ou no plano equatorial ou no eixo de revolução, então a força exercida sobre ela por qualquer um dos esferoides é proporcional à sua massa.

Em 1743 Clairaut continuou a trabalhar no problema em seu *Teoria da figura da Terra*. Mas o grande avanço foi feito por Legendre. Ele provou uma propriedade básica não só dos esferoides, mas de qualquer sólido de

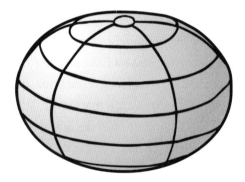

Um elipsoide.

Padrões na natureza

revolução: se conhecermos sua atração gravitacional em qualquer ponto do eixo, pode-se deduzir a atração em qualquer outro ponto. Seu método foi expressar essa atração como uma integral em coordenadas polares esféricas, que são determinadas por funções especiais hoje chamadas *polinômios de Legendre*. Em 1784, ele estudou o assunto, provando muitas propriedades básicas desses polinômios.

A EDP para a teoria potencial é a equação de Laplace, que aparece na obra em cinco volumes, *Tratado de mecânica celeste*, publicada de 1799 em diante. A equação era conhecida por pesquisadores anteriores, mas o tratamento dado por Laplace foi decisivo. A equação assume a forma

$$\frac{\partial^2 V}{\partial x^2} + \frac{\partial^2 V}{\partial y^2} + \frac{\partial^2 V}{\partial z^2} = 0$$

onde $V(x, y, z)$ é o potencial num ponto (x, y, z) no espaço. Intuitivamente, diz que o valor do potencial em qualquer ponto dado é a média de seus valores sobre uma minúscula esfera cercando esse ponto. A equação é válida fora do corpo: dentro, precisa ser modificada para o que atualmente se conhece como equação de Poisson.

Calor e temperatura

O sucesso com som e gravidade encorajou os matemáticos a voltar sua atenção a outros fenômenos físicos. Um dos mais significativos era o calor. No começo do século XIX a ciência do fluxo de calor vinha se tornando uma questão altamente prática, especialmente por causa das necessidades da indústria metalúrgica, mas também devido ao crescente interesse na estrutura do interior da Terra, e em particular na temperatura dentro do planeta. Não há meio direto de medir a temperatura a mil quilômetros ou mais abaixo da superfície da Terra, de modo que os únicos métodos disponíveis eram indiretos, e era essencial uma compreensão de como o fluxo de calor corria através de corpos de distintas composições.

Em 1807 Joseph Fourier submeteu à Academia Francesa de Ciências um artigo sobre fluxo de calor, mas os árbitros o rejeitaram porque não estava suficientemente desenvolvido. Para encorajar Fourier a continuar o trabalho, a Academia fez do fluxo de calor o tema de seu grande prêmio de 1812. O tópico do prêmio foi anunciado com bastante antecedência e em 1811 Fourier já revisara suas ideias. Ele as apresentou e ganhou o prêmio. No entanto, o trabalho foi muito criticado por sua falta de rigor lógico e a Academia recusou-se a publicá-lo como ensaio. Fourier, irritado com essa falta de consideração, escreveu seu próprio livro, *Teoria analítica do calor*, publicado em 1822. Grande parte do artigo de 1811 foi incluída sem qualquer alteração, mas havia também material extra. Em 1824 Fourier deu o troco: foi nomeado secretário da Academia, e imediatamente publicou seu artigo de 1811 como ensaio.

O primeiro passo de Fourier foi deduzir a EDP para o fluxo de calor. Com várias premissas simplificadoras – o corpo deve ser homogêneo (com as mesmas propriedades em toda parte) e isotrópico (nenhuma direção deve se comportar de forma diferente que qualquer outra), e assim por diante –, ele apresentou o que agora chamamos de *equação do calor*, que descreve como a temperatura de qualquer ponto de um corpo tridimensional varia com o tempo. A equação do calor é muito semelhante à equação de Laplace e à equação de onda, mas a derivada parcial em relação ao tempo é de primeira ordem, e não de segunda. Essa mudança mínima faz uma diferença enorme para a matemática da EDP.

Havia equações similares para corpos em uma ou duas dimensões (bastões e placas) obtidas removendo-se os termos em z (para duas dimensões) e depois em y (para uma só). Fourier resolveu a equação do calor para um bastão (cujo comprimento assumimos como sendo π), cujas extremidades são mantidas em temperaturas fixas, admitindo que no instante $t = 0$ (a condição inicial) a temperatura num ponto x do bastão seja da forma

$$b_1 \operatorname{sen} x + b_2 \operatorname{sen} 2x + b_3 \operatorname{sen} 3x + \dots$$

(uma expressão sugerida por cálculos preliminares) e deduziu que a temperatura deve ser dada por uma expressão similar, porém mais compli-

Padrões na natureza 173

cada, na qual cada termo é multiplicado por uma função exponencial conveniente. A analogia com os harmônicos na equação de onda é impressionante. Mas ali cada modo dado por uma função seno pura oscila indefinidamente sem perder amplitude, ao passo que aqui cada modo senoidal da distribuição de temperatura decai exponencialmente com o tempo, e os modos mais elevados decaem mais rápido.

A razão física para a diferença é que na equação de onda a energia é conservada, então as vibrações não podem fenecer. Mas na equação do calor a temperatura *se difunde* pelo bastão, e é perdida nas extremidades porque são mantidas frias.

A conclusão do trabalho de Fourier é que sempre que podemos expandir a distribuição inicial de temperatura numa *série de Fourier* – uma série de funções seno e cosseno como a apresentada anteriormente –, então podemos imediatamente deduzir como o calor flui pelo corpo com o passar do tempo. Fourier considerou óbvio que a distribuição inicial de temperatura pudesse ser expressa assim, e foi aí que começou o problema, porque alguns de seus contemporâneos vinham se preocupando há algum tempo exatamente com isso, em relação às ondas, e haviam se convencido de que era muito mais difícil do que parecia.

O argumento de Fourier para a existência de uma expansão em senos e cossenos era complicado, confuso e extremamente pouco rigoroso. Ele passou por todos os campos matemáticos para acabar deduzindo uma expressão simples para os coeficientes b_1, b_2, b_3 etc. Escrevendo $f(x)$ para a distribuição inicial de temperatura, seu resultado foi

$$b_n = \frac{2}{\pi} \int_0^\pi f(u) \, \text{sen} \, (nu) \, du$$

Euler já havia anotado essa fórmula em 1777, no contexto da equação de onda para o som, e a provou usando a sagaz observação de que modos distintos, sen mx e sen nx são *ortogonais*, significando que

$$\int_0^\pi \text{sen} \, (mx) \, \text{sen} \, (nx) \, dx$$

é zero sempre que m e n são inteiros distintos, mas diferente de zero – na verdade, igual a $\pi/2$ – quando $m = n$. Se supusermos que $f(x)$ tenha uma expansão de Fourier, multiplicarmos ambos os lados por sen nx e integrarmos, então todos os termos, exceto um, desaparecem, e o termo restante fornece a fórmula de Fourier para b_n.

Como funciona a série de Fourier

Uma típica função descontínua é a *onda quadrada* $S(x)$, que assume o valor 1 quando $-\pi < x \leq 0$ e o valor -1 quando $0 < x \leq \pi$, e tem período 2π. Aplicando a fórmula de Fourier à onda quadrada obtemos a série

$$S(x) = \operatorname{sen} x + \frac{1}{3} \operatorname{sen} 3x + \frac{1}{5} \operatorname{sen} 5x + ...$$

Os termos se somam, como é mostrado no diagrama abaixo.

Expansão de Fourier de uma onda quadrada: à esquerda, as curvas seno componentes; à direita, sua soma.

Embora a onda quadrada seja descontínua, cada aproximação é contínua. No entanto, as "paredes" vão se compondo à medida que mais e mais termos são somados, tornando o gráfico da série de Fourier cada vez mais abrupto perto das descontinuidades. É assim que uma série infinita de funções contínuas pode desenvolver uma descontinuidade.

Padrões na natureza

Dinâmica dos fluidos

Nenhuma discussão das EDPs da física matemática estaria completa sem que se mencionasse a dinâmica dos fluidos. De fato, é uma área de enorme significação prática, porque essas equações descrevem o fluxo da água passando por submarinos, do ar passando por aviões e até mesmo do ar passando por carros de corrida de Fórmula 1.

Euler deu início ao tema em 1757 deduzindo uma EDP para o fluxo de fluido de viscosidade zero, ou seja, sem "pegajosidade". Essa equação continua valendo para alguns fluidos, mas é simples demais para ser de grande uso prático. Equações para um fluido viscoso foram deduzidas por

---

O que as equações diferenciais fizeram por eles

O modelo de órbitas elípticas de Kepler não é exato. Seria se houvesse apenas dois corpos no sistema solar, mas quando um terceiro corpo está presente, ele modifica (perturba) a órbita elíptica. Como os planetas estão espaçados a uma distância bastante grande, o problema afeta somente o movimento detalhado e a maioria das órbitas permanece próxima à elipse. No entanto, Júpiter e Saturno se comportam de forma estranha, às vezes se atrasando em relação ao ponto onde deveriam estar, às vezes se adiantando. Esse efeito é causado pela gravitação mútua, junto com a do Sol.

A lei da gravitação de Newton se aplica a qualquer quantidade de corpos, mas os cálculos tornam-se muito difíceis quando há três corpos ou mais. Em 1748, 1750 e 1752 a Academia Francesa de Ciências ofereceu prêmios para cálculos acurados dos movimentos de Júpiter e Saturno. Em 1748 Euler utilizou equações diferenciais para estudar como a gravidade de Júpiter perturba a órbita de Saturno e ganhou o prêmio. Ele tentou novamente em 1752, mas seu trabalho continha erros significativos. Contudo, as ideias subjacentes mais tarde se mostraram úteis.

Claude Navier em 1821, e novamente por Poisson em 1829. Elas envolvem várias derivadas parciais da velocidade do fluido. Em 1845 George Gabriel Stokes deduziu as mesmas equações a partir de princípios mais básicos, e elas são portanto conhecidas como *equações de Navier-Stokes*.

Equações diferenciais ordinárias

Fechamos esta seção com duas contribuições de longo alcance para o uso das EDOs (equações diferenciais ordinárias) em mecânica. Em 1788 Lagrange publicou sua *Mecânica analítica*, indicando orgulhosamente que

> Não se encontrarão números neste trabalho. Os métodos que exponho não requerem construções nem argumentos geométricos ou mecânicos, mas apenas operações algébricas, sujeitas a um curso regular e uniforme.

Nesse período, as armadilhas dos argumentos pictóricos tinham se tornado visíveis, e Lagrange estava determinado a evitá-las. Agora as figuras voltaram a estar em moda, embora sustentadas por uma lógica sólida, mas a insistência de Lagrange num tratamento formal da mecânica inspirou uma nova unificação da matéria, em termos de coordenadas generalizadas. Qualquer sistema pode ser descrito usando muitas variáveis diferentes. Para um pêndulo, por exemplo, a coordenada habitual é o ângulo de inclinação do pêndulo, mas a distância horizontal entre o fio e a vertical pode funcionar igualmente bem.

As equações do movimento têm aparência muito diversa em sistemas de coordenadas diferentes, e Lagrange percebeu que isso era pouco elegante. Ele descobriu um meio de reescrever as equações numa forma que tem a mesma aparência em todo sistema de coordenadas. A primeira inovação é formar pares entre as coordenadas: para cada coordenada de posição p (tal como o ângulo do pêndulo) é associada à coordenada de velocidade correspondente, $\dot{q}$ (a taxa de movimento angular do pêndulo). Se houver k coordenadas de posição, há também k coordenadas de veloci-

Padrões na natureza

SOFIA VASILYEVNA KOVALEVSKAYA
(1850-1891)

Sofia Kovalevskaya era filha de um general de artilharia e fazia parte da nobreza russa. Por alguma razão as paredes do seu quarto tinham como papel de parede páginas de anotações de palestras sobre análise. Aos onze anos ela deu uma olhada meticulosa no papel de parede e aprendeu cálculo sozinha. Foi atraída pela matemática, preferindo-a a todas as outras áreas de estudo. Seu pai tentou impedi-la, mas ela seguiu adiante assim mesmo, lendo um livro de álgebra enquanto os pais dormiam.

Para poder viajar e obter uma educação, foi obrigada a casar-se, mas o casamento não foi nenhum sucesso. Em 1869 estudou matemática em Heidelberg, mas como estudantes mulheres não eram permitidas, teve de persuadir a universidade a deixá-la assistir às aulas de forma extraoficial. Demonstrou impressionante talento matemático, e em 1871 foi a Berlim, onde estudou sob orientação do grande analista Karl Weierstrass. Mais uma vez, não teve permissão de ser aluna oficial, mas Weierstrass lhe deu aulas particulares.

Ela realizou uma pesquisa original, e em 1874 Weierstrass disse que seu trabalho era propício para um doutorado. Ela redigira três artigos, sobre EDPs, funções elípticas e os anéis de Saturno. No mesmo ano a Universidade de Göttingen lhe concedeu um diploma de doutorado. O artigo sobre EDP foi publicado em 1875.

Em 1878 teve uma filha, mas retornou à matemática em 1880, trabalhando na refração da luz. Em 1883 seu marido, de quem ela tinha se separado, cometeu suicídio e ela passou mais e mais tempo trabalhando em matemática para aliviar seus sentimentos de culpa. Conseguiu um posto na Universidade de Estocolmo, dando palestras em 1884. Em 1889 tornou-se a terceira mulher a ser professora efetiva numa universidade europeia, após Maria Agnesi (que nunca assumiu

> o posto) e a física Laura Bassi. Lá, fez pesquisas sobre o movimento de um corpo rígido, apresentou o trabalho para um prêmio oferecido pela Academia de Ciências em 1886 e venceu. O júri considerou o trabalho tão brilhante que aumentaram o prêmio em dinheiro. O trabalho subsequente sobre o mesmo tema recebeu um prêmio da Academia Sueca de Ciências, fazendo com que fosse eleita para a Academia Imperial de Ciências.

dade. Em vez de uma equação diferencial de segunda ordem nas posições, Lagrange derivou uma equação diferencial de primeira ordem nas posições e velocidades. Ele formulou isso em termos de uma grandeza agora conhecida como *lagrangiana*.

Hamilton aperfeiçoou a ideia de Lagrange, tornando-a ainda mais elegante. Fisicamente, ele usou a quantidade de movimento em vez da velocidade para definir as coordenadas adicionais. Matematicamente, definiu uma grandeza agora chamada *hamiltoniana*, que pode ser interpretada – para muitos sistemas – como energia. O trabalho teórico em mecânica geralmente usa o formalismo hamiltoniano que pode ser estendido também para a mecânica quântica.

A física se torna matemática

O *Principia* de Newton foi impressionante, com suas revelações de leis matemáticas profundas subjacentes aos fenômenos naturais. Mas o que aconteceu em seguida foi mais impressionante ainda. Os matemáticos atacaram toda a panóplia da física – som, luz, calor, fluxo de líquidos, gravitação, eletricidade, magnetismo. Em cada caso, vieram com equações diferenciais que descreviam a física, com frequência de forma muito precisa.

O que as equações diferenciais fazem por nós

Existe uma ligação direta entre a equação de onda e o rádio e a televisão. Por volta de 1830 Michael Faraday realizou experimentos com eletricidade e magnetismo, investigando a criação de um campo magnético por uma corrente elétrica e de um campo elétrico por um ímã em movimento. Atualmente, os dínamos e motores elétricos são descendentes diretos desses equipamentos. Em 1864 James Clerk Maxwell reformulou as teorias de Faraday como equações matemáticas para o eletromagnetismo: são as *equações de Maxwell*. Elas são EDPs que envolvem os campos magnético e elétrico.

Uma dedução simples a partir das equações de Maxwell leva à equação de onda. Esse cálculo mostra que eletricidade e magnetismo podem viajar juntos, como uma onda, com a velocidade da luz. O que é que viaja na velocidade da luz? A luz. Logo, a luz é uma onda eletromagnética. A equação não colocava limites para a frequência da onda, e as ondas de luz ocupam um espectro relativamente pequeno de frequências, de modo que os físicos deduziram que devia haver ondas

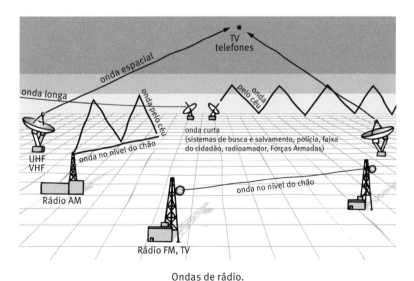

Ondas de rádio.

> eletromagnéticas com outras frequências. Heinrich Hertz demonstrou a existência física de tais ondas e Guglielmo Marconi as converteu num dispositivo prático: o rádio. A tecnologia transformou-se numa bola de neve: televisão e radar também se baseiam em ondas eletromagnéticas. Da mesma forma que a navegação por satélite GPS, telefones celulares e comunicação sem fio entre computadores.

As implicações de longo prazo têm sido notáveis. Muitos dos mais importantes avanços tecnológicos, tais como rádio, televisão e aviação a jato comercial dependem, de muitas maneiras, da matemática das equações diferenciais. O tópico ainda está sujeito a intensa atividade de pesquisa, como novas aplicações emergindo quase diariamente. É justo dizer que a invenção das equações diferenciais por Newton, expandida por seus sucessores nos séculos XVIII e XIX, é, sob muitos aspectos, responsável pela sociedade na qual vivemos hoje. Isso serve apenas para mostrar o que está por trás dos bastidores, se você se der ao trabalho de olhar.

10. Quantidades impossíveis

Números negativos podem ter raiz quadrada?

Os matemáticos fazem distinção entre diferentes tipos de números, com diferentes propriedades. O que realmente importa não são os números em si, mas o sistema ao qual pertencem – a companhia em que estão.

Quatro desses sistemas numéricos são familiares: os números *naturais*, 1, 2, 3,...; os *inteiros*, que incluem também o zero e números inteiros negativos; os *números racionais*, compostos de frações p/q, onde p e q são inteiros e q é diferente de zero; e os *números reais*, geralmente apresentados como decimais que podem continuar para sempre – o que quer que isso signifique – e representam tanto os números racionais, como as dízimas periódicas, quanto os números irracionais, como $\sqrt{2}$, e e π, cujas casas decimais nunca repetem o mesmo bloco de algarismos.

Inteiros

O número inteiro é exatamente o que o nome diz: inteiro; os outros nomes dão a impressão de que os sistemas envolvidos são coisas sensatas, razoáveis – naturais, racionais e, é claro, reais. Esses nomes refletem, e incentivam, uma antiquíssima visão de que os números são características do mundo ao nosso redor.

Muita gente pensa que o único jeito possível de se fazer pesquisa matemática é inventar novos números. Essa visão quase sempre está errada; boa parte da matemática não trata absolutamente de números e, em todo caso, o objetivo habitual é inventar outros teoremas, não outros números.

Ocasionalmente, porém, "números novos" de fato surgem. E uma dessas invenções, o assim chamado número "impossível" ou "imaginário", mudou completamente a face da matemática, contribuindo de modo incomensurável para o seu poder. Esse número foi a raiz quadrada de menos um. Para os antigos matemáticos, tal descrição parecia ridícula, porque o quadrado de qualquer número sempre é positivo. Logo, números negativos não podem ter raízes quadradas.

Mas apenas suponha que *tivessem*. O que aconteceria?

Os matemáticos levaram um longo tempo para considerar que os números são invenções artificiais criadas pelos seres humanos; com toda a certeza, invenções bastante efetivas para captar muitos aspectos da natureza, mas que não são *parte* da natureza, não mais que um dos triângulos de Euclides ou uma fórmula em cálculo. Historicamente, começamos a ver os matemáticos se debaterem com essa questão filosófica quando passaram a se dar conta de que os números imaginários eram inevitáveis, úteis e, de algum modo, estavam em pé de igualdade com os números mais familiares, os reais.

Problemas com equações cúbicas

Ideias matemáticas revolucionárias raramente são descobertas no contexto mais simples e (em retrospecto) mais óbvio. Quase sempre emergem de algo muito mais complicado. Assim foi com a raiz quadrada de menos um. Hoje em dia, introduzimos esse número normalmente em termos da equação de segundo grau $x^2 + 1 = 0$, cuja solução é a raiz quadrada de menos um – seja lá o que isso signifique. Entre os primeiros matemáticos a refletir se tal número teria algum significado sensato estavam os algebristas da Renascença, que tropeçaram em raízes quadradas de números negativos de forma surpreendentemente indireta: na resolução de equações de terceiro grau, ou cúbicas.

Recordemos que Del Ferro e Tartaglia descobriram soluções algébricas para equações cúbicas, posteriormente anotadas por Cardano em seu

Quantidades impossíveis

Ars Magna. Em símbolos modernos, a solução de uma equação cúbica $x^3 + ax = b$ é

$$x = \sqrt[3]{\frac{b}{2} + \sqrt{\frac{a^3}{27} + \frac{b^2}{4}}} + \sqrt[3]{\frac{b}{2} - \sqrt{\frac{a^3}{27} + \frac{b^2}{4}}}$$

Os matemáticos da Renascença expressavam essa solução em palavras e abreviaturas, mas o procedimento era o mesmo.

Às vezes a fórmula funcionava maravilhosamente, mas às vezes causava problemas. Cardano notou que quando a fórmula é aplicada à equação $x^3 = 15x + 4$, com a solução óbvia $x = 4$, o resultado é expresso como

$$x = \sqrt[3]{2 + \sqrt{-121}} + \sqrt[3]{2 - \sqrt{-121}}$$

No entanto, essa expressão parecia não ter significado coerente, pois -121 não tem raiz quadrada. Um intrigado Cardano escreveu a Tartaglia, pedindo esclarecimento, mas Tartaglia não entendeu o problema e sua resposta foi absolutamente inútil.

Uma resposta parcial foi fornecida por Rafael Bombelli em sua obra em três volumes *A álgebra*, impressa em Veneza em 1572 e em Bolonha em 1579. Bombelli estava preocupado com o *Ars Magna*, de Cardano, julgando-o um tanto obscuro, e se propôs a escrever algo mais claro. Operou com a problemática raiz quadrada como se ela fosse um número comum, notando que

$$(2 + \sqrt{-1})^3 = 2 + \sqrt{-121}$$

e deduzindo a curiosa fórmula

$$\sqrt[3]{2 + \sqrt{-121}} = 2 + \sqrt{-1}$$

De maneira similar, Bombelli obteve a fórmula

$$\sqrt[3]{2 - \sqrt{-121}} = 2 - \sqrt{-1}$$

Agora ele pôde escrever a soma das duas raízes cúbicas como

$$(2 + \sqrt{-1}) + (2 - \sqrt{-1}) = 4$$

184   *Em busca do infinito*

Assim, esse estranho método fornecia a resposta correta, um inteiro perfeitamente normal, mas ao qual se chegou manipulando quantidades "impossíveis".

Tudo isso era muito interessante, mas *por que dava certo?*

Números imaginários

Para responder à pergunta, os matemáticos tiveram de desenvolver boas maneiras de pensar sobre raízes quadradas de quantidades negativas, e de fazer cálculos com elas. Os primeiros autores, entre eles Descartes e Newton, interpretaram esses números imaginários como um sinal de que um problema não tem soluções. Se se quisesse achar um número cujo quadrado fosse menos um, a solução formal, raiz quadrada de menos um, era imaginária, então não existia solução. Mas o cálculo de Bombelli implicava que havia mais do que isso em relação aos imaginários. Eles podiam ser usados para *encontrar* soluções; podiam ocorrer quando soluções *de fato* existiam.

Em 1673 John Wallis inventou um modo simples de representar números imaginários como pontos num plano. Começou a partir da representação familiar dos números reais numa reta, com os números positivos à direita e os negativos à esquerda.

Então introduziu outra reta, formando um ângulo reto com a primeira, e ao longo dessa nova reta colocou os imaginários.

Isso é semelhante à abordagem algébrica de Descartes para a geometria plana, usando eixos coordenados. Os números reais formam um eixo da figura, os imaginários, o outro. Wallis não apresentou a ideia exatamente dessa forma – sua versão era mais similar à abordagem de Fermat das coordenadas do que à de Descartes. Mas o ponto subjacente é o mesmo. O plano todo corresponde aos números complexos, que consistem em duas partes: uma real e uma imaginária. Em coordenadas cartesianas, medimos a parte real ao longo da reta dos reais e medimos a parte imaginária paralelamente à reta dos imaginários. Assim, $3 + 2i$ fica 3 unidades para a direita da origem e 2 unidades para cima. O símbolo i é a notação que se convencionou dar a $\sqrt{-1}$.

Quantidades impossíveis

A reta dos números reais.

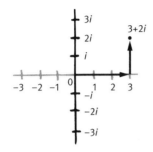

O plano complexo de acordo com Wessel.

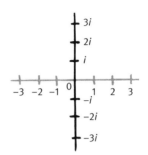

Duas cópias da reta dos números reais, dispostas em ângulo reto.

A ideia de Wallis resolvia o problema dando sentido aos números imaginários, mas ninguém prestou a menor atenção. No entanto, sua ideia foi aos poucos ganhando terreno subconscientemente. A maioria dos matemáticos parou de se preocupar com o fato de a raiz de menos um não poder ocupar uma posição na reta real, percebendo que podia residir em algum lugar no mundo mais amplo do plano complexo. Alguns não conseguiram apreciar essa ideia: em 1758 François Daviet de Foncenex, num artigo sobre números imaginários, afirmou que não havia sentido pensar nos imaginários formando uma reta em ângulo reto com a reta real. Mas outros a levaram a sério e entenderam sua importância.

A ideia de um plano complexo poder estender a confortável reta dos reais e dar um lar aos imaginários estava implícita no trabalho de Wallis, mas ligeiramente obscurecida pela forma como ele a apresentou. Ela foi explicitada pelo norueguês Caspar Wessel em 1797. Wessel era topógrafo, e seu principal interesse era representar a geometria do plano em termos de números. Trabalhando de trás para a frente, suas ideias podiam ser vistas como um método de representar números complexos em termos de geometria plana. Mas ele publicou em dinamarquês, e seu trabalho passou despercebido até um século depois, quando foi traduzido para o francês. O matemático francês Jean-Robert Argand publicou independentemente a mesma representação dos números complexos em 1806, e Gauss também a descobriu, de forma independente de ambos, em 1811.

Análise complexa

Se os números complexos tivessem sido bons apenas para a álgebra, talvez tivessem permanecido uma curiosidade intelectual, de pouco interesse fora da matemática pura. Mas à medida que foi crescendo o interesse no cálculo, e ele assumiu uma forma mais rigorosa como análise, as pessoas começaram a notar que uma fusão realmente interessante da análise real com números complexos – a *análise complexa* – não só era possível, como desejável. Na verdade, para muitos problemas, essencial.

A descoberta surgiu das primeiras tentativas de se pensar sobre *funções* complexas. As funções mais simples, tais como o quadrado ou o cubo, dependiam apenas de manipulações algébricas, de modo que foi fácil definir essas funções para números complexos. Para elevar um número complexo ao quadrado, basta multiplicá-lo por ele mesmo, o mesmo processo que se aplica a um número real. Raízes quadradas de números complexos são marginalmente mais traiçoeiras, mas há uma prazerosa gratificação pelo esforço feito: *todo* número complexo tem raiz quadrada. Na verdade, todo número complexo diferente de zero tem precisamente duas raízes quadradas, uma igual a menos à outra (uma oposta à outra). Assim, não só a ampliação dos números reais mediante um número novo, i, forneceu uma raiz quadrada a -1, como deu raízes quadradas a tudo no sistema ampliado dos números complexos.

E quanto a senos, cossenos, função exponencial e logarítmica? Nesse estágio, as coisas começaram a ficar bem interessantes, mas também intrigantes, especialmente quando se tratava de logaritmos.

Com os próprios números complexos, seus logaritmos vieram à tona em problemas puramente reais. Em 1702 Johann Bernoulli estava inves-

Quantidades impossíveis

tigando o processo de integração, aplicado ao inverso de quadráticas. Ele conhecia uma técnica inteligente para realizar a tarefa sempre que a equação quadrática envolvida tinha duas soluções reais, r e s. Então podemos escrever a expressão a ser integrada em termos de "frações parciais"

$$\frac{1}{ax^2 + bx + c} = \frac{A}{x - r} + \frac{B}{x - s}$$

que conduz à integral

$$A \log (x - r) + B \log (x - s)$$

Mas e se a quadrática não tiver raízes reais? Como é possível integrar o inverso de $x^2 + 1$, por exemplo? Bernoulli percebeu que uma vez definida uma álgebra complexa, o truque da fração parcial ainda funciona, mas agora r e s são números complexos. Assim, por exemplo,

$$\frac{1}{x^2 + 1} = \frac{\frac{1}{2}}{x + i} + \frac{\frac{1}{2}}{x - i}$$

e a integral dessa função assume a forma

$$\frac{1}{2} \log (x + i) + \frac{1}{2} \log (x - i)$$

O passo final não era totalmente satisfatório, porque exigia uma definição de logaritmo de um número complexo. Seria possível tal afirmação fazer sentido?

Bernoulli achava que sim, e prosseguiu usando a sua nova ideia com excelente resultado. Leibniz também explorou esse tipo de pensamento. Mas os detalhes matemáticos não eram diretos. Em 1712 ambos discutiam sobre uma característica muito básica dessa abordagem. Esqueçamos os números *complexos* – qual era o logaritmo de um número *real negativo*? Bernoulli pensava que o logaritmo de um número real negativo deveria ser real; Leibniz insistia que era complexo. Bernoulli tinha uma espécie de prova para sua alegação: considerando o formalismo usual do cálculo, a equação

$$\frac{d(-x)}{-x} = \frac{dx}{x}$$

pode ser integrada para dar

$$\log(-x) = \log(x)$$

No entanto, Leibniz não estava convencido, e acreditava que a integração estava correta apenas para x real positivo.

Essa controvérsia específica foi resolvida por Euler em 1749, e Leibniz estava certo. Bernoulli, disse Euler, tinha esquecido que qualquer integração envolve uma constante arbitrária. O que Bernoulli deveria ter deduzido era que

$$\log(-x) = \log(x) + c$$

para alguma constante c. Qual era essa constante? Se logaritmos de números negativos (e complexos) devem se comportar como logaritmos de números reais positivos, que é o cerne da questão, então deve ser verdade que

$$\log(-x) = \log(-1 \times x) = \log(-1) + \log x$$

de modo que $c = \ln(-1)$. Euler embarcou numa série de belíssimos cálculos que produziram uma forma mais explícita para c. Primeiro, encontrou um meio de manipular várias fórmulas envolvendo números complexos, presumindo que se comportavam de maneira muito semelhante aos reais, e deduziu uma relação entre funções trigonométricas e a exponencial:

$$e^{i\theta} = \cos\theta + i\,\text{sen}\,\theta$$

uma fórmula que já fora antecipada em 1714 por Roger Cotes. Fazendo $\theta = \pi$, Euler obteve o encantador resultado

$$e^{i\pi} = -1$$

relacionando as duas constantes fundamentais da matemática e e π. É notável que tal relação deva existir, e ainda mais notável que seja tão simples. Essa fórmula geralmente ocupa o primeiro lugar nas tabelas de "a fórmula mais bonita de todos os tempos".

Tomando o logaritmo, imediatamente deduzimos que

$$\log(-1) = i\pi$$

revelando o segredo da enigmática constante c acima: ela é $i\pi$. Assim sendo, é imaginária, de modo que Leibniz estava certo e Bernoulli, errado.

No entanto, há mais, o que abre a caixa de Pandora. Se fizermos $\theta = 2\pi$, então

$$e^{2i\pi} = 1$$

Então $\log (1) = 2i\pi$. Logo, a equação implica que

$$\log x = \log x + 2i\pi$$

de onde concluímos que se n é um inteiro qualquer,

$$\log x = \log x + 2ni\pi$$

À primeira vista isso não faz sentido – parece implicar que $2ni\pi = 0$ para todo n. Mas há outro jeito de interpretar que realmente faz sentido. Nos números complexos, a função logarítmica tem valores múltiplos. De fato, a menos que o número complexo z seja zero, a função $\ln z$ pode assumir infinitos valores distintos. (Quando $z = 0$, o valor $\ln 0$ não é definido.)

Os matemáticos estavam acostumados com funções que podiam assumir diversos valores distintos, sendo a raiz quadrada o exemplo mais óbvio: aqui, mesmo um número real possuía duas raízes quadradas distintas, uma positiva e outra negativa. Mas *infinitos* valores? Era muito estranho.

O que os números complexos fizeram por eles

As partes reais e imaginárias de uma função complexa satisfazem as equações de Cauchy-Riemann, que estão intimamente ligadas com as EDPs para gravitação, eletricidade, magnetismo e alguns tipos de fluxo fluido no plano. Essa conexão possibilitou solucionar muitas equações de física matemática – mas apenas para sistemas bidimensionais.

Teorema de Cauchy

O que realmente soltou a raposa no galinheiro foi a descoberta de que se podia fazer cálculo – análise – com funções complexas, e que a teoria resultante era elegante e *útil*. Na verdade, tão útil que a base lógica da ideia deixou de ser um assunto importante. Quando algo *funciona*, e você sente que precisa daquilo, geralmente para de se perguntar se aquilo faz sentido.

A introdução da análise complexa parece ter sido uma decisão consciente da comunidade matemática – uma generalização tão óbvia e obrigatória que qualquer matemático com algum tipo de sensibilidade gostaria de ver o que iria suceder. Em 1811 Gauss escreveu uma carta a um amigo, o astrônomo Friedrich Bessel, revelando sua representação de números complexos como pontos num plano; mencionou também alguns resultados mais profundos. Entre eles há um teorema básico no qual se sustenta toda a análise complexa. Hoje o chamamos de Teorema de Cauchy, porque foi publicado por Cauchy, mas Gauss teve a ideia muito antes em seus escritos não publicados.

O teorema refere-se a integrais finitas de funções complexas, isto é, expressões

$$\int_a^b f(z)\, dz$$

onde a e b são números complexos. Em análise real a expressão pode ser avaliada encontrando-se a antiderivada $F(z)$ de $f(z)$, isto é, uma função $F(z)$ tal que sua derivada $dF(z)/dz = f(z)$. Então, a integral definida é igual a $F(b) - F(a)$. Em especial, seu valor depende apenas das extremidades a e b, e não de como nos movemos de uma para a outra.

A análise complexa, disse Gauss, é diferente. Agora o valor da integral pode depender do *trajeto* que a variável z percorre ao se mover de a para b. Como os números complexos formam um plano, sua geometria é mais rica do que a da reta dos reais, e é aí que entra essa riqueza adicional.

Por exemplo, suponha que você integra $f(z) = \frac{1}{z}$ de $a = -1$ até $b = 1$. Se o trajeto percorrido for um semicírculo P acima do eixo real, a integral acaba sendo $-\pi i$. Mas se o trajeto for um semicírculo Q abaixo

Quantidades impossíveis

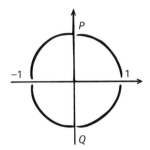

Duas trajetórias distintas *P* e *Q*
de −1 a 1 no plano complexo.

do eixo real, então a integral é π*i*. Os dois valores são diferentes e a diferença é 2π*i*.

Essa diferença, disse Gauss, ocorre porque a função ½ é malcomportada. Ela se torna infinita dentro da região contida pelos dois trajetos. Ou seja, em *z* = 0, que aqui é o centro do círculo formado pelos dois trajetos. "Mas se isso não acontecer ... eu afirmo", Gauss escreveu a Bessel, "que a integral tem apenas um valor, mesmo calculada por diferentes trajetos com a condição [de que a função] não se torne infinita no espaço contido pelos dois trajetos. Esse é um teorema muito bonito, cuja prova darei numa ocasião conveniente." Mas nunca deu.

Em vez disso, o teorema foi redescoberto, e publicado, por Augustin-Louis Cauchy, o verdadeiro fundador da análise complexa. Gauss pode ter tido a ideia, mas ideias são inúteis se ninguém pode vê-las. Cauchy publicou seu trabalho. Na verdade, Cauchy raramente parou de publicar. Diz-se que a regra, ainda hoje em vigor, de que a revista *Comptes Rendus de l'Academie Française* aceita artigos de no máximo quatro páginas, foi criada explicitamente para impedir que Cauchy a preenchesse com sua gigantesca produção. Mas quando a regra foi introduzida, Cauchy simplesmente passou a escrever uma quantidade enorme de artigos curtos. Da sua prolífica pena emergiram rapidamente os principais traços da análise complexa. E é uma teoria mais simples, mais elegante e, sob muitos aspectos, mais completa do que a análise real, onde toda a ideia se iniciou.

Por exemplo, em análise real uma função pode ser diferenciável, mas sua derivada pode não ser. Ela pode ser diferenciável 23 vezes, mas não 24. Pode ser diferenciável quantas vezes se quiser, mas não possuir uma representação como série de potências. Nada dessas coisas desagradáveis pode

AUGUSTIN-LOUIS CAUCHY
(1789-1857)

Augustin-Louis Cauchy nasceu em Paris durante uma época de turbulência política. Laplace e Lagrange eram amigos da família, assim Cauchy foi exposto à matemática superior numa idade precoce. Foi para a École Polytechnique, graduando-se em 1807. Em 1810 realizou trabalho de engenharia em Cherbourg, nos preparativos para a planejada invasão da Inglaterra por Napoleão, mas continuou pensando em matemática, lendo a *Mecânica celeste*, de Laplace, e a *Teoria das funções*, de Lagrange.

Buscava regularmente posições acadêmicas, sem sucesso, mas seguia trabalhando em matemática. Seu famoso artigo sobre integrais complexas, que de fato fundou a análise complexa, surgiu em 1814, e ele finalmente conseguiu um posto acadêmico, tornando-se professor-assistente de análise na École Polytechnique um ano depois. Sua matemática floresceu, e um artigo sobre ondas ganhou o prêmio de 1816 da Academia de Ciências. Continuou a desenvolver a análise complexa, e no seu *Lições sobre o cálculo diferencial*, de 1829, deu a primeira definição explícita de função complexa.

Após a revolução de 1830, Cauchy foi para a Suíça, onde ficou pouco tempo, e em 1831 tornou-se professor de física teórica em Turim. Seus cursos, dizem os relatos, eram altamente desorganizados. Em 1833 estava em Praga como tutor do neto de Carlos X, mas o príncipe detestava tanto matemática quanto física, e Cauchy frequentemente perdia a paciência e se irritava. Retornou a Paris em 1838, recuperando seu posto na Academia, mas não recuperou seus postos de ensino até Luís Felipe ser deposto, em 1848. Ao todo, publicou um número impressionante de 789 artigos de pesquisa em matemática.

Quantidades impossíveis 193

acontecer em análise complexa. Se uma função é diferenciável, então pode ser diferenciável quantas vezes se quiser; além disso, tem uma representação como série de potências. A razão – intimamente relacionada com o Teorema de Cauchy e provavelmente um fato usado por Gauss na sua prova desconhecida – é que para ser diferenciável uma função complexa deve satisfazer algumas condições bastante exigentes, conhecidas como *equações de Cauchy-Riemann*. Essas equações conduziam diretamente para o resultado de Gauss, de que a integral entre dois pontos pode depender do trajeto escolhido. De modo equivalente, como notou Cauchy, a integral em volta de um trajeto *fechado* não precisa necessariamente ser zero. Será zero se a função envolvida for diferenciável (então em particular não é infinita) em todos os pontos dentro do trajeto.

Havia até mesmo um teorema – o teorema dos resíduos – que dizia o valor de uma integral em torno de um trajeto fechado, e ele dependia apenas da localização dos pontos nos quais a função se tornava infinita, e do seu comportamento nas proximidades desses pontos. Em suma, toda a estrutura da função complexa é determinada por suas singularidades – os pontos nos quais ela é malcomportada. E as singularidades mais importantes são seus polos, os pontos onde ela se torna infinita.

A raiz quadrada de menos um intrigou matemáticos durante séculos. Embora parecesse não existir tal número, ele vivia reaparecendo nos cálculos. E havia indícios de que o conceito devia fazer algum sentido, pois podia ser usado para obter resultados perfeitamente válidos que em si não envolviam tirar a raiz quadrada de um número negativo.

À medida que os usos bem-sucedidos dessa quantidade impossível continuaram a crescer, os matemáticos começaram a aceitá-la como um dispositivo útil. Seu status permaneceu incerto até que se percebeu que existe uma extensão logicamente consistente do tradicional sistema dos números reais no qual a raiz quadrada é um novo tipo de quantidade – mas que obedece a todas as leis padrão da aritmética.

Geometricamente, os números reais formam uma reta e os números complexos formam um plano; a reta real é um dos dois eixos desse plano. Algebricamente, os números complexos são apenas pares de números reais com fórmulas particulares para somá-los e multiplicá-los.

Agora aceitos como quantidades sensatas, os números complexos logo se espalharam por toda a matemática porque simplificavam os cálculos evitando a necessidade de considerar separadamente números positivos e negativos. Sob esse aspecto podem ser considerados análogos à invenção dos números negativos, que evitaram a necessidade de considerar em separado somas e subtrações. Hoje, os números complexos, e o cálculo de funções complexas, são utilizados de forma rotineira como técnica indispensável em quase todos os ramos da ciência, engenharia e matemática.

O que os números complexos fazem por nós

Hoje, os números complexos são amplamente usados em física e engenharia. Um exemplo simples ocorre no estudo de oscilações: movimentos que se repetem periodicamente. Exemplos incluem o tremor de um prédio num terremoto, vibrações em carros e a transmissão da corrente elétrica alternada.

O tipo mais simples e fundamental de oscilação assume a forma de $a \cos \omega t$, onde t é o tempo, a é a amplitude da oscilação e ω está relacionado com sua frequência. Acaba sendo conveniente reescrever essa fórmula como a parte real de uma função complexa $e^{i\omega t}$. O uso de números complexos simplifica os cálculos porque a função exponencial é mais simples que a função cosseno. Assim, os engenheiros que estudam oscilações preferem trabalhar com exponenciais complexas, e revertem à parte real apenas no fim dos cálculos.

Os números complexos também determinam as estabilidades de estados estáveis de sistemas dinâmicos, e são amplamente usados em teoria de controle. Esse assunto trata de métodos de estabilizar sistemas que de outra forma seriam instáveis. Um exemplo é o uso de superfícies de controle móveis computadorizadas para estabilizar os ônibus espaciais em seus voos. Sem essa aplicação de análise complexa, as espaçonaves voariam como tijolos.

11. Alicerces firmes
Dando sentido ao cálculo

Por volta de 1800 os matemáticos e físicos haviam desenvolvido e transformado o cálculo numa ferramenta indispensável para o estudo do mundo natural, e os problemas surgidos com essa ligação levaram a uma riqueza de novos conceitos e métodos – por exemplo, formas de resolver equações diferenciais – que fizeram do cálculo uma das mais ricas e fervilhantes áreas de pesquisa em toda a matemática. A beleza e o poder do cálculo haviam se tornado inegáveis. No entanto, as críticas do bispo Berkeley sobre sua base lógica permaneciam sem resposta, e à medida que as pessoas começaram a enfrentar temas mais sofisticados, todo o edifício começou a parecer bem vacilante. O uso sem cerimônia das séries infinitas, sem considerar seu significado, produzia tanto absurdos como descobertas importantes. Os alicerces da análise de Fourier eram inexistentes, e diferentes matemáticos apresentavam provas de teoremas contraditórios. Palavras como "infinitesimal" eram jogadas a esmo sem serem definidas; abundavam paradoxos lógicos; até mesmo o significado da palavra "função" estava em discussão. Estava claro que tais circunstâncias insatisfatórias não podiam continuar para sempre.

Identificar tudo isso exigia, além de uma mente clara, estar disposto a substituir intuição por precisão, mesmo que houvesse um preço a ser pago em termos de inteligibilidade. Os principais jogadores eram Bernard Bolzano, Augustin-Louis Cauchy, Niels Abel, Peter Dirichlet e, acima de tudo, Karl Weierstrass. Graças a seus esforços, por volta de 1900 mesmo as mais complicadas manipulações de séries, limites, derivadas e integrais podiam ser executadas com segurança, precisão e sem paradoxos. Uma nova área de estudo foi criada: a análise. O cálculo tornou-se o aspecto central da análise, porém conceitos mais básicos e sutis, tais como continuidade e limites, adquiriram precedência lógica, sustentando a ideia do cálculo. Os infinitesimais foram banidos, completamente.

Fourier

Antes de Fourier meter sua colher, os matemáticos estavam bem felizes por saber o que era uma função. Era um certo tipo de processo, f, que pegava um número, x, e gerava outro número, $f(x)$. Quais números x faziam sentido dependia do que é f. Se, por exemplo, $f(x) = \frac{1}{x}$, então x precisa ser diferente de zero. Se $f(x) = \sqrt{x}$, e estamos trabalhando com números reais, então x precisa ser positivo. Mas, quando pressionados a dar uma definição, os matemáticos tendiam a ser vagos.

A fonte de suas dificuldades, percebemos agora, era que estavam se atracando com diversas características diferentes do conceito de função – não só com o que é uma regra associando um número x a outro número $f(x)$, mas que propriedades essa regra possui: continuidade, diferenciabilidade, possibilidade de ser representada por algum tipo de fórmula, e assim por diante. Em particular, estavam incertos de como deviam lidar com funções descontínuas, tais como

$$f(x) = 0 \text{ se } x \le 0, \qquad f(x) = 1 \text{ se } x > 0$$

Essa função de repente salta de 0 para 1 quando x passa pelo 0. Havia uma sensação predominante de que a razão óbvia para o salto era a mudança na fórmula: de $f(x) = 0$ para $f(x) = 1$. Ao mesmo tempo, havia a sensação de que esse é o único modo de o salto poder aparecer; que uma fórmula única automaticamente evitava tais saltos, de maneira que uma pequena variação de x sempre causaria uma pequena variação em $f(x)$.

Outra fonte de dificuldade eram as funções complexas, onde – como vimos – funções naturais como a raiz quadrada tem dois valores, e os logaritmos têm infinitos valores. Claramente os logaritmos deviam ser uma função – mas quando há *infinitos valores*, qual é *a regra* para se obter $f(z)$ a partir de z? Parecia haver um número infinito de regras, todas igualmente válidas. Para resolver essas dificuldades conceituais, os matemáticos tiveram que ser sacudidos e confrontados com elas para compreender quanto era confusa a situação real. E foi Fourier quem de fato os sacudiu, com suas assombrosas ideias sobre escrever *qualquer* função como uma série infinita de senos e cossenos, desenvolvida no seu estudo do fluxo de calor.

A intuição física de Fourier lhe dizia que seu método devia ser mesmo muito genérico. Experimentalmente, pode-se imaginar manter a temperatura de uma barra de metal a zero grau ao longo de metade de seu comprimento, mas a dez graus, cinquenta, ou qualquer outra temperatura, no comprimento restante. A física parecia não se incomodar com funções descontínuas, cuja fórmula de repente mudava. De qualquer modo, a física *não funcionava com fórmulas*. Somos *nós* que usamos fórmulas para modelar a realidade física, mas isso não passa de uma técnica, e é assim que gostamos de pensar. É claro que a temperatura vai ficar meio indefinida na junção dessas duas regiões, mas modelos matemáticos são sempre aproximações da realidade física. O método das séries trigonométricas de Fourier, aplicado a uma função descontínua desse tipo, parecia dar resultados perfeitamente coerentes. Barras de aço de fato ajustavam sua distribuição de temperatura da forma como especificava sua equação do calor, resolvida usando séries trigonométricas. Em *Teoria analítica do calor*, ele deixa clara sua posição: "Em geral, a função $f(x)$ representa uma sucessão de valores, ou ordenadas, sendo cada um arbitrário. Nós não supomos que essas ordenadas estejam sujeitas a uma lei comum. Elas se sucedem de qualquer maneira que seja."

Palavras arrojadas; infelizmente, sua evidência para sustentá-las não resultava numa prova matemática. Era, se tanto, ainda mais descuidada que o raciocínio empregado por gente como Euler e Bernoulli. Além disso, se Fourier estivesse certo, então sua série efetivamente deduzia uma lei comum para funções descontínuas. A função acima, com valores 0 e 1, tem uma parente periódica, a *onda quadrada*. E a onda quadrada tem uma única série de Fourier, uma série bastante simpática, que funciona igualmente bem nas regiões onde a função é 0 e nas regiões onde a função é 1. Logo, uma função que *parece* estar representada por duas leis diferentes pode ser reescrita em termos de uma lei só.

Lentamente os matemáticos do século XIX começaram a separar as diversas questões conceituais nessa área difícil. Uma delas era o *significado* do termo função. Outra, eram as várias maneiras de *representar* uma função – por meio de uma fórmula, uma série de potências, uma série de Fourier ou qualquer outra coisa. Uma terceira era quais *propriedades* a função possuía. Uma quarta era quais representações *garantiam* quais propriedades. Um polinômio único, por exemplo, define uma função contínua. Uma série de Fourier única, ao que parecia, poderia não definir.

A análise de Fourier tornou-se rapidamente o caso teste para ideias sobre o conceito de função. Aqui os problemas assumiram sua forma mais aguda e distinções técnicas herméticas acabaram se revelando importantes. E foi num artigo sobre a série de Fourier, em 1837, que Dirichlet introduziu a definição moderna de função. Em essência, concordava com Fourier: uma variável y é função de outra variável x se para cada valor de x (num intervalo particular) existe especificado um *único* valor de y. Ele afirmou explicitamente que não é necessária nenhuma lei ou fórmula particular: basta que y seja especificado por alguma sequência bem-definida de operações matemáticas aplicadas a x. O que na época deve ter parecido um exemplo extremo é "um que ele fez antes", em 1829: a função $f(x)$

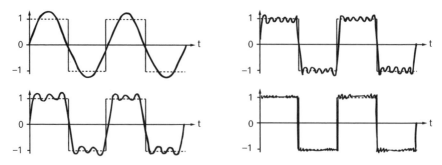

A onda quadrada e algumas de suas aproximações de Fourier.

Alicerces firmes

assumindo um valor quando x é racional e um valor diferente quando x é irracional. Essa função é descontínua em cada ponto. (Atualmente funções como esta são encaradas como bastante brandas; é possível um comportamento muito pior.)

Para Dirichlet, a raiz quadrada não era uma função de dois valores. Eram duas funções de um valor só. Para um x real é natural – mas não essencial – pegar a raiz quadrada positiva como uma delas e a raiz negativa como a outra. Para números complexos não existem escolhas naturais óbvias, embora seja possível usar alguns recursos para facilitar a vida.

Funções contínuas

Àquela altura os matemáticos estavam começando a se dar conta de que, embora frequentemente apresentassem definições do termo "função", tinham o hábito de assumir propriedades adicionais que não eram consequência da definição. Por exemplo, assumiam que qualquer fórmula coerente, tal como um polinômio, automaticamente definia uma função contínua. Mas nunca tinham provado isso. Na verdade, não podiam prová-lo porque não haviam definido o termo "contínua". Toda a área estava inundada de intuições vagas, a maioria das quais, errada.

A pessoa que fez a primeira iniciativa séria de pôr ordem nessa bagunça foi um padre da Boêmia, filósofo e matemático. Seu nome era Bernard Bolzano. Ele assentou a maioria dos conceitos básicos do cálculo sobre uma sólida fundação lógica; a principal exceção era que ele considerava ponto pacífico a existência dos números reais. Insistia que infinitesimais e números infinitamente grandes não existem, portanto não podem ser usados, por mais evocativos que sejam. E deu a primeira definição efetiva de função contínua. A saber, f é contínua se a diferença $f(x + a) - f(x)$ pode se tornar tão pequena quanto se queira escolhendo-se um a suficientemente pequeno. Autores antes dele tinham a tendência de dizer coisas do tipo "se a é infinitesimal então $f(x + a) - f(x)$ é infinitesimal". Mas para Bolzano, a era apenas um número como qualquer outro. Seu argumento era que sempre que se especifica quão pequeno se deseja que seja $f(x + a) - f(x)$ é necessário especificar um valor de a apropriado. Não era necessário que *o mesmo* valor funcionasse em cada caso.

Assim, por exemplo, $f(x) = 2x$ é contínua, porque $2(x + a) - 2x = 2a$. Se desejarmos que $2a$ seja menor que algum número específico, digamos 10^{-10}, então temos que fazer a menor que $10^{-10}/2$. Se tentarmos uma função mais complicada, como $f(x) = x^2$, então os detalhes exatos são um pouquinho complicados porque o a correto depende de x, bem como do tamanho escolhido, 10^{-10}, mas qualquer matemático competente pode calcular isso em poucos minutos. Usando essa definição, Bolzano *provou* – pela primeiríssima vez – que uma função polinomial é contínua. Mas por cinquenta anos ninguém notou. Bolzano havia publicado seu trabalho numa revista que os matemáticos pouco liam ou tinham acesso. Nos dias de hoje, com a internet, é difícil imaginar como eram pobres as comunicações há cinquenta anos, quanto mais há 180.

Em 1821, Cauchy disse praticamente a mesma coisa, mas usando uma terminologia um pouco confusa. Sua definição de continuidade de uma função f era que $f(x)$ e $f(x + a)$ têm entre si uma diferença infinitesimal sempre que a for infinitesimal, o que, à primeira vista, parecia a velha e mal definida abordagem. Mas para Cauchy infinitesimal não se referia a um número único que, de alguma forma, fosse infinitamente pequeno, mas a uma sequência de números sempre decrescente. Por exemplo, a sequência 0,1; 0,01; 0,001; 0,0001, e assim por diante, é infinitesimal no sentido de Cauchy, mas cada um dos membros individuais, como 0,0001, é apenas um número real convencional – pequeno, talvez, mas não infinitamente pequeno. Levando em conta essa terminologia, vemos que o conceito de continuidade de Cauchy resulta exatamente na mesma coisa que o de Bolzano.

Outro crítico do pensar descuidado acerca de processos infinitos foi Abel, que se queixava que as pessoas estavam usando séries infinitas sem se indagar se as somas faziam algum sentido. Suas críticas acertaram o alvo, e gradualmente começou a surgir alguma ordem a partir do caos.

Limites

As ideias de Bolzano puseram essas melhorias em movimento. Ele possibilitou definir o limite de uma sequência infinita de números e a partir daí a série, que é a soma de uma sequência infinita. Especificamente, seu formalismo implicava que

$$1 + \frac{1}{2} + \frac{1}{4} + \frac{1}{8} + \frac{1}{16} + \ldots$$

continua para sempre, é uma soma significativa e seu valor é exatamente 2. Nem um pouquinho menos; nem uma quantidade infinitesimal menos; simples e exatamente 2.

Para ver como isso ocorre, suponhamos que haja uma sequência de números

$$a_0, a_1, a_2, a_3, \ldots$$

que siga para sempre. Dizemos que a_n tende a um limite a quando n tende ao infinito se dado qualquer número $\varepsilon > 0$, existe um número N tal que a diferença entre a_n e a é menor que ε sempre que $n > N$. (O símbolo ε, tradicionalmente usado, é a letra grega épsilon.) Note que todos os números nesta definição são finitos – não há infinitesimais nem infinitos.

Para fazer a soma da série infinita acima, olhamos para as somas finitas

$$a_0 = 1$$

$$a_1 = 1 + \frac{1}{2} = \frac{3}{2}$$

$$a_2 = 1 + \frac{1}{2} + \frac{1}{4} = \frac{7}{4}$$

$$a_3 = 1 + \frac{1}{2} + \frac{1}{4} + \frac{1}{8} = \frac{15}{8}$$

e assim por diante. A diferença entre a_n e 2 é $1/2^n$. Para tornar esse valor menor que ε tomamos $n > N = \log_2(1/\varepsilon)$.

O que a análise fez por eles

A física matemática do século XIX levou à descoberta de uma quantidade de importantes equações diferenciais. Na ausência de computadores de alta velocidade, capazes de achar soluções numéricas, os matemáticos da época inventaram novas funções especiais para resolver essas equações. Essas funções ainda são usadas hoje em dia. Um exemplo é a *equação de Bessel*, deduzida pela primeira vez por Daniel Bernoulli e generalizada por Bessel. Ela assume a forma de

$$x^2 \frac{d^2y}{dx^2} + x \frac{dy}{dx} + (x^2 - k^2)y = 0$$

e as funções padrão, tais como as exponenciais, senos, cossenos e logaritmos, não fornecem uma solução.

No entanto, é possível usar a análise para achar soluções, na forma de séries de potências. A série de potências determina novas funções, *funções de Bessel*. Os tipos mais simples de funções de Bessel são designados $J_k(x)$; existem muitos outros. A série de potências permite o cálculo de $J_k(x)$ com qualquer precisão desejada.

As funções de Bessel surgem naturalmente em muitos problemas referentes a círculos e cilindros, tais como vibração de um tambor circular, propagação de ondas eletromagnéticas num detector de ondas cilíndrico, condução de calor numa barra de metal cilíndrica e na física dos lasers.

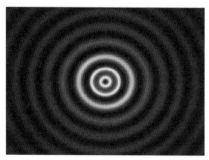

Intensidade de um feixe de laser descrita pela função de Bessel $J_1(x)$.

Uma série que tem limite finito é dita *convergente*. Uma soma finita é definida como sendo o limite da sequência de somas finitas, obtida somando-se mais e mais termos. Se o limite existe, a série é convergente. Derivadas e integrais são simplesmente limites de diversos tipos. Eles existem – isto é, fazem sentido matematicamente – com a condição de que essas somas finitas sejam convergentes. Limites, exatamente como sustentava Newton, se referem ao ponto a que *tendem* certas quantidades quando algum outro número tende ao infinito, ou a zero. O número não precisa *alcançar i* infinito ou zero.

A totalidade do cálculo agora se assentava sobre alicerces sólidos. O único senão era que sempre que se usasse um processo de tender ao limite era preciso assegurar-se de que ele convergia. A melhor maneira de fazer isso era provar teoremas cada vez mais genéricos sobre que tipos de funções são contínuas, ou diferenciáveis ou integráveis, e que sequências ou séries convergem. Foi isso que os analistas se puseram a fazer, e é por isso que não precisamos mais nos preocupar com as dificuldades apontadas pelo bispo Berkeley. É também por isso que não discutimos mais sobre séries de Fourier: temos uma ideia sólida de quando elas convergem, quando não convergem e, de fato, *em que sentido* convergem. Há diversas variações do tema básico, e para as séries de Fourier é preciso escolher as variações certas.

Série de potências

Weierstrass percebeu que a mesma ideia funcionava para números complexos, bem como para números reais. Todo número complexo $z = x + iy$ tem um valor absoluto $|z| = \sqrt{x^2 + y^2}$, que, pelo Teorema de Pitágoras, é a distância de 0 a z no plano complexo. Se você medir o tamanho de uma expressão complexa usando seu valor absoluto, então os conceitos de números reais referentes a limites, séries, e assim por diante, como formulados por Bolzano, podem ser imediatamente transferidos para a análise complexa.

Weierstrass notou que um tipo particular de série infinita parecia ser especialmente útil. Ela é conhecida como série de potências, e tem a aparência de um polinômio de grau infinito:

$$f(z) = a_0 + a_1 z + a_2 z^2 + a_3 z^3 + \ldots$$

onde os coeficientes a_n são números específicos. Weierstrass embarcou num gigantesco programa de pesquisa, visando fundamentar o todo da análise complexa em séries de potências. Funcionou brilhantemente.

Por exemplo, pode-se definir a função exponencial como

$$e^z = 1 + z + \frac{1}{2} z^2 + \frac{1}{6} z^3 + \frac{1}{24} z^4 + \frac{1}{120} z^5 + \ldots$$

onde os números 2, 6, 24, e assim por diante, são *fatoriais*: produtos de inteiros consecutivos (por exemplo, $120 = 1 \times 2 \times 3 \times 4 \times 5$). Euler já obtivera essa fórmula heuristicamente; agora Weierstrass podia dar a ela um sentido rigoroso. Mais uma vez seguindo a ideia de Euler, ele pôde então relacionar funções trigonométricas com a função exponencial, definindo

$$\cos \theta = \frac{1}{2} (e^{i\theta} + e^{-i\theta})$$

$$\operatorname{sen} \theta = \frac{1}{2i} (e^{i\theta} - e^{-i\theta})$$

Todas as propriedades padrão dessas funções eram consequência de sua expressão em série de potências. Era possível até mesmo definir π, e provar que $e^{i\pi} = -1$, como sustentara Euler. E isso, por sua vez, significava que logaritmos complexos faziam o que Euler afirmara. *Tudo fazia sentido.* A análise complexa não era simplesmente uma extensão mística da análise real: era um assunto consistente por si só. Na verdade, muitas vezes era mais simples trabalhar no domínio complexo e no final selecionar o resultado real.

Para Weierstrass, tudo isso era apenas o começo – a primeira fase de um vasto programa. Mas o que importava era ter os alicerces firmes. Isso feito, o material mais sofisticado prontamente se seguiria.

A Hipótese de Riemann

O mais famoso problema não resolvido em toda a matemática é a Hipótese de Riemann, um problema em análise complexa que surgiu em relação aos números primos mas tem repercussões por toda a matemática.

Por volta de 1793 Gauss conjecturou que a quantidade de primos menores que x é aproximadamente $\frac{x}{\ln x}$. Na verdade, ele sugeriu uma aproximação mais precisa chamada integral logarítmica. Em 1737 Euler tinha notado uma intrigante conexão entre a teoria dos números e a análise: a série infinita

$$1 + 2^{-s} + 3^{-s} + 4^{-s} + \ldots$$

é igual ao produto, de todos os primos p, da série

$$1 + p^{-s} + p^{-2s} + p^{-3s} + \ldots = \frac{1}{1 - p^{-s}}$$

Aqui devemos tomar $s > 1$ para que a série seja convergente.

Em 1848 Pafnuty Chebyshev fez algum progresso rumo à prova da conjectura de Gauss, usando uma função complexa relacionada com a série de Euler, mais tarde chamada *função zeta* $\zeta(z)$. O papel dessa função foi esclarecido por Riemann em seu artigo de 1859 "Sobre a quantidade de primos menores que um valor dado". Ele demonstrou que as propriedades estatísticas dos primos estão intimamente relacionadas com os zeros da função zeta, ou seja, as soluções, z, da equação $\zeta(z) = 0$.

Em 1896 Jacques Hadamard e Charles de la Vallée Poussin usaram a função zeta para provar o Teorema dos Números Primos. O passo principal é mostrar que $\zeta(z)$ é diferente de zero para todo z da forma $1 + it$.

Quanto mais controle temos sobre a localização dos zeros da função zeta, mais aprendemos sobre os primos. Riemann presumiu que todos os zeros, à parte alguns óbvios nos inteiros pares negativos, se encontram sobre a reta crítica $z = \frac{1}{2} \pm it$.

> Em 1914 Hardy provou que sobre essa linha se encontra uma quantidade infinita de zeros. Vastas evidências obtidas com computadores também apoiam a conjectura. Entre 2001 e 2005 o programa ZetaGrid, de Sebastian Wedeniwski, verificou que os primeiros 100 bilhões de zeros se encontram sobre a reta crítica.
>
> A hipótese de Riemann fazia parte do Problema 8 da famosa lista de Hilbert dos 23 grandes problemas matemáticos não resolvidos e é um dos prêmios Millennium do Clay Mathematics Institute.

Weierstrass tinha uma mente incomumente clara, e conseguia enxergar o caminho através de complicadas combinações de limites, derivadas e integrais sem ficar confuso. Conseguia também localizar dificuldades potenciais. Um dos seus teoremas mais surpreendentes prova que existe uma função $f(x)$ de uma variável real x, que é contínua em cada ponto, mas não é diferenciável em ponto nenhum. O gráfico de f é uma curva inteira, sem quebras, mas ela é tão ondulada que não tem nenhuma tangente definida em ponto algum. Seus predecessores não teriam acreditado; seus contemporâneos se perguntaram para que serviria uma função dessas. Seus sucessores a desenvolveram numa das mais empolgantes novas teorias do século XX: os fractais.

Mas essa história fica para mais tarde.

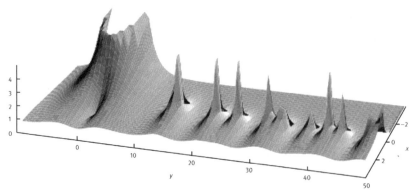

Valor absoluto da função zeta de Riemann. A paisagem zeta – gráfico de $|1/\zeta(x + iy)|$. Os picos correspondem a zeros da função zeta.

Uma base firme

Os primeiros inventores do cálculo tiveram uma abordagem bastante relaxada em relação às operações infinitas. Euler presumira que as séries de potências eram apenas como polinômios e usou essa premissa com um efeito arrasador. Mas nas mãos de simples mortais esse tipo de premissa pode facilmente conduzir a absurdos. Mesmo Euler afirmou algumas coisas bastante estúpidas. Por exemplo, ele começou pela série de potências

$$1 + x + x^2 + x^3 + x^4 + \ldots$$

que soma $1/(1-x)$, se fizermos $x = -1$, e deduziu que

$$1 - 1 + 1 - 1 + 1 - 1 + \ldots = \frac{1}{2}$$

o que é absurdo. A série de potências não converge a menos que x esteja estritamente entre -1 e 1, como deixa claro a teoria de Weierstrass.

Levar a sério críticas como as feitas pelo bispo Berkeley, no longo prazo, acaba enriquecendo a matemática e dando-lhe uma sustentação firme. Quanto mais complicadas as teorias se tornaram, mais importante foi assegurar-se de que se estava em solo firme.

Hoje, a maioria dos usuários de matemática ignora outra vez tais sutilezas, seguros pelo conhecimento de que elas foram solucionadas e que qualquer coisa que tenha aparência de sensata provavelmente possui uma justificativa rigorosa. Eles têm que agradecer a Bolzano, Cauchy e Weierstrass por essa confiança. Enquanto isso, os matemáticos profissionais continuam a desenvolver conceitos rigorosos sobre processos infinitos. Existe mesmo um movimento para reviver o conceito de infinitesimal, conhecido como análise não padrão, e é perfeitamente rigorosa e tecnicamente útil para alguns problemas que de outra forma não são possíveis de tratar. Ela evita contradições lógicas fazendo dos infinitesimais um tipo novo de número, não um número real convencional. Em espírito, todavia, é próxima ao pensamento de Cauchy. Permanece especialidade de uma minoria – mas esperemos para ver.

O que a análise faz por nós

A análise é usada em biologia para estudar o crescimento de populações de organismos. Um exemplo simples é o modelo logístico ou de Verhulst-Pearl. Aqui a variação da população, x, em função do tempo segue o modelo de uma equação diferencial

$$\frac{dx}{dt} = kx\left(1 - \frac{x}{M}\right)$$

onde a constante M é a capacidade do ambiente, ou seja, a maior população que o ambiente pode sustentar.

Métodos padronizados em análise produzem a solução explícita

$$x(t) = \frac{Mx_0}{x_0 + (M - x_0)e^{-kt}}$$

que é chamada de curva logística. O padrão de crescimento correspondente começa com crescimento rápido (exponencial), mas quando a população atinge metade da capacidade ambiental começa a se estabilizar e acaba se nivelando na capacidade ambiental.

A curva não é totalmente realista, embora sirva bem o bastante para muitas populações reais. Modelos mais complicados do mesmo tipo fornecem ajustes mais precisos em relação aos dados reais. O consumo humano de recursos naturais também pode seguir um padrão semelhante à curva logística, possibilitando estimar demanda futura e o tempo que os recursos poderão durar.

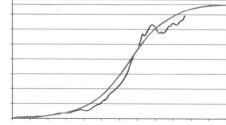

Consumo mundial de petróleo cru, 1900-2000: curva lisa, equação logística; curva dentada, dados reais.

12. Triângulos impossíveis
A geometria de Euclides é a única que existe?

O cálculo baseou-se em princípios geométricos, mas a geometria foi reduzida a cálculos simbólicos, que foram então formalizados como análise. No entanto, o papel do pensamento visual em matemática também estava se desenvolvendo, numa direção nova e inicialmente bastante chocante. Por mais de 2 mil anos o nome Euclides tinha sido sinônimo de geometria. Seus sucessores desenvolveram suas ideias, especialmente no trabalho com seções cônicas, mas não fizeram mudanças radicais no conceito de geometria em si. Essencialmente, admitia-se que pode haver apenas uma geometria, a de Euclides, e essa é uma descrição matemática exata da verdadeira geometria do espaço físico. As pessoas achavam difícil até mesmo conceber alternativas.

Isso não poderia durar.

Geometria esférica e projetiva

O primeiro afastamento significativo da geometria euclidiana surgiu do campo prático da navegação. Em distâncias pequenas, a Terra é quase chata, e suas características geográficas podem ser mapeadas num plano. Mas à medida que os navios começaram a fazer viagens cada vez mais longas, o verdadeiro formato do planeta precisava ser levado em conta. Várias civilizações antigas sabiam que a Terra é redonda – há amplas evidências, desde a maneira como os navios parecem desaparecer no horizonte até a sombra do planeta na Lua durante eclipses lunares. Geralmente assumia-se que a Terra é uma esfera perfeita.

Na realidade, a esfera é ligeiramente achatada: o diâmetro no equador é de 12.756km, enquanto nos polos é de 12.714km. É uma diferença relativamente pequena – uma parte em trezentas. Em épocas em que era rotina os navegadores cometerem erros de várias centenas de quilômetros, uma Terra esférica oferecia um modelo matemático perfeitamente aceitável. Naquela época, porém, a ênfase recaía na *trigonometria* esférica mais do que na geometria – nos aspectos práticos dos cálculos de navegação, e não na análise lógica da esfera como tipo de espaço. Como a esfera se encaixa naturalmente dentro do espaço euclidiano tridimensional, ninguém considerava a geometria esférica diferente da euclidiana. Quaisquer diferenças eram resultado da curvatura da Terra. A geometria do espaço *em si* continuava euclidiana.

Um afastamento mais significativo de Euclides foi a introdução, do início do século XVII em diante, da *geometria projetiva*. O tema surgiu não da ciência, mas da arte: investigações teóricas e práticas de perspectiva feitas pelos artistas da Renascença na Itália. O objetivo era fazer com que as pinturas tivessem uma aparência realista; o resultado foi um jeito novo de pensar a geometria. Porém, mais uma vez, esse desenvolvimento podia ser visto como uma inovação dentro do contexto euclidiano clássico. Tratava-se de como *enxergamos* o espaço, não do espaço em si.

A descoberta de que Euclides não estava sozinho, de que podem existir tipos de geometria logicamente consistentes nos quais muitos dos teoremas de Euclides deixam de valer, surgiu de um interesse renovado nos fundamentos lógicos da geometria, debatidos e desenvolvidos a partir da metade do século XVIII até a metade do XIX. A grande questão era o Quinto Postulado de Euclides, que – de forma canhestra – declarava a existência de retas paralelas. Tentativas de deduzir o Quinto Postulado a partir dos axiomas restantes de Euclides acabaram levando à compreensão de que essa dedução não é possível. Existem outros tipos consistentes de geometria além da euclidiana. Atualmente, essas geometrias não euclidianas tornaram-se ferramentas indispensáveis na matemática pura e na física matemática.

Triângulos impossíveis

Geometria e arte

No que se refere à Europa, a geometria viveu um período de calmaria entre os anos 300 e 1600. A ressurreição da geometria como tema vivo veio da questão da perspectiva na arte: como transportar realisticamente um mundo tridimensional para uma tela bidimensional.

Os artistas da Renascença não se limitavam a criar pinturas. Muitos eram contratados para executar trabalhos de engenharia, com propósitos pacíficos ou bélicos. Sua arte tinha um lado prático, e a geometria da perspectiva era uma questão prática, aplicável à arquitetura tanto quanto às artes visuais. Havia também um interesse crescente em óptica, a matemática da luz, que floresceu quando o telescópio e o microscópio foram inventados. O primeiro grande artista a pensar sobre a matemática da perspectiva foi Filippo Brunelleschi. Na verdade, sua arte era basicamente um veículo para sua matemática. Um livro seminal é *Da pintura*, de Battista Alberti, escrito em 1435 e impresso em 1511. Alberti começou por fazer algumas simplificações importantes, e relativamente inofensivas – reflexo típico de um verdadeiro matemático. A visão humana é um assunto complexo. Por exemplo, usamos dois olhos ligeiramente separados para gerar imagens estereoscópicas, proporcionando sensação de profundidade. Alberti simplificou a realidade admitindo um olho único com uma pupila pontual, que funcionava como uma câmera de orifício. Ele imaginava um artista pintando uma cena, erguendo o cavalete e tentando fazer a imagem na tela se encaixar com a percebida pelo seu olho (único). Tanto a tela como a realidade projetam suas imagens na retina, no fundo do olho. O modo (conceitual) mais simples de assegurar um encaixe perfeito é fazer a tela transparente, olhar através dela de uma posição fixa e desenhar por cima da tela exatamente o que o olho vê. Assim o espaço tridimensional é *projetado* na tela. Junte cada detalhe da cena ao olho por meio de uma linha reta, note o ponto onde a reta fura o plano da tela: é lá que você desenha esse detalhe.

Essa ideia não é muito prática para ser levada ao pé da letra, embora alguns artistas fizessem exatamente isso, utilizando materiais translúcidos, ou vidro, em lugar da tela. Muitas vezes faziam isso como passo preliminar, transferindo o contorno resultante para a tela de modo a trabalhar a pintura propriamente dita. Uma abordagem mais prática é usar essa formulação conceitual para relacionar a geometria da cena tridimensional com a da imagem bidimensional. Geralmente a geometria euclidiana lida com aspectos que permanecem inalterados por movimentos rígidos – comprimentos, ângulos. Euclides não formulou assim, mas seu uso de triângulos congruentes como ferramenta básica tem o mesmo efeito. (São triângulos do mesmo tamanho e formato, mas em locais diferentes.) De maneira similar, a geometria da perspectiva acaba se reduzindo a características que permanecem inalteradas pela projeção. É fácil ver que comprimentos e ângulos não se comportam desse modo. Você pode cobrir a Lua com o polegar, então os comprimentos podem mudar. Os ângulos não se comportam de forma diferente – quando você olha o canto de um prédio, um ângulo reto, ele só *tem aparência* de ângulo reto se você o olhar de frente em linha reta.

Que propriedades das figuras geométricas, então, são preservadas pela projeção? As mais importantes são tão simples que é fácil passar por cima de sua importância. Pontos continuam sendo pontos. Linhas retas continuam sendo retas. A imagem de um ponto sobre uma linha reta fica sobre a imagem da reta. Portanto, se duas linhas se encontram num ponto, suas imagens se encontram no ponto correspondente. Relações de incidência de pontos e linhas são preservadas na projeção.

Uma característica importante que não é *bem* preservada é a relação de "paralela". Imagine-se parado no meio de uma longa estrada reta e olhe em frente. Os dois lados da estrada, que na realidade tridimensional são paralelos – e então nunca se encontram – não parecem paralelas. Em vez disso, convergem para um ponto no horizonte distante. Eles se comportam desse modo num plano infinito ideal, não só na Terra ligeiramente arredondada. Na verdade, eles só se comportam exatamente assim num plano. Numa esfera, haveria um minúsculo intervalo, pequeno demais para ser visto, onde as linhas cruzam o horizonte. E, de qualquer maneira, toda a questão das paralelas numa esfera é enganosa.

Essa característica das retas paralelas é muito útil no desenho em perspectiva. Ela está por trás do modo habitual de se desenhar caixas de ângulos retos em perspectiva, usando a linha do horizonte e dois pontos de fuga, que são onde as arestas paralelas da caixa cruzam o horizonte em perspectiva. Em *De prospectiva pingendi* (1482-87), Piero della Francesca desenvolveu os métodos de Alberti em técnicas práticas para artistas, e os usou com grande efeito em suas pinturas dramáticas e muito realistas.

Os escritos dos pintores da Renascença solucionaram muitos problemas na geometria da perspectiva, mas eram semiempíricos, carecendo do tipo de fundamento lógico que Euclides provera para a geometria comum. Esses tópicos fundamentais foram finalmente resolvidos por Brook Taylor e Johann Heinrich Lambert no século XVIII. Mas a essa altura coisas mais interessantes estavam acontecendo em geometria.

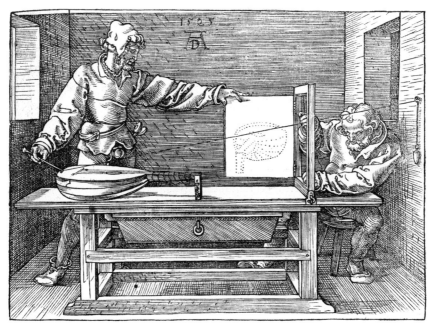

Projetando uma cena – Albrecht Dürer.

Desargues

O primeiro teorema não trivial em geometria projetiva foi descoberto pelo engenheiro/arquiteto Girard Desargues e publicado em 1648 num livro de Abraham Bosse. Desargues provou o seguinte teorema notável: suponha que os triângulos ABC e $A'B'C'$ estejam em perspectiva, o que significa que as três retas AA', BB' e CC' passam todas pelo mesmo ponto O. Então os três pontos P, Q e R nos quais os lados correspondentes dos dois triângulos se encontram estão todos sobre a mesma reta. Esse resultado é chamado Teorema de Desargues até hoje. Ele não menciona comprimentos nem ângulos – trata puramente das relações de incidência entre retas e pontos. Assim, é um teorema projetivo.

Há um truque que torna o teorema óbvio: imagine-o como um desenho de uma figura tridimensional, no qual os dois triângulos estejam em dois planos. Então a reta segundo a qual esses planos se interceptam é a reta que contém os três pontos P, Q e R de Desargues. Com um pouco de cuidado, o teorema pode ser até provado dessa maneira, construindo-se uma figura tridimensional conveniente cuja projeção tenha a aparência dos dois triângulos. Logo, podemos usar métodos euclidianos para provar teoremas projetivos.

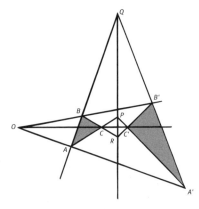

Teorema de Desargues.

Axiomas de Euclides

A geometria projetiva difere da geometria euclidiana em termos de ponto de vista (trocadilho proposital), mas ainda está relacionada à geometria euclidiana. É o estudo de novos tipos de transformação, projeções, mas o modelo subjacente do espaço que está sendo transformado é euclidiano. Ainda assim, a geometria projetiva tornou a matemática mais receptiva à possibilidade de novos tipos de pensar geométrico. E uma velha questão, adormecida há séculos, mais uma vez voltou ao primeiro plano.

Quase todos os axiomas de Euclides para a geometria eram tão óbvios que nenhuma pessoa sã podia realmente questioná-los. Todos os ângulos retos são iguais, por exemplo. Se o axioma falhasse, deveria haver algo de errado com a definição de ângulo reto. Mas o Quinto Postulado, o que tratava realmente de retas paralelas, tinha um sabor distintamente diferente. Era complicado. Euclides o apresenta da seguinte maneira: se uma linha reta corta duas linhas retas formando os ângulos internos do mesmo lado menores do que dois ângulos retos, as duas linhas retas, se prolongadas indefinidamente, encontram-se do lado no qual os ângulos são menores do que os dois ângulos retos.

Soava mais como teorema do que axioma. *Seria* um teorema? Poderia haver algum jeito de prová-lo, talvez começando por algo mais simples, mais intuitivo?

Um aperfeiçoamento foi introduzido por John Playfair em 1795. Ele substituiu a apresentação, afirmando que para qualquer reta dada, e qualquer ponto não pertencente a essa reta, existe uma, e somente uma, reta passando pelo ponto que é paralelo à reta dada. Essa afirmação é logicamente equivalente ao Quinto Postulado de Euclides – isto é, um é consequência do outro, dados os axiomas restantes.

Legendre

Em 1794 Adrien-Marie Legendre descobriu outra afirmação equivalente, a existência de *triângulos semelhantes* – triângulos que têm os mesmos ângulos, mas com lados de tamanhos diferentes. Mas ele, como a maioria dos outros matemáticos, queria algo mais intuitivo. Na verdade, havia uma sensação de que o Quinto Postulado era simplesmente supérfluo – uma consequência dos outros axiomas. Tudo que faltava era uma prova. Então Legendre tentou todo tipo de coisa. Usando apenas os outros axiomas, ele provou – ao menos para sua satisfação – que os ângulos de um triângulo somavam sempre 180° ou menos. (Ele devia saber que em geometria esférica a soma é maior, mas essa é a geometria da esfera, não do plano.) Se a soma é sempre 180°, o Quinto Postulado é consequência. Assim, ele presumiu que a soma podia ser menor que 180° e desenvolveu as implicações dessa premissa.

Uma consequência surpreendente foi a relação entre a área do triângulo e a soma de seus ângulos. Especificamente, a área é proporcional à diferença entre 180° e a soma dos ângulos. Parecia promissor: se ele conseguisse construir um triângulo cujos lados fossem o dobro de um triângulo dado, mas com os mesmos ângulos, então obteria uma contradição, porque o triângulo maior não teria a mesma área que o menor. Mas por mais que tentasse construir o triângulo maior, sempre se via apelando para o Quinto Postulado.

No entanto, conseguiu aproveitar um resultado positivo do seu trabalho. Sem assumir o Quinto Postulado, provou que é impossível que alguns triângulos tenham soma dos ângulos maior que 180°, enquanto outros têm soma de ângulos menor que 180°. Se um triângulo tem ângulos que somam mais que 180°, então o mesmo vale para todo triângulo; de modo similar, a mesma coisa ocorre se a soma é menor que 180°. Logo, há três casos possíveis:

- Os ângulos de todo triângulo somam exatamente 180° (geometria euclidiana).
- Os ângulos de todo triângulo somam menos que 180°.
- Os ângulos de todo triângulo somam mais que 180° (um caso que Legendre julgou ter excluído; mais tarde ficou claro que ele fizera outras premissas não declaradas para conseguir isso).

Saccheri

Em 1733 Gerolamo Saccheri, um padre jesuíta de Pavia, publicou um esforço heroico, *Euclides ab Omni Naevo Vindicatus* (Euclides redimido de todas as falhas). Ele também considerava três casos, dos quais o primeiro era a geometria euclidiana, mas usou um quadrilátero para fazer a distinção. Suponhamos o quadrilátero *ABCD*, com *A* e *B* ângulos retos e *AC* = *BD*. Então, afirma Saccheri, a geometria euclidiana implica que os ângulos *C* e *D* são ângulos retos. E, não tão óbvio, se *C* e *D* são ângulos retos em qualquer quadrilátero deste tipo, então o Quinto Postulado é consequência.

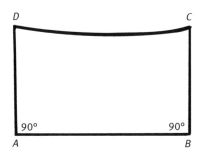

O quadrilátero de Saccheri: a linha *CD* foi desenhada curva para evitar premissas euclidianas sobre os ângulos *C* e *D*.

Sem usar o Quinto Postulado, Saccheri provou que os ângulos *C* e *D* são iguais. Então restavam duas possibilidades distintas:

- *Hipótese do ângulo obtuso:* tanto *C* como *D* são maiores que um ângulo reto.
- *Hipótese do ângulo agudo:* tanto *C* como *D* são menores que um ângulo reto.

A ideia de Saccheri era considerar cada uma dessas hipóteses por vez, e deduzir alguma contradição lógica. Isso deixaria a geometria euclidiana como única possibilidade lógica.

Ele começou pela hipótese do ângulo obtuso, e com uma série de teoremas deduziu – assim pensou ele – que os ângulos *C* e *D* afinal de contas devem ser retos. Isso era uma contradição, então a hipótese do ângulo obtuso tinha de ser falsa. Em seguida, considerou a hipótese do ângulo agudo, que levou a outra série de teoremas, todos corretos e bem interessantes por si sós. Ele acabou provando um teorema bastante complicado sobre uma família de retas todas passando por um ponto, que implicava que duas dessas retas teriam uma perpendicular comum no infinito. Isso em si não é uma contradição, mas Saccheri achou que fosse, e declarou que a hipótese do ângulo agudo também se provara errada.

Assim restava apenas a geometria euclidiana, e então Saccheri sentiu que seu programa estava justificado, junto com Euclides. Porém outros notaram que ele na verdade não obtivera uma contradição na hipótese do ângulo agudo, apenas um teorema bastante surpreendente. Em 1759 d'Alembert declarou o status do Quinto Postulado como "o escândalo dos elementos da geometria".

Lambert

Um matemático alemão, Georg Klügel, leu o livro de Saccheri e deu uma opinião não ortodoxa e bastante chocante, afirmando que a verdade do Quinto Postulado era uma questão de experiência e não de lógica. Basicamente ele estava dizendo que algo na maneira como pensamos o espaço nos faz acreditar na existência de linhas paralelas do tipo concebido por Euclides.

Em 1766 Johann Heinrich Lambert, dando seguimento à sugestão de Klügel, embarcou numa investigação similar à de Saccheri, mas começou por um quadrilátero com três ângulos retos. O ângulo restante deveria ser um ângulo reto (geometria euclidiana) agudo ou obtuso. Como Saccheri, pensou que o ângulo obtuso levava a uma contradição. Mais precisamente, concluiu que levava à geometria esférica, onde havia muito tempo se sabia que os ângulos de um quadrilátero somam mais de $360°$, porque os ângulos de um triângulo somam mais de $180°$. Mas já que a esfera não é o plano, o caso fica excluído.

No entanto, ele não alegou a mesma coisa para o caso do ângulo agudo. Em vez disso, provou alguns teoremas curiosos, sendo o mais surpreendente a fórmula para a área de um polígono de n lados. Some todos os ângulos e subtraia a soma de $2n - 4$ ângulos retos: o resultado é proporcional à área do polígono. Essa fórmula lembrou a Lambert uma fórmula semelhante para a geometria esférica: some todos os ângulos

Triângulos impossíveis

O que a geometria não euclidiana fez por eles

Em 1813 Gauss estava ficando cada vez mais convencido de que aquilo que inicialmente ele chamara de geometria antieuclidiana, depois astral e por fim não euclidiana era uma possibilidade lógica. Começou a se perguntar como seria a verdadeira geometria do espaço, e mediu os ângulos de um triângulo formado pelos três picos perto de Göttingen – o Brocken, o Hohehagen e o Inselberg. Fez suas medições utilizando a linha de visão, de modo que a curvatura da Terra não entrou em jogo. A soma dos ângulos medidos foi 15 segundos de arco maior do que 180º. Na melhor das hipóteses seria um caso de ângulo obtuso, mas a probabilidade de erros de observação tornou todo o exercício discutível. Gauss precisava de um triângulo muito maior e de instrumentos de medição muito mais precisos para medir seus ângulos.

---

e subtrai $2n - 4$ ângulos retos dessa soma: novamente o resultado é proporcional à área do polígono. É uma diferença mínima: a subtração é feita na ordem inversa. Isso o levou a uma previsão extraordinariamente clarividente, mas obscura: a geometria do caso do ângulo agudo é a mesma que a da esfera com *raio imaginário*.

Ele redigiu então um breve artigo sobre funções trigonométricas de ângulos imaginários, obtendo algumas fórmulas belas e perfeitamente consistentes. Agora reconhecemos essas funções como as assim chamadas funções hiperbólicas, que podem ser definidas sem usar números imaginários, e que satisfazem as fórmulas de Lambert. Estava claro que devia haver algo de interessante por trás de sua curiosa e enigmática sugestão. Mas o quê?

O dilema de Gauss

A essa altura os geômetras mais bem-informados estavam começando a ter realmente uma sensação de que o Quinto Postulado de Euclides não podia ser provado a partir dos axiomas restantes. O caso do ângulo agudo parecia autoconsistente demais para levar a uma contradição. De outro lado, uma esfera de raio imaginário não era o tipo de objeto que pudesse ser proposto para justificar essa crença.

Um desses geômetras era Gauss, que se convencera desde jovem de que uma geometria não euclidiana logicamente consistente era possível, tendo provado numerosos teoremas em tal geometria. Mas, como deixou claro numa carta de 1829 para Bessel, não tinha intenção de publicar nada do seu trabalho porque receava aquilo que chamava de "clamor dos beócios". Gente sem imaginação não compreenderia, e na sua ignorância e tacanha fidelidade à tradição, ridicularizaria o trabalho. Nisso ele pode ter sido influenciado pelo status abrangente da aclamada obra de Kant em filosofia; Kant argumentara que a geometria do espaço deve ser euclidiana.

Em 1799 Gauss se correspondia com o húngaro Wolfgang Bolyai, contando-lhe que a pesquisa "parece obrigar-me a duvidar da verdade da própria geometria. É verdade que cheguei a muita coisa que, pela maioria das pessoas, seria considerada como constituindo uma prova [do Quinto Postulado a partir dos outros axiomas], mas aos meus olhos ela vale tanto quanto nada".

Outros matemáticos foram menos circunspectos. Em 1826 Nikolai Ivanovich Lobachevsky, na Universidade de Kazan, na Rússia, dava palestras sobre geometria não euclidiana. Ele não conhecia o trabalho de Gauss, mas havia provado teoremas similares usando seus próprios métodos. Dois artigos sobre o assunto apareceram em 1829 e 1835. Em vez de dar início a tumultos, como Gauss temia, esses artigos passaram praticamente despercebidos. Em 1840 Lobachevsky publicou um livro sobre o tema, no qual se queixava da falta de interesse. Em 1855 publicou mais um livro sobre o assunto.

De forma independente, o filho de Wolfgang Bolyai, János, oficial do Exército, surgiu com ideias semelhantes por volta de 1825, anotando-as num artigo de 26 páginas que foi publicado como apêndice do texto de geometria de seu pai *Ensaio sobre os elementos da matemática para jovens estudiosos*, de 1832. "Tenho feito tantas descobertas maravilhosas que eu mesmo estou perdido em assombro", escreveu ele ao pai.

Triângulos impossíveis

Gauss leu o trabalho, mas explicou a Wolfgang que lhe era impossível elogiar os esforços do rapaz, porque estaria na verdade elogiando a si mesmo. Isso talvez tenha sido um pouco injusto, mas era assim que Gauss tendia a se comportar.

Geometria não euclidiana

A história da geometria não euclidiana é complicada demais para ser descrita em maiores detalhes, mas podemos resumir o que se seguiu a esses esforços pioneiros. Existe uma profunda unidade por trás dos três casos notados por Saccheri, por Lambert e por Gauss, Bolyai e Lobachevsky. O que os une é o conceito de *curvatura*. A geometria não euclidiana é, na realidade, a geometria natural de uma superfície curva.

Se a superfície tem curvatura positiva, como uma esfera, então temos o caso do ângulo obtuso. Este foi rejeitado porque a geometria esférica difere da euclidiana de maneiras óbvias – por exemplo, quaisquer duas linhas retas, isto é, círculos máximos (círculos cujos centros estão no centro da esfera), se encontram em dois pontos, não no ponto único que esperamos em linhas retas euclidianas.

Na verdade, agora percebemos que essa objeção é infundada. Se fizermos coincidir os pontos diametralmente opostos da esfera – ou seja, fingirmos que são idênticos – então as linhas retas (círculos máximos) ainda fazem sentido, pois se um ponto se localiza sobre um círculo máximo, o mesmo ocorre com o ponto diametralmente oposto. Com essa identificação, quase todas as propriedades geométricas permanecem inalteradas, mas agora as linhas retas se encontram em *um* ponto. Topologicamente a superfície resultante é o plano projetivo, embora a geometria envolvida não seja a geometria projetiva ortodoxa. Atualmente a chamamos de geometria elíptica, e ela é considerada tão sensata quanto a geometria euclidiana.

Se a superfície tem curvatura negativa, com o formato de uma sela, então temos o caso do ângulo agudo. A geometria resultante é chamada *hiperbólica*. Ela tem muitas características intrigantes, que a distinguem da geometria euclidiana.

Se a superfície tem curvatura zero, ou nula, como um plano euclidiano, então é o próprio plano euclidiano, e temos a geometria euclidiana.

Todas as três geometrias satisfazem todos os axiomas de Euclides exceto o Quinto Postulado. A decisão de Euclides de incluir esse postulado está justificada.

Essas geometrias variadas podem ser moldadas de diversas formas. A geometria hiperbólica é especialmente versátil sob este aspecto. Em um modelo o espaço envolvido é a parte superior do plano complexo, omitindo o eixo real e tudo abaixo dele. Uma linha reta é um semicírculo que cruza o eixo real em ângulos retos. Topologicamente, esse espaço é o mesmo que o plano, e as linhas são idênticas a retas comuns. A curvatura das linhas reflete a curvatura negativa do espaço subjacente.

Num segundo modelo de geometria hiperbólica, introduzido por Poincaré, o espaço é representado como o interior de um círculo, sem incluir seu contorno, e as linhas retas são círculos que se encontram no contorno formando ângulos retos. Mais uma vez, a geometria distorcida reflete a curvatura do espaço subjacente. O artista Maurits Escher produziu muitos desenhos com base nesse modelo de geometria hiperbólica, que ele aprendeu com o geômetra canadense Coxeter.

Esses dois modelos insinuam algumas conexões profundas entre a geometria hiperbólica e a análise complexa. Essas conexões relacionam-se com certos grupos de transformações do plano complexo; a geometria hiperbólica é a geometria de seus invariantes, segundo o *Programa de Erlangen*, de Felix Klein. Outra classe de transformações, chamadas transformações de Möbius, também coloca em jogo a geometria elíptica.

O modelo de geometria hiperbólica de Poincaré deixa claro que há infinitas linhas paralelas passando por um ponto que não interceptam uma linha dada.

O que a geometria não euclidiana faz por nós

Qual é a forma do Universo? A pergunta pode parecer simples, mas é difícil de responder – em parte porque o Universo é imenso, mas principalmente porque estamos dentro dele e não podemos dar um passo para trás e vê-lo como um todo. Numa analogia que remonta a Gauss, uma formiga vivendo numa superfície, e observando-a apenas de dentro dessa superfície, não poderia dizer facilmente se a superfície é um plano, uma esfera, um toro ou algo mais complicado.

A relatividade geral nos diz que nas proximidades de um corpo material, tal como uma estrela, o espaço-tempo é curvo. As equações de Einstein, que relacionam a curvatura com a densidade da matéria, têm muitas soluções diferentes. Nas mais simples, o Universo como um

Espaço com curvatura positiva, negativa e nula

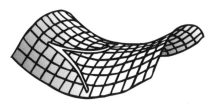

Um *Universo fechado* se curva sobre si mesmo. Linhas que divergiam voltam a se juntar. Densidade > densidade crítica.

Um *Universo aberto* se curva para fora de si mesmo. Linhas divergentes se curvam em ângulo cada vez maiores afastando-se uma das outras. Densidade < densidade crítica.

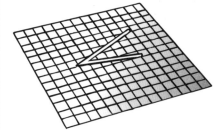

Um *Universo plano* não tem curvatura. Linhas divergentes mantêm ângulo constante entre si. Densidade = densidade crítica.

todo tem curvatura positiva e sua topologia é a de uma esfera. Mas pelo que podemos dizer, a curvatura geral do Universo real poderia ser, em vez disso, negativa. Nós nem sequer sabemos se o Universo é infinito, como o espaço euclidiano, ou tem extensão finita, como uma esfera. Alguns físicos sustentam que o Universo é infinito, mas a base experimental para essa afirmativa é altamente questionável. A maioria pensa que é finito.

Surpreendentemente, um Universo finito pode existir sem ter uma fronteira. A esfera é, assim, em duas direções, e o mesmo acontece com o toro. O toro pode ter uma geometria *plana*, herdada de um quadrado, fazendo coincidir os lados opostos. Os topologistas também descobriram que o espaço pode ser finito, porém curvado negativamente: um modo de construir tais espaços é pegar um poliedro finito num espaço hiperbólico e fazer coincidir várias faces, de maneira que uma linha reta que saia atravessando uma face do poliedro imediatamente reentre por outra face. Essa construção é análoga ao modo como as bordas da tela se ligam continuamente em muitos jogos de computador.

Para se obter o espaço dodecaédrico de Poincaré, é preciso fazer coincidir faces opostas.

Se o espaço é finito, então deveria ser possível observar a mesma estrela em diferentes direções, embora ela pudesse parecer mais distante em algumas direções do que em outras e a região observável do Universo pudesse ser pequena demais de qualquer forma. Se um espaço finito tem uma geometria hiperbólica, essas ocorrências múltiplas das mesmas estrelas em direções diferentes determinam um sistema de círculos gigantes nos céus, e a geometria desses círculos determina qual espaço hiperbólico está sendo observado. Mas os círculos poderiam estar em qualquer lugar em meio aos bilhões de estrelas que podem ser vistas, e até agora

> tentativas de observá-las, com base em correlações estatísticas entre as posições aparentes das estrelas, não produziram resultado algum.
>
> Em 2003, dados da sonda anisotrópica de micro-ondas Wilkinson (WMAP, na sigla em inglês) levaram Jean-Pierre Luminet e seus colaboradores a propor que o espaço é finito, porém curvado *positivamente*. Eles descobriram que o espaço dodecaédrico de Poincaré – obtido fazendo coincidir faces opostas de um dodecaedro curvo – é o que mais concorda com as observações. Essa sugestão recebeu grande publicidade como a afirmativa de que o Universo tem o formato de uma bola de futebol. Mas ela não foi confirmada e atualmente não temos ideia da verdadeira forma do Universo. No entanto, temos, sim, uma compreensão muito melhor do que fazer para descobrir.

A geometria do espaço

E quanto à geometria do espaço? Hoje concordamos com Klügel e desdenhamos Kant. Essa é uma questão de experiência, não algo que possa ser deduzido apenas pelo pensamento. A Relatividade Geral de Einstein nos diz que o espaço – e o tempo – podem ser curvos; a curvatura é o efeito gravitacional da matéria. A curvatura pode variar de uma região para outra, dependendo de como a matéria esteja distribuída. Assim, *a* geometria do espaço não é realmente a questão. O espaço pode ter diferentes geometrias em diferentes lugares. A geometria de Euclides funciona bem em escalas humanas, no mundo humano, porque a curvatura gravitacional é tão pequena que não a observamos na nossa vida diária. Mas lá fora, no Universo maior, prevalecem as geometrias não euclidianas.

Para os antigos, e de fato até boa parte do século XIX, a matemática e o mundo real eram confundidos de maneira irremediável. Havia uma crença generalizada de que a matemática era uma representação das características básicas e inevitáveis do mundo real, e que a verdade matemática era absoluta. Em nenhuma outra parte essa premissa estava mais profundamente arraigada do que na geometria clássica. O espaço era euclidiano para praticamente qualquer um que pensasse no assunto. O que mais poderia ser?

A questão deixou de ser retórica quando começaram a aparecer alternativas à geometria euclidiana logicamente consistentes. Levou algum tempo para reconhecer que *eram* logicamente consistentes – pelo menos tão consistentes quanto a geometria euclidiana – e ainda mais tempo para perceber que o nosso espaço físico poderia não ser perfeitamente euclidiano. Como sempre, a culpa foi da estreiteza de espírito humana – nós projetávamos nossas experiências limitadas em um cantinho minúsculo do Universo no Universo como um todo. Nossas imaginações parecem mesmo distorcidas em favor do modelo euclidiano, provavelmente porque, nas pequenas escalas da nossa experiência, ele é um modelo excelente e também o mais simples que temos à nossa disposição.

Graças a formas de pensar criativas e não ortodoxas, muitas vezes automaticamente contestadas por uma maioria menos criativa, agora entendemos – pelo menos os matemáticos e os físicos – que existem muitas alternativas à geometria euclidiana e que a natureza do espaço físico é uma questão de observação, não só de pensamento. Nos dias de hoje podemos fazer uma distinção clara entre modelos matemáticos da realidade e a própria realidade. Sob esse aspecto, grande parte da matemática não tem relação nenhuma com a realidade – mas mesmo assim é útil.

13. A ascensão da simetria
Como não resolver uma equação

Por volta de 1850 a matemática passou por uma das mudanças mais significativas de toda sua história, embora isso não fosse visível na época. Antes de 1800, os principais objetos do estudo matemático eram relativamente concretos: números, triângulos, esferas. A álgebra usava fórmulas para representar manipulações com números, mas as próprias fórmulas eram vistas como representações simbólicas de *processos*, não como coisas em si. Mas por volta de 1900 as fórmulas e transformações eram vistas como *coisa*s, não processos, e os objetivos da álgebra eram muito mais abstratos e muito mais genéricos. Na verdade, praticamente qualquer coisa dizia respeito à álgebra. Até mesmo leis básicas, tais como a lei comutativa da multiplicação, $ab = ba$, haviam sido consideradas em algumas áreas importantes.

Teoria dos grupos

Essas mudanças ocorreram em grande parte porque os matemáticos descobriram a teoria dos grupos, um ramo da álgebra que emergiu de tentativas malsucedidas de resolver equações algébricas, especialmente a equação de quinto grau, ou quíntica. Mas num espaço de cinquenta anos da sua descoberta, a teoria dos grupos foi reconhecida como a base correta para se estudar o conceito de *simetria*. À medida que os novos métodos foram se assentando no consciente coletivo, ficou claro que simetria é uma ideia profunda e central, com inúmeras aplicações nas ciências físicas, e nas biológicas também, na verdade. Hoje, a teoria dos grupos tornou-se uma ferramenta indispensável em toda área de matemática e ciência e suas ligações com a simetria são enfatizadas nos textos mais introdutórios. Mas esse ponto de vista levou várias décadas para se desenvolver. Por volta de 1900 Henri Poincaré disse que a teoria dos grupos era de fato a totalidade da matemática reduzida a seus essenciais, o que era um pouquinho de exagero, mas perfeitamente justificável.

O ponto de virada na evolução da teoria dos grupos foi o trabalho de um jovem francês, Évariste Galois. Houve uma longa e complicada préhistória – as ideias de Galois não surgiram do vácuo. E houve também uma igualmente complicada, e muitas vezes um tanto embaralhada, póshistória à medida que os matemáticos foram experimentando os novos conceitos, tentando descobrir o que era importante e o que não era. Mas foi Galois, mais do que qualquer outro, quem compreendeu claramente a necessidade dos grupos, elaborou alguns de seus traços fundamentais e demonstrou seu valor para a essência da matemática. Sem que seja uma grande surpresa, seu trabalho passou quase despercebido durante sua vida. Talvez fosse um tanto original demais, mas é preciso dizer que a personalidade de Galois, e seu feroz envolvimento na política revolucionária, não ajudou muito. Ele foi uma figura trágica vivendo num tempo de muitas tragédias pessoais, e sua vida foi uma das mais dramáticas, e talvez mais românticas, entre as dos grandes matemáticos.

Resolvendo equações

A história da teoria dos grupos remonta ao trabalho dos antigos babilônios com equações quadráticas. No que lhes dizia respeito, seu método era destinado a usos práticos – era uma técnica de cálculo, e eles parecem não ter formulado perguntas mais profundas. Se você soubesse achar raízes quadradas, tendo dominado aritmética básica, podia resolver quadráticas.

Há alguns indícios, em tabletes de argila sobreviventes, de que os babilônios também pensaram em equações cúbicas e até mesmo em algumas

A ascensão da simetria

As simetrias de uma quadrática

Considere a equação quadrática na forma ligeiramente simplificada

$$x^2 + px + q = 0$$

Suponha que as duas soluções sejam $x = a$ e $x = b$

$$x^2 + px + q = (x - a)(x - b)$$

Então isso nos diz que

$$a + b = -p \qquad ab = q$$

Assim, embora ainda não saibamos as duas soluções, sabemos, sim, sua soma e seu produto – sem fazer qualquer trabalho mais sério.

Por que isso acontece? A soma $a + b$ é a mesma que $b + a$ – ela não muda quando as soluções são permutadas. O mesmo vale para $ab = ba$. Acontece que *toda* função simétrica das soluções pode ser expressa em termos dos coeficientes p e q. Inversamente, qualquer expressão com p e q é sempre uma função simétrica de a e b. Olhando de forma mais ampla, a relação entre as soluções e os coeficientes é determinada por uma propriedade de simetria.

Funções assimétricas não se comportam dessa maneira. Um bom exemplo é a diferença $a - b$. Quando trocamos a e b, a expressão vira $b - a$, que é diferente. No entanto – a observação crucial – não é *muito* diferente. É o que obtemos de $a - b$ invertendo o sinal. Então o quadrado $(a - b)^2$ é totalmente simétrico. Mas qualquer função totalmente simétrica das soluções deve ser alguma expressão nos coeficientes. Tire a raiz quadrada e expressamos $a - b$ em termos dos coeficientes, usando nada mais complicado do que uma raiz quadrada. Já sabemos que $a + b$ é igual a $-p$. Como também conhecemos $a - b$, a soma desses dois números é $2a$ e a diferença é $2b$. Dividindo por 2, obtemos as fórmulas para a e para b.

> O que fizemos foi provar que deve *existir* uma fórmula para as soluções *a* e *b* envolvendo nada mais complicado que uma raiz quadrada, com base em características gerais das simetrias de expressões algébricas. Isso é impressionante: provamos que o problema tem solução sem termos que nos incomodar com o cálculo de todos os desagradáveis detalhes que nos dizem qual é essa solução. Num certo sentido, averiguamos e descobrimos *por que* os babilônios foram capazes de achar um método. Esta historinha coloca o termo "compreender" sob uma nova luz. Pode-se compreender *como* o método babilônio produz uma solução dando os mesmos passos e checando a lógica. Mas agora compreendemos por que devia haver um método desses – não exibindo a solução, mas examinando propriedades *gerais* das soluções presumidas. Aqui, a propriedade-chave acabou se revelando ser a simetria.
>
> Com um pouco mais de trabalho, levando a uma expressão explícita $(a - b)^2$, esse método fornece uma fórmula para as soluções. Ela é equivalente à fórmula que aprendemos na escola e ao método usado pelos babilônios.

de quarto grau, ou quárticas. Os gregos, e depois deles os árabes, descobriram métodos geométricos para resolver equações cúbicas baseados em seções cônicas. (Agora sabemos que as tradicionais retas e círculos de Euclides não podem resolver tais problemas com exatidão. Era necessário algo mais sofisticado; conforme se descobriu, as cônicas se prestam ao serviço.) Aqui uma das figuras proeminentes foi o persa Omar Khayyam. Ele resolveu todos os tipos de cúbicas por métodos geométricos sistemáticos. Mas, como vimos, uma solução algébrica das equações de terceiro e quarto graus precisou esperar até a Renascença, com o trabalho de Del Ferro, Tartaglia, Fior, Cardano e seu discípulo Ferrari.

O padrão que parecia estar emergindo de todo esse trabalho era claro e direto, ainda que os detalhes fossem atrapalhados. Pode-se resolver qualquer equação cúbica usando operações aritméticas, mais raízes quadradas, mais raízes cúbicas. Pode-se resolver qualquer equação quártica usando operações aritméticas, mais raízes quadradas, mais raízes cúbicas, mais raízes quartas – embora as últimas possam ser reduzidas a duas raízes quadradas em sucessão. Parecia plausível que esse padrão continuasse, de modo que se poderia resolver qualquer equação de quinto grau usando operações aritméticas, mais raízes quadradas, raízes cúbicas, raízes quartas e raízes quintas. E assim por diante para equações de qualquer grau. Sem dúvida as fórmulas seriam muito complicadas, e encontrá-las seria ainda mais complicado, mas poucos parecem ter duvidado que elas existissem.

À medida que os séculos passaram, sem nenhum sinal de tais fórmulas serem encontradas, alguns dos grandes matemáticos decidiram olhar mais de perto toda essa área, descobrir o que estava efetivamente acontecendo nos bastidores, unificar os métodos conhecidos e simplificá-los para deixar claro por que funcionavam. Então, pensaram eles, seria apenas uma questão de aplicar os mesmos princípios gerais e a quíntica revelaria o seu segredo.

O trabalho mais bem-sucedido e mais sistemático seguindo essa linha foi realizado por Lagrange. Ele reinterpretou as fórmulas clássicas em termos das soluções que estavam sendo procuradas. O que importava, disse ele, era como certas expressões algébricas especiais naquelas soluções se comportavam quando as próprias soluções eram permutadas – rearranjadas. Ele sabia que qualquer expressão totalmente simétrica – uma expressão que permanecesse exatamente a mesma não importando a ordem em que as soluções estivessem arranjadas – podia ser expressa em termos dos coeficientes da equação, tornando-a um valor conhecido. Mais interessantes eram expressões que apenas assumiam alguns poucos valores diferentes quando as soluções eram permutadas. Essas pareciam encerrar a chave para toda a questão da resolução de equações.

O senso bem-desenvolvido da forma e da beleza matemáticas que Lagrange possuía lhe dizia que essa era uma ideia primordial. Se algo semelhante pudesse ser desenvolvido para equações cúbicas e quárticas, então ele poderia descobrir como resolver uma quíntica.

Usando a mesma ideia básica, ele descobriu que funções parcialmente simétricas das soluções permitiam que reduzisse a equação cúbica a uma quadrática. A quadrática introduzia uma raiz quadrada e o processo de redução podia ser encaminhado usando uma raiz cúbica. De maneira similar, qualquer quártica podia ser reduzida a uma cúbica, que ele chamou de cúbica resolvente. Assim, podia-se resolver uma quártica usando raízes quadradas e cúbicas para lidar com a cúbica resolvente e raízes quartas para relacionar a resposta com as soluções desejadas. Em ambos os casos, as respostas eram idênticas às fórmulas clássicas da Renascença. Na verdade, tinham de ser – afinal, eram as respostas. Mas agora Lagrange sabia *por que* as respostas eram essas e, melhor ainda, sabia por que existiam respostas para serem encontradas.

Ele deve ter ficado bastante empolgado nesse estágio de sua pesquisa. Passando para a quíntica, e aplicando as mesmas técnicas, seria de esperar obter uma resolvente quártica – o serviço estava feito. Mas, para seu provável desapontamento, não obteve uma resolvente quártica. Obteve uma resolvente de sexto grau. Em vez de simplificar as coisas, seu método tornou a quíntica mais complicada.

Haveria uma falha no método? Haveria algo mais inteligente para resolver a quíntica? Lagrange parece ter pensado nisso. Escreveu que esperava que seu novo ponto de vista pudesse ser útil para qualquer um que tentasse desenvolver um meio de solucionar quínticas. Parece não lhe ter ocorrido que talvez *não houvesse* tal método, que sua abordagem falhou porque, em geral, as quínticas *não têm* soluções em radicais – que são expressões envolvendo operações aritméticas e várias raízes, tais como raízes quintas. Para confundir mais as coisas, *algumas* quínticas têm, sim, soluções; por exemplo, $x^5 - 2 = 0$ tem a solução $x = \sqrt[5]{2}$. Mas esse é um caso bastante simples, e não realmente típico.

Aliás, todas as equações de quinto grau *têm* soluções; em geral são números complexos, e elas podem ser encontradas numericamente para qualquer precisão. O problema era achar fórmulas algébricas para as soluções.

A busca por uma solução

À medida que as ideias de Lagrange iam se assentando, passou a haver uma crescente sensação de que talvez o problema não pudesse ser resolvido. Quem sabe a equação geral de quinto grau não pudesse ser resolvida por radicais. Gauss parece ter pensado assim, privadamente, mas manifestou a opinião de que não se tratava de um problema que ele achasse valer a pena abordar. É talvez um dos raros casos em que sua intuição do que era importante falhou – outro foi o Último Teorema de Fermat –, mas aqui os métodos necessários estavam além até mesmo de Gauss, e foram necessários dois séculos para surgir. Mas, ironicamente, Gauss já iniciara um pouco da álgebra necessária para provar a insolubilidade da quíntica. Ele a introduzira em seu trabalho sobre construção de polígonos regulares com régua e compasso. E tinha também estabelecido em seu trabalho um precedente, provando (para sua própria satisfação, ao menos) que alguns polígonos não podiam ser construídos dessa maneira. O eneágono regular (polígono de 9 lados) era um exemplo. Gauss sabia disso, mas nunca registrou uma prova; a prova foi suprida um pouco mais tarde por Pierre Wantzel. Assim, Gauss estabelecera um precedente para a proposição de que alguns problemas podiam não ser solucionáveis por determinados métodos.

A primeira pessoa a tentar uma prova para essa impossibilidade foi Paolo Ruffini, que se tornou professor de matemática na Universidade de Módena em 1789. Seguindo as ideias de Lagrange acerca de funções simétricas, Ruffini ficou convencido de que não existe fórmula, envolvendo nada mais difícil do que raízes enésimas, para resolver a equação de quinto grau. Em seu *Teoria geral das equações*, de 1799, alegou uma prova de que "a solução algébrica para equações gerais de grau maior que quatro é sempre impossível". Mas a prova era tão longa – quinhentas páginas – que ninguém estava disposto a conferi-la, especialmente porque havia rumores da existência de erros. Em 1803 Ruffini publicou uma nova prova, simplificada, mas o resultado não foi melhor. Durante sua vida, Ruffini nunca conseguiu obter o crédito por provar que a quíntica é insolúvel.

A contribuição mais importante de Ruffini foi a percepção de que permutações podem ser combinadas entre si. Até então, uma permutação era um rearranjo de alguma coleção de símbolos. Por exemplo, se numerarmos as raízes de uma quíntica como 12345 então esses símbolos podem ser rearranjados como 54321, ou 42153, ou 23154, ou qualquer outra possibilidade. Há 120 arranjos possíveis. Ruffini percebeu que tal rearranjo podia ser encarado de outra forma: como uma receita para rearranjar *qualquer outro conjunto* de cinco símbolos. O truque era comparar a ordem padrão 12345 com a ordem rearranjada. Como exemplo simples, suponhamos que a ordem rearranjada fosse 54321. Então a regra para passar da ordem padrão inicial para a ordem nova era simples: inverter a sequência. Mas é possível inverter a ordem de qualquer sequência de cinco símbolos. Se os símbolos são *abcde*, o inverso é *edcba*. Se os símbolos começam como 23451, o inverso é 15432. Esse novo jeito de encarar uma permutação significava que era possível efetuar duas permutações seguidas – uma espécie de multiplicação de permutações. A álgebra das permutações, multiplicadas dessa forma, continha a chave para os segredos da quíntica.

Abel

Sabemos agora que havia um erro técnico na prova de Ruffini, mas as ideias principais são sólidas e a lacuna pode ser preenchida. Ele conseguiu de fato uma coisa: seu livro conduziu a uma vaga, porém difundida, sensação de que a quíntica não é solúvel por radicais. Dificilmente alguém julgou que Ruffini tivesse *provado* isso, mas os matemáticos começaram a duvidar de que a solução pudesse existir. Infelizmente o principal efeito dessa crença foi dissuadir qualquer um de trabalhar no problema.

Uma exceção foi Abel, um jovem norueguês com um talento precoce para matemática, que julgou ter resolvido a quíntica ainda na escola. Ele acabou descobrindo um erro, mas permaneceu intrigado com o problema e continuou trabalhando nele sem descanso. Em 1823 descobriu uma prova da impossibilidade de resolver a equação de quinto grau,

A ascensão da simetria 235

e essa prova estava completamente correta. Abel usou uma estratégia similar à de Ruffini, mas suas táticas foram melhores. Inicialmente ele não sabia da pesquisa de Ruffini; mais tarde, quando claramente sabia da sua existência, declarou que estava incompleta. No entanto, não se referiu a nenhum problema específico na prova de Ruffini. Por ironia, um dos passos na prova de Abel é exatamente o necessário para preencher a lacuna na de Ruffini.

Podemos ter uma ideia geral dos métodos de Abel sem entrar em demasiados detalhes técnicos. Ele montou o problema fazendo a distinção entre dois tipos de operação algébrica. Suponha que comecemos com várias grandezas – que podem ser números específicos ou expressões algébricas com diversas incógnitas. A partir delas podemos construir muitas outras grandezas. O modo fácil de fazer isso é combinar as grandezas existentes por meio de somas, subtrações, multiplicações ou divisões. Então, a partir de uma simples incógnita x podemos criar expressões como x^2, $3x + 4$ ou $x + \frac{7}{2x-3}$. Algebricamente, todas essas expressões estão sobre a mesma fundação que o próprio x.

A segunda maneira de se obterem novas grandezas a partir das existentes é usar radicais. Pegue uma das já mencionadas modificações inofensivas de grandezas existentes e extraia alguma raiz. Chame esse passo adicional de radical. Se for uma raiz quadrada, dizemos que o grau do radical é 2, se for uma raiz cúbica, o radical é 3, e assim por diante.

Nesses termos, a fórmula de Cardano para cúbicas pode ser resumida como o resultado de um procedimento de dois passos. Começamos com os coeficientes da cúbica (e qualquer combinação inofensiva deles). Adicionamos um radical de grau 2. Depois adicionamos um outro radical de grau 3. É isso aí. Essa descrição nos conta que *tipo* de fórmula surge, mas não exatamente o que é. Com frequência, a chave para responder a uma charada matemática não é focalizar os detalhes finos, mas olhar as características amplas. Menos pode ser mais. Quando funciona, o truque é espetacular, e aqui funcionou magnificamente. Permitiu a Abel reduzir qualquer fórmula hipotética para solucionar a quíntica a seus passos essenciais: extrair alguma sequência de radicais, em alguma ordem, com vários graus. É sempre possível dar um jeito para que os graus sejam primos – por exemplo, uma raiz sexta é uma raiz cúbica de uma raiz quadrada.

Chamemos essa sequência de *torre radical*. Uma equação é solúvel por radicais se pelo menos uma de suas soluções puder ser expressa por uma torre radical. Mas em vez de tentar encontrar uma torre radical, Abel meramente presumiu existir uma torre radical, e perguntou-se qual deveria ser a aparência da equação original.

Sem se dar conta, Abel havia preenchido a lacuna na prova de Ruffini. Mostrou que sempre que uma equação pode ser resolvida por radicais deve existir uma torre radical levando a essa solução, e envolvendo apenas os coeficientes da equação original. É o chamado Teorema das Irracionalidades Naturais, o qual afirma que nada pode ser obtido com a inclusão de uma pilha de grandezas que não estejam relacionadas com os coeficientes originais. Isso deveria ser óbvio, mas Abel percebeu que, de muitas maneiras, é o passo crucial da prova.

A chave da prova de impossibilidade de Abel é um resultado preliminar sagaz. Suponha que tomemos alguma expressão nas soluções x_1, x_2, x_3, x_4, x_5 e tiremos a raiz p-ésima para algum número primo p. Além disso, consideremos que a expressão original permaneça inalterada quando aplicamos duas permutações especiais

$$S: x_1, x_2, x_3, x_4, x_5 \rightarrow x_2, x_3, x_1, x_4, x_5$$

e

$$T: x_1, x_2, x_3, x_4, x_5 \rightarrow x_1, x_2, x_4, x_5, x_3$$

Então, mostrou Abel, a raiz p-ésima dessa expressão fica *também* inalterada quando aplicamos S e T. Esse resultado preliminar leva diretamente à prova do teorema da impossibilidade, "escalando a torre" passo a passo. Admitindo que a quíntica possa ser resolvida por radicais, deve haver uma torre radical que comece com os coeficientes e vá escalando o caminho todo até alguma solução.

O primeiro andar da torre – as inofensivas expressões nos coeficientes – fica inalterado quando aplicamos as permutações S e T, porque elas permutam as soluções, não os coeficientes. Portanto, pelo resultado preliminar de Abel, o segundo andar da torre *também* fica inalterado quando aplicamos S e T, porque chega-se a ele adicionando uma raiz p-ésima de algo no andar térreo, para algum primo p. Pelo mesmo raciocínio, o terceiro andar da torre fica inalterado quando aplicamos S e T. O mesmo ocorre com o quarto andar, o quinto andar, e assim por diante até o último andar.

No entanto, o último andar contém alguma solução da equação. Poderia ser x_1? Se for, então x_1 deve ficar inalterado quando aplicamos S. Mas S aplicado a x_1 dá x_2, não x_1, então não serve. Pelos mesmos motivos, eventualmente usando T, a solução definida pela torre tampouco pode ser x_2, x_3, x_4 ou x_5. *Todas as cinco soluções* são excluídas de uma torre dessas – então a torre hipotética não pode, na verdade, conter uma solução.

Não há como fugir dessa armadilha lógica. A quíntica é insolúvel porque qualquer solução (por radicais) deve ter propriedades autocontraditórias, e portanto não pode existir.

Galois

O objetivo não só da quíntica, mas de todas as equações algébricas, foi então assumido por Évariste Galois, uma das figuras mais trágicas na história da matemática. Galois se propôs a tarefa de determinar quais equações podiam ser resolvidas por radicais e quais não podiam. Como vários de seus predecessores, percebeu que a chave para a solução algébrica de equações era de que modo as soluções se comportavam quando permutadas. O problema dizia respeito à simetria.

Ruffini e Abel tinham percebido que uma expressão nas soluções não precisava ser nem simétrica nem não simétrica. Podia ser parcialmente simétrica: inalterada por algumas permutações mas não por outras. Galois notou que as permutações que fixam alguma expressão nas raízes não formam nenhuma coleção repetida. Possuem um traço simples, característico. Se você pegar duas permutações quaisquer que fixem a expressão e multiplicar uma pela outra, o resultado *também* fixa a expressão. Ele

ÉVARISTE GALOIS
(1811-1832)

Évariste Galois era filho de Nicholas Gabriel Galois e Adelaide Marie Demante. Cresceu na França revolucionária, desenvolvendo opiniões políticas claramente de esquerda. Sua grande contribuição para a matemática ficou sem ser reconhecida até quatorze anos depois da sua morte.

A Revolução Francesa havia começado com a tomada da Bastilha em 1789 e a execução de Luís XVI em 1793. Em 1804 Napoleão Bonaparte proclamou-se imperador, mas após uma série de derrotas militares foi forçado a abdicar e a monarquia foi restaurada em 1814 sob Luís XVIII. Em 1824 Luís morreu e o rei passou a ser Carlos X.

Em 1827 Galois começou a exibir um talento incomum – e uma obsessão – para a matemática. Tentou ingressar na prestigiosa École Polytechnique, mas fracassou no exame. Em 1829 seu pai, então prefeito da cidade, enforcou-se quando seus inimigos políticos inventaram um escândalo falso. Pouco depois, Galois tentou mais uma vez entrar na École Polytechnique e foi novamente reprovado. Foi então para a École Normale.

Em 1830 Galois submeteu suas pesquisas sobre a solução de equações algébricas ao prêmio oferecido pela Academia de Ciências. O árbitro, Fourier, morreu em seguida, e o artigo se perdeu. O prêmio foi para Abel (que então já havia morrido de tuberculose) e para Carl Jacobi. No mesmo ano Carlos X foi deposto e fugiu para não ser morto. O diretor da École Normale trancou seus estudantes para impedir que participassem dos acontecimentos. Galois, furioso, redigiu uma carta sarcástica atacando o diretor pela sua covardia, sendo imediatamente expulso.

Num acordo político, Luís Felipe foi feito rei. Galois juntou-se a uma milícia republicana, a Artilharia da Guarda Nacional, mas o novo rei a aboliu. Dezenove dos oficiais da Guarda foram detidos e julgados por sedição, mas o júri desconsiderou as acusações e a Guarda deu um jantar para comemorar. Galois propôs um brinde irônico ao rei, segurando uma faca na mão. Foi preso, mas absolvido porque (assim alegou ele)

A ascensão da simetria

o brinde fora "Para Luís Felipe, se ele trair", e não uma ameaça à vida do rei. Mas no Dia da Bastilha, Galois foi preso novamente, por vestir o então ilegal uniforme da Guarda.

Na prisão, ouviu o que havia acontecido com seu artigo. Poisson o rejeitara por ser insuficientemente claro. Galois tentou se matar, mas os outros prisioneiros o impediram. Seu ódio pela oficialidade se tornou extremo, e ele chegou a exibir sinais de paranoia. Quando teve início uma epidemia de cólera, os prisioneiros foram libertados.

A essa altura Galois apaixonou-se por uma mulher cujo nome foi por muitos anos um mistério; por fim descobriu-se que ela era Stephanie du Motel, filha do médico na hospedagem de Galois. O romance não prosperou, com Stephanie pondo um fim a ele. Um dos camaradas revolucionários de Galois então o desafiou para um duelo, aparentemente por causa de Stephanie. Uma teoria plausível apresentada por Tony Rothman é que o adversário tenha sido Ernest Duchâtelet, que estivera preso junto com Galois. O duelo parece ter sido na forma de roleta-russa, envolvendo a escolha ao acaso de duas pistolas, apenas uma delas carregada, e disparada a uma distância impossível de errar o alvo. Galois escolheu a pistola errada, foi baleado na barriga e morreu no dia seguinte.

Na noite anterior ao duelo, escreveu um longo resumo de suas ideias matemáticas, inclusive a descrição de sua prova de que todas as equações de grau 5 ou mais não podem ser resolvidas por radicais. Nesse trabalho ele desenvolveu o conceito de um grupo de permutações e deu os primeiros passos importantes rumo à teoria dos grupos. Seu manuscrito quase se perdeu, mas acabou chegando às mãos de Joseph Liouville, um membro da Academia. Em 1843 Liouville dirigiu-se à Academia, dizendo que nos papéis de Galois ele encontrara uma solução "tão correta quanto profunda desse adorável problema: dada uma equação irredutível de grau primo, decidir ou não se é solúvel por radicais". Liouville publicou os artigos de Galois em 1846, finalmente tornando-os acessíveis à comunidade matemática.

chamou tal sistema de permutações de *grupo*. Uma vez que se perceba que isso é verdade, fica muito fácil provar. O truque é notar, e reconhecer seu significado.

O desfecho das ideias de Galois é que a quíntica não pode ser resolvida por radicais porque tem *o tipo errado de simetrias*. O grupo de uma equação quíntica geral consiste em todas as permutações das cinco soluções. A estrutura algébrica desse grupo é inconsistente com uma solução por radicais.

Galois trabalhou em diversas outras áreas da matemática, fazendo descobertas igualmente profundas. Em especial, generalizou a aritmética modular para classificar o que hoje chamamos de *campos de Galois*. São sistemas finitos nos quais as operações aritméticas de adição, subtração, multiplicação e divisão podem ser definidas, e todas as leis usuais se aplicam. O tamanho de um campo de Galois é sempre uma potência de um número primo, e há exatamente um campo desses para cada potência prima.

Jordan

O conceito de grupo surgiu inicialmente de forma clara no trabalho de Galois, embora com indícios anteriores nos escritos épicos de Ruffini e nas elegantes pesquisas de Lagrange. Uma década após as ideias de Galois se tornarem amplamente acessíveis, graças a Liouville, a matemática estava de posse de uma bem-desenvolvida *teoria* dos grupos. O principal arquiteto dessa teoria foi Camille Jordan, cuja obra de 667 páginas, *Tratado das substituições e das equações algébricas*, foi publicada em 1870. Jordan desenvolveu todo o tema de forma sistemática e abrangente.

O envolvimento de Jordan com a teoria dos grupos começou em 1867, quando exibiu o profundo elo com a geometria de maneira bem explícita, classificando os tipos básicos de movimento de um corpo rígido no espaço euclidiano. Mais importante, fez uma excelente tentativa de classificar como esses movimentos podiam ser combinados em grupos. Sua principal motivação era a pesquisa em cristalografia de Auguste Bravais, que deu início ao estudo matemático das simetrias cristalinas, especialmente a grade atômica subjacente. Os artigos de Jordan generalizaram o trabalho de Bravais. Ele anunciou sua classificação em 1867 e publicou detalhes em 1868-69.

Tecnicamente, Jordan lidou apenas com grupos *fechados*, nos quais o limite de qualquer sequência de movimentos no grupo é também um movimento no mesmo grupo. Eles incluem todos os grupos finitos, por razões triviais, e também grupos como todas as rotações de um círculo em torno de seu centro. Um exemplo típico de grupo não fechado, não considerado por Jordan, poderia ser todas as rotações de um círculo em torno de seu centro por meio de múltiplos racionais de $360°$. Esse grupo existe, mas não satisfaz a propriedade do limite (porque, por exemplo, deixa de incluir rotações de $360 \times \sqrt{2}$ graus, pois $\sqrt{2}$ não é racional). Os grupos não fechados de movimentos são enormemente variados e quase com certeza estão além de qualquer classificação razoável. Os fechados são tratáveis, mas difíceis.

Os principais movimentos rígidos no plano são translações, rotações, reflexões e reflexões deslizadas. No espaço tridimensional também en-

---

O que a teoria dos grupos fez por eles

Uma das primeiras aplicações sérias da teoria dos grupos na ciência foi a classificação de todas as estruturas possíveis de cristais. O átomo num cristal forma uma grade regular tridimensional, e o principal ponto matemático é listar todas as possíveis simetrias de tais grades, porque elas formam as simetrias do cristal.

Em 1891 Evgraf Fedorov e Arthur Schönflies provaram que há exatamente 230 grupos espaciais cristalográficos distintos. William Barlow obteve uma lista similar, mas incompleta.

Técnicas modernas para encontrar a estrutura de moléculas biológicas, tais como proteínas, baseiam-se em raios X atravessando um cristal formado por essa molécula e observando os padrões de difração resultantes. As simetrias do cristal são importantes na dedução do formato da molécula envolvida, assim como a análise de Fourier.

contramos movimentos de parafuso, como o de um saca-rolhas: o objeto sofre translação ao longo de um eixo fixo e simultaneamente gira em torno desse mesmo eixo.

Jordan começou com grupos de translações, e listou dez tipos, todos sendo misturas de translações contínuas (de qualquer distância) em algumas direções e translações discretas (por múltiplos inteiros de uma distância fixa) em outras direções. Listou também os principais grupos finitos de rotações e reflexões: cíclico, diédrico, tetraédrico, octaédrico e icosaédrico. Distinguiu o grupo O (2) de todas as rotações e reflexões que deixam uma reta fixa no espaço, o *eixo*, e o grupo O (3) de todas as rotações e reflexões que deixam um ponto fixo no espaço, o *centro*.

Mais tarde ficou claro que a lista estava incompleta. Por exemplo, ele deixara de fora alguns dos grupos cristalográficos mais sutis no espaço tridimensional. Mas seu trabalho foi um passo fundamental rumo à compreensão dos movimentos rígidos euclidianos, que são importantes em mecânica, bem como no corpo principal da matemática pura.

O livro de Jordan tem um escopo realmente vasto. Começa com aritmética modular e campos de Galois, que além de prover exemplos de grupos também constituem uma base essencial para o restante do livro. O terço do meio trata de grupos de permutações, que Jordan chama de substituições. Ele estrutura as ideias básicas de subgrupos normais, que são o que Galois usou para mostrar que o grupo de simetria da quíntica é inconsistente com a solução por radicais, e prova que esses subgrupos podem ser usados para dividir um grupo geral em pedaços mais simples. Prova que os tamanhos desses pedaços não dependem de como o grupo original é dividido. Em 1889, Otto Hölder melhorou esse resultado, interpretando os pedaços como grupo em si, e provou que sua estrutura de grupo, e não apenas seu tamanho, independe de como o grupo é dividido. Hoje esse resultado é chamado de Teorema de Jordan-Hölder.

Um grupo é *simples* se não pode ser dividido dessa maneira. O Teorema de Jordan-Hölder efetivamente nos diz que os grupos simples se relacionam com grupos gerais da mesma forma que átomos se relacionam com moléculas em química. Grupos simples são os componentes atômicos

A ascensão da simetria 243

de todos os grupos. Jordan provou que o grupo alternante A_n, que compreende todas as permutações de n símbolos que formam um número par de pares de símbolos, é simples sempre que $n \geq 5$. Essa é a principal razão teórica nos grupos de a quíntica ser insolúvel por radicais.

Um importante desenvolvimento novo foi a teoria de Jordan das substituições lineares. Aqui as transformações que compõem o grupo não são permutações de um conjunto finito, mas mudanças lineares de uma lista finita de variáveis. Por exemplo, três variáveis x, y, z podem se transformar em novas variáveis X, Y, Z por meio de equações lineares

$$X = a_1 x + a_2 y + a_3 z$$
$$Y = b_1 x + b_2 y + b_3 z$$
$$Z = c_1 x + c_2 y + c_3 z$$

onde os a, b e c são constantes. Para tornar os grupos finitos, Jordan geralmente tomava essas constantes como sendo elementos dos inteiros módulo algum primo, ou, mais comumente, um campo de Galois.

Também em 1869, Jordan desenvolveu sua versão da teoria de Galois e a incluiu no *Tratado*. Ele provou que uma equação é solúvel se, e somente se, seu grupo é solúvel, o que significa que os componentes simples precisam ser todos de ordem prima. E aplicou a teoria de Galois a problemas geométricos.

Simetria

A busca de 4 mil anos para solucionar equações algébricas de quinto grau sofreu uma interrupção abrupta quando Ruffini, Abel e Galois provaram que não era possível uma solução por radicais. Embora fosse um resultado negativo, teve enorme influência no desenvolvimento subsequente tanto da matemática como da ciência. Isso ocorreu porque o método introduzido para provar a impossibilidade acabou se revelando essencial para a compreensão tanto da matemática como da ciência.

O que a teoria dos grupos faz por nós

A teoria dos grupos é agora indispensável em toda a matemática, e seu uso em ciência é amplamente disseminado. Em particular, ela surge em teorias de padrão de formação em muitos contextos científicos diferentes.

Um exemplo é a teoria das equações de reação-difusão, apresentada por Alan Turing em 1952 como uma possível explicação de padrões simétricos em manchas de animais malhados. Nessas equações, um sistema de compostos químicos pode se difundir através de uma região do espaço, e esses compostos podem também reagir para produzir compostos novos. Turing sugeriu que parte desse processo poderia estabelecer um padrão no desenvolvimento do embrião animal, que posteriormente poderia se transformar em pigmentos, revelando o padrão no animal adulto.

Para simplificar, vamos supor que essa região seja um plano. Então as equações são simétricas para todos os movimentos rígidos. A única solução das equações que é simétrica para todos os movimentos rígidos é um estado uniforme, igual em toda parte. Isso se traduziria num animal sem quaisquer manchas específicas, inteiramente da mesma cor.

Um modelo matemático e um peixe. Ambos mostram padrões de Turing.

> No entanto, o estado uniforme pode ser instável, e nesse caso a solução
> real observada será simétrica para alguns movimentos rígidos, mas não
> para outros. Esse processo é chamado *quebra de simetria*.
>
> Um típico padrão de quebra de simetria no plano consiste em faixas
> paralelas. Outro é um arranjo regular de pintas. Padrões mais compli-
> cados também são possíveis. É interessante que faixas e pintas este-
> jam entre os padrões mais comuns em animais malhados, e muitos dos
> padrões matemáticos mais complicados também são encontrados em
> animais. O processo biológico real, envolvendo efeitos genéticos, deve
> ser mais complicado do que Turing presumiu, mas a quebra de simetria
> subjacente deve ser matematicamente muito similar.

Os efeitos foram profundos. A teoria dos grupos levou a uma visão mais abstrata da álgebra e, como consequência, a uma visão mais abstrata da matemática. Embora muitos cientistas práticos tenham, a princípio, se oposto ao movimento rumo à abstração, acabou ficando claro que métodos abstratos são muitas vezes mais poderosos do que métodos concretos, e a maior parte da oposição desapareceu. A teoria dos grupos também deixou claro que resultados negativos ainda podem ser importantes, e que a insistência numa prova pode às vezes levar a descobertas fundamentais. Imagine que os matemáticos tivessem simplesmente admitido, sem prova nenhuma, que as quínticas não podem ser resolvidas, apenas com o argumento plausível de que ninguém conseguia encontrar solução. Então ninguém teria inventado a teoria dos grupos para explicar por que não podiam ser resolvidas. Se os matemáticos tivessem tomado o caminho mais fácil, e suposto que a solução era impossível, a matemática e a ciência seriam uma pálida sobra do que são atualmente.

É por isso que os matemáticos insistem numa prova.

14. A álgebra se torna adulta
Números dão lugar a estruturas

Em 1860 a teoria dos grupos de permutações estava bem-desenvolvida. A teoria da invariância – expressões algébricas que não mudam quando são executadas certas mudanças da variável – havia chamado a atenção para vários conjuntos infinitos de transformações, tais como o *grupo projetivo* de todas as projeções do espaço. Em 1868 Camille Jordan estudara grupos no espaço tridimensional, e as duas vertentes começaram a se fundir.

Conceitos sofisticados

Um novo tipo de álgebra começou a aparecer, no qual os objetos de estudo não eram incógnitas, porém conceitos mais sofisticados: permutações, transformações, matrizes. Os processos de ontem passaram a ser os objetos de hoje. As seculares regras da álgebra com frequência precisavam ser modificadas para ajustar-se às necessidades dessas novas estruturas. Junto com os grupos, os matemáticos começaram a estudar estruturas chamadas anéis e campos, e uma variedade de álgebras.

Um estímulo para essa mudança de visão das álgebras veio das equações diferenciais parciais, da mecânica e da geometria: o desenvolvimento dos grupos de Lie e das álgebras de Lie. Outra fonte de inspiração foi a teoria dos números: aqui números algébricos podiam ser usados para resolver equações diofantinas, entender leis de reciprocidade e até mesmo atacar o Último Teorema de Fermat. De fato, a culminação de tais empreitadas foi a prova do Último Teorema de Fermat por Andrew Wiles em 1995.

Lie e Klein

Em 1869 o matemático norueguês Sophus Lie fez amizade com o matemático prussiano Felix Klein. Tinham em comum o interesse pela geometria da linha, uma ramificação da geometria projetiva introduzida por Julius Plücker. Lie concebeu uma ideia altamente original: a teoria de Galois das equações algébricas deveria ter uma análoga para equações diferenciais. Uma equação algébrica pode ser resolvida por radicais apenas se tiver os tipos certos de simetria – isto é, se tiver um grupo de Galois solúvel. Analogamente, sugeriu Lie, uma equação diferencial pode ser resolvida por métodos clássicos apenas quando a equação permanece inalterada para uma família de transformações contínuas. Lie e Klein trabalharam em variações dessa ideia durante 1869-70, e o trabalho culminou em 1872 com a caracterização de Klein da geometria como invariantes de um grupo, estabelecida em seu programa de Erlangen.

Esse programa evoluiu de uma nova maneira de pensar sobre a geometria euclidiana, em termos de simetrias. Jordan já mostrara que as simetrias no plano euclidiano são movimentos rígidos de diversos tipos: translações, que fazem o plano deslizar em alguma direção; rotações, que o giram ao redor de um ponto fixo; reflexões, que o rebatem em relação a uma linha fixa; e, menos óbvias, reflexões deslizadas, que o refletem e depois o trasladam numa direção perpendicular à linha do espelho. Essas transformações formam um grupo, *o grupo euclidiano*, e são rígidas no sentido de que não alteram distâncias – portanto também não alteram ângulos. Como sabemos, comprimentos e ângulos são os conceitos básicos da geometria euclidiana. Logo, Klein percebeu que esses conceitos são os invariantes do grupo euclidiano, as grandezas que não mudam quando se aplica uma transformação do grupo.

Na verdade, se conhecemos o grupo euclidiano, podemos deduzir seus invariantes, e deles obtemos a geometria euclidiana.

O mesmo vale para outros tipos de geometria. A geometria elíptica é o estudo dos invariantes do grupo de movimentos rígidos num espaço com curvatura positiva; a geometria hiperbólica é o estudo dos invariantes de um espaço com curvatura negativa; e a geometria projetiva é o estudo dos invariantes do grupo de projeções, e assim por diante. Assim como as coordenadas relacionam a álgebra com a geometria, os invariantes relacionam a teoria de grupo com a geometria. Cada geometria define um grupo correspondente, o grupo de todas as transformações que preservam os conceitos geométricos relevantes. Inversamente, todo grupo de transformações define uma geometria correspondente, a dos invariantes.

Klein usou essa correspondência para provar que certas propriedades eram essencialmente as mesmas que outras, porque seus grupos eram idênticos, a não ser pela interpretação. A mensagem mais profunda é que qualquer geometria é definida por suas simetrias. Há uma exceção: a geometria de superfícies de Riemann, cuja curvatura pode mudar de um ponto a outro. Ela não se encaixa direito no programa de Klein.

Grupos de Lie

A pesquisa conjunta de Lie e Klein levou Lie a apresentar uma das ideias mais importantes da matemática moderna, a ideia de um grupo de transformações contínuas, hoje conhecido como *grupo de Lie*. Trata-se de um conceito que revolucionou a matemática e a física, porque os grupos de Lie captam muitas das simetrias mais significativas do universo físico, e a simetria é um princípio organizador poderoso – tanto para a filosofia subjacente de como representar matematicamente a natureza como para cálculos técnicos.

Sophus Lie criou a teoria dos grupos de Lie num surto de atividade que começou no outono de 1873. O conceito de grupo de Lie evoluiu de maneira considerável desde os primeiros trabalhos do matemático. Em termos modernos, um grupo de Lie é uma estrutura que tem tanto propriedades algébricas como topológicas, e as duas estão relacionadas. De modo específico, é um grupo (um conjunto com uma operação de composição que satisfaz várias identidades algébricas, mais notavelmente a propriedade associativa) e uma variedade topológica (um espaço que localmente

A álgebra se torna adulta

se assemelha ao espaço euclidiano de alguma dimensão fixa, mas que pode ser curvo ou de algum modo distorcido no nível global), de tal maneira que a lei de composição seja contínua (pequenas alterações nos elementos sendo compostos produzem pequenas alterações no resultado). O conceito de Lie era mais concreto: um grupo de transformações contínuas em muitas variáveis. Ele foi levado a estudar tais grupos de transformação enquanto buscava uma teoria para a solubilidade ou insolubilidade de equações diferenciais, análoga à de Évariste Galois para equações algébricas. Hoje, porém, elas surgem a partir de uma enorme diversidade de contextos matemáticos, e a motivação original de Lie não é a aplicação mais importante.

Talvez o exemplo mais simples de um grupo de Lie seja o conjunto de todas as rotações de um círculo. Cada rotação é individualmente determinada por um ângulo entre $0°$ e $360°$. O conjunto é um grupo porque a composição de duas rotações é uma rotação – mediante a soma dos ângulos correspondentes. É uma variedade de dimensão um porque existe uma relação biunívoca entre os ângulos e pontos sobre uma circunferência, e pequenos arcos de circunferência são apenas segmentos lineares ligeiramente encurvados, sendo a linha o espaço euclidiano de dimensão um. Por fim, a lei da composição é contínua porque a adição de pequenas variações nos ângulos produz pequenas variações em sua soma.

Um exemplo mais desafiador é o grupo de todas as rotações do espaço tridimensional que preservam uma origem escolhida. Cada rotação é determinada por um eixo – uma reta que passa pela origem numa direção arbitrária – e um ângulo de rotação em volta desse eixo. São necessárias duas variáveis para determinar um eixo (digamos a latitude e a longitude do ponto no qual ele cruza com uma esfera de referência com centro na origem) e uma terceira para determinar o ângulo de rotação, portanto esse grupo tem dimensão três. Diferentemente do grupo de rotações de um círculo, ele é não comutativo – o resultado de duas transformações combinadas depende da ordem em que são realizadas.

Em 1873, após um desvio pelas EDPs, Lie retornou aos grupos de transformações, investigando propriedades de transformações infinitesimais. Ele mostrou que transformações infinitesimais derivadas de um

FELIX KLEIN
(1849-1925)

Felix Klein nasceu em Düsseldorf numa família de classe alta – seu pai era secretário do chefe de governo prussiano. Frequentou a Universidade de Bonn, planejando tornar-se físico, mas tornou-se assistente de laboratório de Julius Plücker. Plücker deveria estar trabalhando em matemática e física experimental, mas seus interesses haviam se concentrado em geometria, e Klein acabou sofrendo sua influência. A tese de Klein em 1868 foi sobre geometria de linha aplicada à mecânica.

Em 1870 ele estava trabalhando com Lie na teoria dos grupos e em geometria diferencial. Em 1871 descobriu que a geometria não euclidiana é a geometria de uma superfície projetiva com uma seção cônica distinta. Esse fato provou, de forma óbvia e direta, que a geometria não euclidiana é logicamente consistente se a geometria euclidiana também for. Isso praticamente selou em definitivo o fim da controvérsia sobre o status da geometria não euclidiana.

Em 1872 Klein tornou-se professor em Erlangen, e no seu programa de Erlangen de 1872 ele unificou quase todos os tipos de geometria e esclareceu elos entre eles, considerando geometria como os invariantes de um grupo de transformações. A geometria tornou-se assim um ramo da teoria dos grupos. Ele escreveu esse artigo para seu pronunciamento inaugural, mas não chegou realmente a apresentá-lo nessa ocasião. Julgando Erlangen incompatível, mudou-se em 1875 para Munique. Casou-se com Anne Hegel, neta do famoso filósofo. Cinco anos depois foi para Leipzig, onde progrediu matematicamente.

Klein acreditava que seu melhor trabalho estava na teoria das funções complexas, onde fez estudos profundos de funções invariantes para vários grupos de transformações do plano complexo. Nesse contexto desenvolveu especificamente a teoria do grupo simples de or-

A álgebra se torna adulta

dem 168. Envolveu-se numa rivalidade com Poincaré para solucionar o problema da uniformização de funções complexas, mas sua saúde se deteriorou, provavelmente por causa do intenso esforço exigido.

Em 1886 Klein foi nomeado professor na Universidade de Göttingen, e concentrou-se em administração, construindo uma das melhores escolas de matemática do mundo. Permaneceu ali até aposentar-se, em 1913.

grupo contínuo *não* são fechadas sob composição, mas *são* fechadas sob uma nova operação conhecida como *colchete*, escrita $[x, y]$. Em notação matricial essa operação é o comutador $xy - yx$ de x e y. A estrutura algébrica resultante é agora conhecida como *álgebra de Lie*. Até 1930, mais ou menos, os termos grupo de Lie e álgebra de Lie não eram usados: em vez disso, esses conceitos eram citados como grupo contínuo e grupo infinitesimal, respectivamente.

Existem interconexões fortes entre a estrutura de um grupo de Lie e a estrutura de sua álgebra de Lie, expostas por ele numa obra em três volumes *Teoria dos grupos de transformação*, escrita em conjunto com Friedrich Engel. Eles discutem detalhadamente quatro famílias de grupos clássicas, duas das quais são os grupos de rotação num espaço n-dimensional, para n par ou ímpar. Os dois casos são bastante diferentes, por isso são diferenciados. Por exemplo, em dimensões ímpares uma rotação sempre possui um eixo fixo; em dimensões pares não possui.

Killing

O passo seguinte realmente substancial foi dado por Wilhelm Killing. Em 1888, Killing firmou os alicerces de uma teoria estrutural para as álgebras de Lie, e em particular classificou todas as álgebras de Lie *simples*, os blocos construtivos básicos a partir dos quais todas as outras álgebras de Lie se compõem. Killing começou da estrutura conhecida das álgebras de Lie mais diretamente simples, as álgebras de Lie *lineares especiais* sl(n), para $n \geq 2$. Comecemos com todas as matrizes $n \times n$ com entradas complexas, e seja o colchete de Lie de duas matrizes A e B, $AB - BA$. Essa álgebra de Lie não é simples, mas a subálgebra, sl(n), de todas as matrizes cujos termos diagonais somam zero, é simples. Tem a dimensão $n^2 - 1$.

Killing conhecia a estrutura dessa álgebra, e mostrou que qualquer álgebra de Lie simples tinha um tipo de estrutura semelhante. É extraordinário que ele pudesse provar algo tão específico, começando apenas com o conhecimento de que a álgebra de Lie é simples. Seu método foi associar a cada álgebra de Lie simples uma estrutura geométrica conhecida como *sistema de raízes*. Ele empregou métodos de álgebra linear para estudar e classificar sistemas de raízes, e então deduzir a estrutura da álgebra de Lie correspondente a partir da estrutura do sistema de raízes. Logo, classificar as geometrias dos sistemas de raízes possíveis é na realidade a mesma coisa que classificar as álgebras de Lie simples.

A conclusão do trabalho de Killing é notável. Ele provou que as álgebras de Lie simples recaem em quatro famílias infinitas, agora chamadas A_n, B_n, C_n e D_n. Além disso, havia cinco exceções: G_2, F_4, E_6, E_7 e E_8. Killing na verdade pensou haver seis exceções, mas duas delas acabaram se revelando a mesma álgebra com roupagens diferentes. As dimensões das álgebras de Lie excepcionais são 12, 56, 78, 133 e 248. Elas permanecem um pouco misteriosas, embora agora possamos entender de forma relativamente clara por que existem.

Grupos de Lie simples

Por causa da estreita ligação entre um grupo de Lie e sua álgebra de Lie, a classificação de álgebras de Lie simples levou também à classificação dos grupos de Lie simples. Em particular as quatro famílias A_n, B_n, C_n e D_n são as álgebras de Lie das quatro famílias clássicas de grupos de transformações. Eles são, respectivamente, o grupo de todas as transformações

A álgebra se torna adulta

lineares num espaço dimensional $n + 1$, o grupo de rotações num espaço dimensional $2n + 1$, o grupo simplético em $2n$ dimensões, que é importante em mecânica clássica e quântica, bem como óptica, e o grupo de rotações num espaço dimensional $2n$. Alguns toques finais nessa história foram acrescentados mais tarde; a saber, a introdução, feita por Harold Scott MacDonald Coxeter e Eugene (Evgenii) Dynkin, de uma abordagem gráfica para a análise combinatória de sistemas de raízes, hoje conhecida como *diagramas de Coxeter-Dynkin*.

Os grupos de Lie são importantes na matemática moderna por muitas razões. Por exemplo, em mecânica muitos sistemas têm simetrias, e essas simetrias possibilitam encontrar soluções das equações dinâmicas. As simetrias formam, em geral, um grupo de Lie. Em física matemática, o estudo das partículas elementares se baseia fortemente no aparato dos grupos de Lie, mais uma vez por causa de certos princípios de simetria. O grupo de exceção E_8 de Killing desempenha um papel importante na teoria das supercordas, uma importante abordagem atual para a unificação da mecânica quântica e da relatividade geral. A descoberta épica de Simon Donaldson, em 1983, de que o espaço euclidiano quadridimensional possui estruturas diferenciáveis distintas do padrão repousa, fundamentalmente, sobre uma característica incomum do grupo de Lie de todas as rotações no espaço quadridimensional. A teoria dos grupos de Lie é vital para a totalidade da matemática moderna.

Grupos abstratos

No programa de Erlangen de Klein é essencial que os grupos envolvidos consistam em transformações; ou seja, os elementos do grupo atuam em algum espaço. Grande parte do trabalho inicial com grupos assumia essa estrutura. Mas pesquisas posteriores exigiram um pouco mais de abstração: reter a propriedade do grupo mas jogar fora o espaço. Um grupo consistia de entidades matemáticas que podiam ser combinadas para fornecer entidades semelhantes, mas essas entidades não precisavam ser transformações.

Números são um exemplo. Dois números (inteiros, racionais, reais, complexos) podem ser somados, e o resultado é um número do mesmo tipo. Números formam um grupo sob a operação de adição. Mas números não são transformações. Assim, mesmo que o papel dos grupos como transformações tenha unificado a geometria, a premissa de um espaço subjacente precisou ser jogada fora para unificar a teoria dos grupos.

Entre os primeiros a chegar perto de dar esse passo estava Arthur Cayley, em três artigos de 1849 e 1854, nos quais dizia que um grupo compreende um conjunto de *operadores* 1, a, b, c, e assim por diante. O composto ab de quaisquer dois operadores precisa ser outro operador; o operador especial 1 satisfaz $1a = a$ e $a1 = a$ para todos os operadores a; por fim, a propriedade associativa $(ab)c = a(bc)$ deve valer. Mas seus operadores ainda operavam em algo concreto (um conjunto de variáveis). Além disso, ele tinha omitido uma propriedade crucial: que todo a deve ter um inverso a' tal que $a'a = aa' = 1$. Logo, Cayley chegou perto, mas errou por um fio.

Em 1858 Richard Dedekind permitiu que os elementos do grupo fossem entidades arbitrárias, não só transformações ou operadores, mas incluiu a propriedade comutativa $ab = ba$ em sua definição. Sua ideia foi boa para o propósito pretendido, a teoria dos números, mas excluía a maioria dos grupos interessantes na teoria de Galois, para não falar no mundo matemático mais amplo. O conceito moderno de grupo abstrato foi introduzido por Walther van Dyck em 1882-83. Ele incluiu a existência de um inverso, mas rejeitou a necessidade da propriedade comutativa. Tratamentos axiomáticos de grupos perfeitamente desenvolvidos foram fornecidos logo depois – por Edward Huntington e Eliakim Moore em 1902 e por Leonard Dickson em 1905.

Com a estrutura abstrata dos grupos agora separada de qualquer interpretação específica, o tema evoluiu rapidamente. As primeiras pesquisas consistiram basicamente em "coleções de borboletas" – as pessoas estudavam exemplos de grupos específicos, ou tipos especiais, à procura de padrões comuns. Os principais conceitos e técnicas surgiram relativamente depressa, e o assunto progrediu.

Teoria dos números

Outra fonte importante de novos conceitos algébricos foi a teoria dos números. Gauss deu início ao processo quando introduziu o que agora conhecemos como *inteiros gaussianos*. São os números complexos $a + bi$, onde a e b são inteiros. Somas e produtos desses números também têm a mesma forma. Gauss descobriu que o conceito de número primo generaliza-se para inteiros gaussianos. Um inteiro gaussiano é *primo* se não pode ser expresso como produto de dois outros inteiros gaussianos de maneira não trivial. A fatoração em primos para inteiros gaussianos é especial. Alguns primos comuns, como 3 e 7, permanecem primos quando considerados inteiros gaussianos, mas outros não: por exemplo $5 = (2 + i)(2 - i)$. Isso está intimamente relacionado com o teorema de Fermat sobre primos e somas de dois quadrados, e os inteiros gaussianos iluminam esse teorema e seus parentes.

Se dividirmos um inteiro gaussiano por outro, o resultado não precisa ser um inteiro gaussiano, mas fica perto: ele é da forma $a + bi$, onde a e b são racionais. Esses são os *números gaussianos*. Mais genericamente, os teóricos dos números descobriram que algo similar vale se tomarmos qualquer polinômio $p(x)$ com coeficientes inteiros, e então considerarmos todas as combinações lineares $a_1 x_1 + \ldots + a_n x_n$ de suas soluções $x_1, \ldots, x_n$. Tomando $a_1, \ldots, a_n$ racionais, obtemos um sistema de números complexos que é *fechado* sob adição, subtração, multiplicação e divisão – significando que quando tais operações são aplicadas a esses números, o resultado é um número da mesma espécie. Esse sistema constitui um *campo numérico algébrico*. Se em vez disso fizermos $a_1, \ldots, a_n$ inteiros, o sistema é fechado sob adição, subtração e multiplicação, mas não divisão: é um *anel numérico algébrico*.

A aplicação mais ambiciosa desses novos sistemas numéricos foi o Último Teorema de Fermat: a afirmação de que a equação de Fermat $x^n + y^n = z^n$ não tem soluções de números inteiros quando a potência n é três ou mais. Ninguém conseguiu reconstruir a suposta "prova notável" de Fermat e parecia cada vez mais duvidoso que ele tivesse tido alguma prova. No entanto, algum progresso foi feito. Fermat achou provas para cubos e quartas potências, Peter Lejeune-Dirichlet lidou com quintas potências em 1828 e Henri Lebesgue achou uma prova para a sétima potência em 1840.

Em 1847, Gabriel Lamé reivindicou uma prova para todas as potências, mas Ernst Eduard Kummer apontou um erro. Lamé havia admitido sem prova que a singularidade da fatoração em primos é válida para números algébricos, mas isso é *falso* para alguns (na verdade, a maioria) dos campos numéricos algébricos. Kummer mostrou que a singularidade falha para o campo numérico algébrico que surge no estudo do Último Teorema de Fermat para a potência 23. Mas Kummer não desistiu facilmente, e conseguiu contornar o obstáculo inventando um novo dispositivo matemático, a teoria dos números ideais. Em 1847 ele já liquidara com o Último Teorema de Fermat para todas as potências até 100, exceto 37, 59 e 67. Desenvolvendo equipamento extra, Kummer e Dimitri Mirimanoff liquidaram também esses casos em 1857. Na década de 1980 métodos semelhantes provaram todos os casos até a potência 150.000, mas o método estava ficando sem gás.

Anéis, campos e álgebras

A noção de número ideal de Kummer era incômoda, e Dedekind a reformulou em termos de ideais, subsistemas especiais de inteiros algébricos. Pelas mãos da escola de Hilbert em Göttingen, e em particular por Emmy Noether, toda a área foi colocada sobre fundações axiomáticas. Junto com os grupos, três outros tipos de sistema algébrico foram definidos por uma apropriada lista de axiomas: anéis, campos e álgebras.

Num *anel*, são definidas as operações de adição, subtração e multiplicação, e satisfazem as propriedades habituais da álgebra, exceto a comutativa para a multiplicação. Se essa propriedade vigorar também, teremos um *anel comutativo*.

Num *campo*, são definidas as operações de adição, subtração, multiplicação e divisão, e satisfazem todas as propriedades habituais da álgebra, inclusive a comutativa para a multiplicação. Se essa lei falhar, teremos um *anel de divisão*.

EMMY AMALIE NOETHER
(1882-1935)

Emmy Noether era filha do matemático Max Noether e de Ida Kaufmann, ambos de origem judaica. Em 1900 ela se qualificou para ensinar idiomas, mas em vez disso decidiu que seu futuro era a matemática. Naquela época as universidades alemãs permitiam que as mulheres fizessem cursos extraoficialmente, contanto que o professor desse permissão, e ela estudou de 1900 a 1902. Então foi para Göttingen, e assistiu às aulas de Hilbert, Klein e Minkowski em 1903 e 1904.

Obteve o doutorado em 1907, sob a orientação do teórico dos invariantes Paul Gordan. Para homens, o passo seguinte seria a habilitação para docência, que não era permitida a mulheres. Ela ficou em casa, em Erlangen, ajudando o pai inválido, mas continuou sua pesquisa e sua reputação cresceu rapidamente.

Em 1915 foi convidada a voltar para Göttingen por Klein e Hilbert, que lutava para mudar as regras de modo a permitir-lhe que seguisse adiante na docência. Finalmente conseguiram, em 1919. Logo depois da sua chegada, ela provou um teorema fundamental, frequentemente chamado Teorema de Noether, relacionando as simetrias de um sistema físico com as leis da conservação. Um pouco de seu trabalho foi usado por Einstein para formular partes da relatividade geral. Em 1921 escreveu um artigo sobre a teoria dos anéis e ideais, sob um ponto de vista axiomático abstrato. Seu trabalho constituiu uma porção significativa do texto clássico de Bartel Leendert van der Waerden, *Moderne Algebra*.

Quando a Alemanha caiu sob o domínio nazista ela foi demitida por ser judia, e deixou a Alemanha para assumir um posto nos Estados Unidos. Van der Waerden disse que, para ela, "relações entre números, funções e operações tornavam-se transparentes, dóceis para generalização e produtivas somente depois de terem sido ... reduzidas às relações conceituais gerais".

Uma *álgebra* é como um anel, mas seus elementos também podem ser multiplicados por várias constantes, números reais, números complexos ou – no caso mais geral – por um campo. As propriedades da adição são as habituais, mas a multiplicação poderá satisfazer uma variedade de diferentes axiomas. Se for associativa, teremos uma álgebra associativa. Se satisfizer algumas propriedades do comutador $xy - yx$, será uma álgebra de Lie.

Há dezenas, talvez centenas, de tipos diferentes de estrutura algébrica, cada um com sua própria lista de axiomas. Alguns foram inventados simplesmente para explorar as consequências de axiomas interessantes, mas a maioria surgiu porque eram necessários em algum problema específico.

Grupos simples finitos

O ponto alto da pesquisa com grupos finitos no século XX foi o êxito na classificação de todos os grupos simples finitos. Isso conquistou para os grupos finitos a mesma coisa que Killing conquistara para os grupos de Lie e suas álgebras de Lie. Ou seja, proporcionou uma descrição completa de todos os blocos construtivos básicos possíveis para grupos finitos, os grupos *simples*. Se os grupos são moléculas, os grupos simples são os átomos que as compõem.

A classificação de Killing dos grupos de Lie simples provou que eles devem pertencer a uma das quatro famílias infinitas, A_n, B_n, C_n e D_n, com exatamente cinco exceções, G_2, F_4, E_6, E_7 e E_8. A classificação final de todos os grupos simples finitos foi conseguida por matemáticos demais para mencionar individualmente, mas o programa geral para solucionar o problema deveu-se a Daniel Gorenstein. A resposta, publicada em 1888-90, é estranhamente similar: uma lista de famílias infinitas e uma lista de exceções. Mas agora há muito mais famílias, e as exceções chegam a 26.

As famílias compreendem os grupos alternantes (conhecidos por Galois) e uma multidão de grupos do tipo Lie que são como os grupos de Lie simples, mas abrangendo vários campos finitos em vez de números complexos. Há também algumas variações curiosas do tema. As exceções são 26 casos, com indícios de alguns padrões comuns, mas sem estrutura

A *álgebra se torna adulta*

unificada. A primeira prova de que a classificação está completa veio do trabalho combinado de centenas de matemáticos, e sua extensão total ocupava cerca de 10 mil páginas. Além disso, algumas partes cruciais da prova não foram publicadas. Trabalhos recentes feitos por aqueles que permanecem nessa área de pesquisa têm envolvido reelaborar a classificação dando-lhe um aspecto mais simplificado, uma abordagem possibilitada pelo conhecimento prévio da resposta. Os resultados estão aparecendo na forma de uma série de livros-textos, totalizando cerca de 2 mil páginas.

O mais misterioso dos grupos simples de exceção, e o maior, é o *monstro*. Sua ordem é

$$2^{46} \times 3^{20} \times 5^{9} \times 7^{6} \times 11^{2} \times 13^{3} \times 17 \times 19 \times 23 \times 29 \times 31 \times 41 \times 47 \times 59 \times 71$$

que é igual a

$$808017424794512875886459904961710757005754368000000000$$

e é aproximadamente 8×10^{53}. Sua existência foi conjecturada em 1973 por Bernd Fischer e Robert Griess. Em 1980 Griess provou que existia, e apresentou uma construção algébrica como o grupo de simetria de álgebra 196.884-dimensional. O monstro parece ter algumas ligações inesperadas com teoria dos números e análise complexa, expostas por John Conway como a conjectura Monstruous Moonshine. Essa conjectura foi provada por Richard Borcherds em 1992, o que lhe valeu a Medalha Fields – o mais prestigioso prêmio em matemática.

O Último Teorema de Fermat

A aplicação de campos numéricos algébricos para a teoria dos números evoluiu em ritmo acelerado na segunda metade do século XX, estabelecendo contato com muitas outras áreas da matemática, inclusive a teoria de Galois e a topologia algébrica. O ápice desse trabalho foi a prova do Último Teorema de Fermat, cerca de 350 anos após ter sido formulado.

A ideia realmente decisiva veio de uma belíssima área que está no coração do moderno trabalho com equações diofantinas: a teoria das curvas elípticas. São equações nas quais um quadrado perfeito é igual a um polinômio cúbico, e representam a área específica das equações diofantinas que os matemáticos entendem bastante bem. No entanto, o assunto tem seus problemas não resolvidos. O maior de todos é a conjectura de Taniyama-Weil, batizada em homenagem a Yutaka Taniyama e André Weil. Ela afirma que toda curva elíptica pode ser representada em termos de funções modulares – generalizações de funções trigonométricas estudadas em particular por Klein.

O que a álgebra abstrata fez por eles

Em seu livro de 1854, *As leis do pensamento*, George Boole mostrou que a álgebra pode ser aplicada à lógica, inventando o que hoje é conhecido como álgebra booleana.

Aqui não podemos fazer muito mais do que ter um gostinho das ideias de Boole. Os mais importantes operadores lógicos são *"não"*, *"e"* e *"ou"*. Se uma afirmação S é verdadeira, então não-S é falsa, e vice-versa. S e T é verdade se, e somente se, ambos S e T forem verdadeiras. S ou T é verdade na condição de que pelo menos S ou T seja verdadeira – possivelmente ambas. Boole notou que se reescrevermos T como 1 e S como 0, então a álgebra dessas operações lógicas é muito semelhante à álgebra comum, contanto que pensemos em 0 e 1 como inteiros módulo 2, de modo que $1 + 1 = 0$ e $-S$ é o mesmo que S. Assim, não-S é $1 + S$. S e T é ST, e S ou T é $S + T + ST$. A soma $S + T$ corresponde à *exclusão* ou (escrito *xor* – *exclusive* or – pelos cientistas da computação). S *xor* T é verdade contanto que T seja verdade ou S seja verdade, mas não ambos. Boole descobriu que sua curiosa álgebra da lógica é inteiramente autoconsistente se mantivermos em mente suas regras um pouco esquisitas e a usarmos sistematicamente. Esse foi um dos primeiros passos na direção de uma teoria formal da lógica matemática.

A álgebra se torna adulta

No começo da década de 1980, Gerhard Frey descobriu um elo entre o Último Teorema de Fermat e curvas elípticas. Suponhamos que exista uma solução para a equação de Fermat; então é possível construir uma

ANDREW WILES
(1953-)

Andrew Wiles nasceu em Cambridge, Inglaterra, em 1953. Aos dez anos de idade leu sobre o Último Teorema de Fermat e resolveu tornar-se matemático e prová-lo. Na época do seu doutorado ele já havia abandonado em grande parte a ideia, porque o teorema parecia tão intratável que ele foi trabalhar na teoria numérica de "curvas elípticas", uma área aparentemente distinta. Mudou-se para os Estados Unidos e tornou-se professor em Princeton.

Na década de 1980 estava começando a ficar claro que poderia haver um elo inesperado entre o Último Teorema de Fermat e uma questão profunda e difícil acerca de curvas elípticas. Gerhard Frey explicitou esse elo, por meio da assim chamada Conjectura de Taniyama-Shimura. Quando Wiles ouviu a ideia de Frey, parou todos seus outros trabalhos para concentrar-se no Último Teorema de Fermat e, após sete anos de pesquisa solitária, convenceu-se de que tinha achado uma prova, baseada num caso especial da Conjectura de Taniyama-Shimura. A prova acabou revelando ter uma lacuna, mas Wiles e Richard Taylor repararam a lacuna e uma prova completa foi publicada em 1995.

Outros matemáticos logo entraram no jogo para provar a Conjectura Taniyama-Shimura inteira, forçando para ainda mais longe os novos métodos. Wiles recebeu muitas homenagens pela sua prova, inclusive o Prêmio Wolf. Em 1998, sendo velho demais para a Medalha Fields, tradicionalmente limitada para pessoas abaixo dos quarenta anos, foi agraciado com uma placa de prata especial pela União Internacional de Matemática. Foi feito cavaleiro comandante da Ordem do Império Britânico em 2000.

curva elíptica com propriedades muito inusitadas – tão inusitadas que a existência da curva parece altamente improvável. Em 1986 Kenneth Ribet tornou essa ideia precisa provando que se a conjectura de Taniyama-Weil for verdadeira, então a curva de Frey não pode existir. Portanto a presumida solução da equação de Fermat também não pode existir, o que provaria o Último Teorema. A abordagem dependia da conjectura de Taniyama-Weil, mas mostrava que o Último Teorema de Fermat não é apenas uma curiosidade histórica isolada. Ao contrário, encontra-se no coração da moderna teoria dos números.

Andrew Wiles, quando criança, sonhara em provar o Último Teorema de Fermat, mas quando se tornou profissional decidiu que era simplesmente um problema isolado, ainda sem solução mas não realmente importante. O trabalho de Ribet mudou sua cabeça. Em 1993 ele anunciou uma prova da conjectura de Taniyama-Weil para uma classe especial de curvas elípticas, genérica o suficiente para provar o Último Teorema de Fermat. Mas quando o artigo foi submetido à publicação, veio à tona uma séria lacuna. Wiles já tinha praticamente desistido quando "de repente, de forma totalmente inesperada, tive essa incrível revelação … era tão indescritivelmente maravilhosa, tão simples e tão elegante, que eu fiquei olhando descrente". Com o auxílio de Richard Taylor, revisou a prova e corrigiu a lacuna. O artigo foi publicado em 1995.

Podemos ter certeza de que quaisquer que tenham sido as ideias que Fermat tinha na cabeça quando alegou possuir uma prova para seu Último Teorema, devem ter sido muito diferentes dos métodos usados por Wiles. Será que Fermat realmente tinha uma prova simples, arguta, ou estava iludindo a si mesmo? É uma charada que, ao contrário do Último Teorema, jamais poderá ser resolvida.

Matemática abstrata

A passagem para uma visão mais abstrata da matemática foi uma consequência natural da crescente variedade de seus assuntos. Quando a mate-

A álgebra se torna adulta

O que a álgebra abstrata faz por nós

Os campos de Galois formam a base de um sistema de codificação amplamente usado numa multiplicidade de aplicações comerciais, especialmente CDs e DVDs. Toda vez que você toca música ou assiste a um vídeo está usando álgebra abstrata.

Esses métodos são conhecidos como códigos *Reed-Solomon*, pois foram apresentados por Irving Reed e Gustave Solomon em 1960. São códigos de correção de erros baseados num polinômio, com coeficientes num campo finito, constituídos a partir dos dados que estão sendo codificados, tais como a música ou os sinais de vídeo. Sabe-se que um polinômio de grau n é determinado singularmente pelos seus valores em n pontos distintos. A ideia é calcular o polinômio em mais de n pontos. Se não houver erros qualquer subconjunto de n pontos de dados reconstituirá o mesmo polinômio. Se não, contanto que o número de erros não seja grande demais, é possível deduzir o polinômio.

Na prática os dados são representados como blocos codificados com $2^m - 1$ m-bit símbolos por bloco, onde o bit é um dígito binário, 0 ou 1. Uma escolha popular é $m = 8$, porque muitos dos velhos computadores trabalham em bytes – sequências de oito bits. Aqui o número de símbolos num bloco é 255. Um código Reed-Solomon comum coloca 223 bytes de dados codificados em cada bloco de 255 bytes, usando os 32 bytes restantes como símbolos de paridade que averiguam se certas combinações de dígitos nos dados devem ser pares ou ímpares. Esse código pode corrigir até 16 erros por bloco.

mática tratava principalmente com números, os símbolos da álgebra eram apenas substitutos para números. Mas à medida que a matemática crescia, os próprios símbolos começaram a adquirir vida própria. O significado desses símbolos tornou-se menos importante do que as regras segundo as quais eles podiam ser manipulados. Mesmo as regras não eram sagradas:

as leis tradicionais da aritmética, tais como a propriedade comutativa, nem sempre eram adequadas aos novos contextos.

Não foi somente a álgebra que se tornou abstrata. A análise e a geometria também passaram a focar temas mais gerais, por razões semelhantes. A principal mudança de ponto de vista ocorreu entre a metade do século XIX e a metade do século XX. Depois disso, teve início um período de consolidação, com os matemáticos tentando equilibrar as necessidades conflitantes entre formalismo abstrato e aplicações para a ciência. Abstração e generalização andam de mãos dadas, mas a abstração também pode obscurecer o sentido da matemática. Porém, a questão não é mais se a abstração é útil ou necessária: métodos abstratos têm provado seu valor possibilitando a resolução de numerosos problemas antigos, tais como o Último Teorema de Fermat. E o que ontem parecia pouco mais do que um jogo formal pode vir a ser uma ferramenta científica ou comercial amanhã.

15. A geometria da folha de borracha
O qualitativo vence o quantitativo

Os principais ingredientes da geometria de Euclides – retas, ângulos, círculos, quadrados, e assim por diante – estão todos relacionados com medição. Segmentos de reta têm comprimentos; ângulos têm tamanho definido, e 90° difere de forma importante de 91° ou 89°; círculos são definidos em termos de seus raios; quadrados têm lados de um determinado comprimento. O ingrediente oculto que faz toda a geometria de Euclides funcionar é o comprimento, uma grandeza métrica, que permanece inalterada por movimentos rígidos e define o conceito de Euclides equivalente a movimento, congruência.

Topologia

Quando os matemáticos tropeçaram pela primeira vez em outros tipos de geometria, elas também eram métricas. Em geometria não euclidiana, comprimentos e ângulos são definidos; apenas têm propriedades diferentes das propriedades dos comprimentos e ângulos no plano euclidiano. A chegada da geometria projetiva mudou isso: transformações projetivas podem mudar comprimentos, e podem mudar ângulos. A geometria euclidiana e os dois tipos principais de geometria não euclidiana são rígidos. A geometria projetiva é mais flexível, mas mesmo aqui existem invariantes mais sutis, e na imagem de Klein o que define uma geometria é um grupo de transformações e os invariantes correspondentes.

À medida que o século XIX ia chegando ao fim, os matemáticos começaram a desenvolver um tipo de geometria ainda mais flexível; de fato, tão flexível que muitas vezes é caracterizada como a geometria da folha de borracha. Mais corretamente conhecida como *topologia*, é a geometria das formas que podem ser deformadas ou distorcidas de maneiras extremamente rebuscadas. Retas podem se dobrar, encolher ou esticar; círculos podem se deformar a ponto de se transformarem em quadrados ou triângulos. Aqui, o que importa é a *continuidade*. As transformações permitidas em topologia precisam ser contínuas no sentido da análise; grosso modo, significa que se dois pontos começam suficientemente próximos, acabam próximos – daí a imagem da "folha de borracha".

Ainda há aqui um indício do raciocínio métrico: "próximos" é um conceito métrico. Mas no começo do século XX, mesmo esse leve indício já fora removido, e as transformações topológicas adquiriram vida própria. A topologia rapidamente teve seu status elevado, até ocupar o centro do palco matemático – ainda que, para começar, parecesse muito estranha e praticamente sem conteúdo. Com transformações tão flexíveis, o que poderia ser invariante? A resposta, descobriu-se, era muita coisa. Mas o tipo de invariante que começou a ser revelado era algo que nunca antes fora considerado em geometria. Conectividade – quantos pedaços essa coisa tem? Buracos – é tudo uma massa só, ou há túneis que a atravessam? Nós – como é que a coisa está entrelaçada, e é possível desfazer o emaranhado? Para um topologista, uma rosquinha e uma xícara de café são idênticas (mas uma rosquinha e um copo não são); uma rosquinha é diferente de uma bola redonda, mas bola e copo são idênticos. Um nó meia-volta é diferente de um nó em oito, mas provar isso exigiu todo um novo tipo de equipamento, e por muito tempo ninguém podia provar que os nós sequer existiam.

Parece extraordinário que algo tão difuso e absolutamente esquisito pudesse de fato ter alguma importância. Mas as aparências enganam. Continuidade é um dos aspectos básicos do mundo natural, e qualquer estudo profundo da continuidade leva à topologia. Mesmo hoje usamos a maior parte da topologia indiretamente, como uma técnica entre muitas. Você não encontra nada topológico na sua cozinha – não de maneira óbvia, pelo menos. (No entanto, pode ocasionalmente encontrar itens como uma lavadora de pratos caótica, que usa a estranha dinâmica de dois braços girando para limpar pratos com mais eficiência. E a nossa compreensão do fenômeno do caos reside na topologia.) Os principais consumidores práticos da topologia são os teóricos de campos quânticos – um uso novo da palavra "prático" talvez, mas uma importante área da física. Outra aplicação de ideias topológicas ocorre em biologia molecular, onde descrever e analisar giros e torções da molécula de DNA requer conceitos topológicos.

Nos bastidores, a topologia fornece informações a todas as principais correntes da matemática e possibilita o desenvolvimento de outras técnicas com usos práticos mais óbvios. Ela é um estudo rigoroso das características geométricas *qualitativas*, em oposição a características quantitativas como comprimentos. É por isso que os matemáticos consideram a topologia de suma importância, ao passo que o resto do mundo mal ouviu falar dela.

Poliedros e as pontes de Königsberg

Embora a topologia tenha realmente começado a decolar por volta de 1900, ela fez aparições ocasionais anteriores na matemática. Dois itens na pré-história da topologia foram introduzidos por Euler: sua fórmula para poliedros e a solução do quebra-cabeça das pontes de Königsberg.

Em 1639, Descartes havia notado uma curiosa característica da numerologia dos sólidos regulares. Considere, por exemplo, um cubo. O cubo tem 6 faces, 12 arestas e 8 vértices. Some 6 e 8 e você obterá 14, que é 2 unidades a mais que 12. E no dodecaedro? Agora temos 12 faces, 30 arestas e 20 vértices. Some $12 + 20 = 32$, que excede 30 em 2 unidades. O mesmo vale para o tetraedro, o octaedro e o icosaedro. Na verdade, a mesma relação parecia valer para quase qualquer poliedro. Se um sólido tem F faces, A arestas e V vértices, $F + V = A + 2$, que pode ser reescrito na forma

$$F + V - A = 2$$

Descartes não publicou sua descoberta, mas a anotou e seu manuscrito foi lido por Leibniz em 1675.

Euler foi o primeiro a publicar essa relação, em 1750, a que deu sequência com uma prova, em 1751. Estava interessado na relação porque vinha tentando classificar poliedros. Qualquer fenômeno genérico como esse precisava ser levado em conta ao empreender tal classificação.

A fórmula é válida para *todos* os poliedros? Não exatamente. Um poliedro com o formato de uma moldura de quadro, com seção quadrada e os vértices ligados em 45°, tem 16 faces, 32 arestas e 16 vértices. Logo, $F + V - A = 0$. O motivo para a discrepância é a presença de um buraco. Na verdade, se um poliedro tiver g buracos, então

$$F + V - A = 2 - 2g$$

O que é, exatamente, um buraco? Essa pergunta é mais difícil do que parece. Primeiro, estamos falando de uma superfície do poliedro, não do seu interior sólido. Na vida real fazemos um buraco em algo perfurando seu interior sólido, mas as fórmulas acima não fazem referência ao interior do poliedro – apenas às faces que constituem sua superfície, junto com suas arestas e seus vértices. Tudo que contamos está na superfície. Segundo, os únicos buracos que mudam a numerologia são aqueles que atravessam inteiramente o poliedro – túneis com duas extremidades, por assim

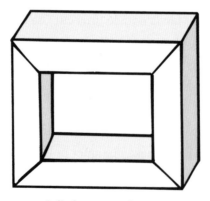

Poliedro com um buraco.

dizer, não buracos como os que trabalhadores cavam nas ruas. Terceiro, tais buracos não estão absolutamente na superfície, embora, de algum modo, estejam delineados por ela. Quando você compra uma rosquinha, compra junto o buraco no meio, mas não pode comprar somente o buraco. Ele só existe em virtude da superfície externa da rosquinha, mesmo que nesse caso você também esteja comprando o interior sólido dela.

É mais fácil definir o que quer dizer "sem buracos". Um poliedro é sem buracos se puder ser deformado continuamente, criando faces e arestas curvas, de modo que acaba se tornando (a superfície de) uma esfera. Para essas superfícies, $F + V - A$ é realmente sempre 2. E o inverso é igualmente válido: se $F + V - A = 2$ então o poliedro pode ser deformado de modo a criar uma esfera.

O poliedro em forma de moldura não tem cara de quem pode ser deformado numa esfera – para onde iria o buraco? Para uma prova rigorosa dessa impossibilidade, não precisamos olhar mais longe que o fato de que para esse poliedro, $F + V - A = 0$. É uma relação impossível para superfícies deformáveis em esferas. Logo, a numerologia dos poliedros revela características significativas de sua geometria, e essas características podem ser invariantes topológicos – imutáveis por meio de deformações.

A fórmula de Euler agora é vista como um indício significativo de um elo proveitoso entre os aspectos combinatórios dos poliedros, tais como o número de faces, e os aspectos topológicos. Na verdade, acaba sendo mais fácil trabalhar de trás para a frente. Para descobrir quantos buracos tem uma superfície, calcule $F + V - A - 2$, divida por 2 e mude o sinal:

$$g = \frac{-(F + V - A - 2)}{2}$$

Uma consequência curiosa: agora podemos definir quantos buracos tem um poliedro, sem definir "buraco".

Uma vantagem desse procedimento é que ele é intrínseco ao poliedro. Não envolve visualizar o poliedro num espaço tridimensional em volta, que é como nossos olhos naturalmente enxergam o buraco. Uma formiga suficientemente inteligente que tenha vivido na superfície de um poliedro

A prova de Cauchy para a Fórmula de Descartes-Euler

Remova uma face e estique a superfície do sólido espalhando-a sobre um plano. Isso reduz F em 1 unidade, então temos que provar agora que a configuração plana resultante de faces, segmentos e pontos tem $F + V - A = 1$. Para conseguir isso, primeiro converta todas as faces em triângulos desenhando diagonais. Cada nova diagonal deixa V inalterado, mas aumenta tanto F quanto A em 1 unidade, de modo que $F + V - A$ permanece igual. Agora inicie apagando arestas, começando pelas externas. Cada vez que você apaga uma aresta, reduz tanto F como A, deixando o número de vértices inalterado, logo $F + V - A$, mais uma vez, não tem mudança. Quando acabarem as faces, você estará com uma árvore de arestas e vértices, sem regiões fechadas. Vá apagando um por um os vértices finais, junto com a aresta que os une. Agora A e V diminuem em 1 unidade, e mais uma vez $F + V - A$ permanece inalterada. Esse processo acaba terminando com um vértice solitário. Agora $F = 0$, $A = 0$ e $V = 1$, logo $F + V - A = 1$, como se exigia.

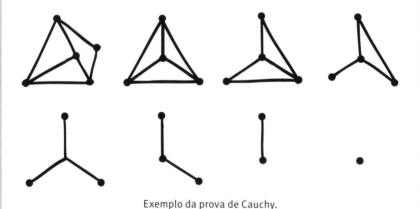

Exemplo da prova de Cauchy.

A geometria da folha de borracha

poderia concluir que ele tem um buraco, mesmo que pudesse ver apenas a superfície. O ponto de vista intrínseco é natural em topologia. Ela estuda as formas das coisas em si mesmas, não como parte de alguma outra coisa.

À primeira vista, o problema das pontes de Königsberg não tem nenhuma relação com a combinatória dos poliedros. A cidade de Königsberg, então na Prússia, estava situada em ambas as margens do rio Prególia, onde havia duas ilhas. As ilhas eram ligadas às margens e também entre si. Aparentemente, os cidadãos de Königsberg havia muito tempo se perguntavam se seria possível dar um passeio dominical por toda a cidade que atravessasse cada ponte exatamente uma vez.

Em 1735 Euler resolveu o quebra-cabeça; aliás, provou que não existe solução, e explicou por quê. Ele fez duas contribuições significativas: simplificou o problema, reduzindo-o a seus aspectos essenciais, e depois o generalizou, para lidar com um quebra-cabeça de tipo similar. Ele mostrou que o que importa não é o tamanho nem o formato das ilhas, mas como as ilhas, as margens e as pontes estão conectadas. O problema todo pode ser reduzido a um diagrama simples de pontos (vértices) ligados por linhas (arestas), aqui mostrados em superposição ao mapa.

Para formar esse diagrama, coloque um vértice em cada massa de terra – margem norte, margem sul e as duas ilhas. Ligue dois vértices por

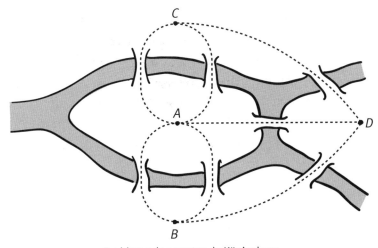

Problema das pontes de Königsberg.

meio de uma aresta sempre que existir uma ponte que ligue as massas de terra correspondentes. Aqui acabamos tendo quatro vértices, A, B, C e D e sete arestas, uma para cada ponte.

O quebra-cabeça é então equivalente a outro mais simples relativo ao diagrama. É possível encontrar um caminho – uma sequência interligada de arestas – que inclua cada aresta exatamente uma vez?

Euler usou uma descrição simbólica, mas podemos interpretar suas ideias principais em termos do diagrama. Ele distinguiu dois tipos de caminho: um *trajeto aberto*, que começa e termina em vértices diferentes, e um *trajeto fechado*, que começa e termina no mesmo vértice. E provou que para esse diagrama específico nenhum dos dois trajetos existe.

A chave para o quebra-cabeça é considerar a *valência* de cada vértice, ou seja, quantas arestas se juntam no vértice. Primeiro, pense num trajeto fechado. Aqui, toda aresta pela qual o trajeto chega ao vértice é associada com outra, a aresta seguinte, pela qual o trajeto sai do vértice. Se um trajeto fechado for possível, então o número de arestas em qualquer vértice precisa portanto ser par. Em suma, todo vértice deve ter valência par. Mas o diagrama tem três vértices com valência 3 e um com valência 5 – todos números ímpares. Logo, não existe trajeto fechado.

Um critério similar aplica-se a trajetos abertos, mas agora haverá exatamente dois vértices com valência ímpar: um no começo do passeio, o outro no final. Como o diagrama de Königsberg tem quatro vértices com valência ímpar, tampouco existe um trajeto aberto.

Euler foi um passo adiante: provou que essas condições necessárias para a existência de um trajeto são suficientes, contanto que o diagrama esteja conectado (quaisquer dois vértices ligados por algum caminho). O fato geral é um pouco mais difícil de provar, e Euler passou algum tempo concebendo a prova. Atualmente podemos dar uma prova em poucas linhas.

Propriedades geométricas de superfícies planas

As duas descobertas de Euler parecem pertencer a duas áreas inteiramente diferentes da matemática, mas sob um exame mais atento vemos que elas têm elementos em comum. Ambas dizem respeito a combinações de diagramas de poliedros. Uma conta faces, arestas e vértices e a outra conta valências; uma trata de uma relação universal entre três números, a outra de uma relação que deve ocorrer para a existência do trajeto. Mas são visivelmente semelhantes em espírito. Mais profundamente – e isso passou despercebido por mais de um século –, ambas são invariantes em transformações contínuas. As posições dos vértices e arestas não importam: o que conta é como se ligam entre si. Os dois problemas teriam a mesma aparência se os diagramas fossem desenhados numa folha de borracha e a folha fosse distorcida. O único jeito de criar diferenças significativas seria cortar ou rasgar a folha, ou colar pedaços – mas essas operações destroem a continuidade.

Os reflexos de uma teoria geral foram vislumbrados por Gauss, que de tempos em tempos fazia um grande alarde sobre a necessidade de uma teoria das propriedades geométricas básicas de diagramas. E também desenvolveu um novo invariante topológico, que hoje chamamos de *número de ligação*, no trabalho sobre magnetismo. Esse número determina como uma curva fechada se enrola ao redor de outra. Gauss deu uma fórmula para calcular o número de ligação a partir de expressões analíticas para as curvas. Um invariante similar, o *número de rotação* de uma curva fechada relativa a um ponto, estava implícito em uma de suas provas do Teorema Fundamental da Álgebra.

A principal influência de Gauss no desenvolvimento da topologia veio de um de seus alunos, Johann Listing, e de seu assistente Augustus Möbius. Listing estudou sob orientação de Gauss em 1834, e seu trabalho *Vorstudien zur Topologie* (Estudos preliminares para a topologia) apresentou ao mundo a palavra topologia. O próprio Listing teria preferido chamar o tema de geometria de posição, mas esta expressão fora apropriada por Karl von Staudt para designar geometria projetiva, de modo que Listing achou outra expressão. Entre outras coisas, Listing buscou generalizações da fórmula de Euler para poliedros.

Foi Möbius quem explicitou o papel das transformações contínuas. Möbius não foi o mais produtivo dos matemáticos, mas tendia a examinar tudo de forma muito cuidadosa e meticulosa. Em particular, notou que superfícies nem sempre têm dois lados distintos, dando como exemplo a celebrada *faixa de Möbius*. Essa superfície foi descoberta independentemente por Möbius e Listing em 1858. Listing a publicou em *Der Census Räumlicher Complex* (O complexo censo espacial), e Möbius a mencionou num artigo sobre superfícies.

Durante um bom tempo as ideias de Euler sobre poliedros foram uma espécie de assunto lateral em matemática, porém muitos matemáticos proeminentes começaram a vislumbrar uma nova abordagem para a geometria,

---

A faixa de Möbius

A topologia tem algumas surpresas. A mais conhecida é a faixa de Möbius (ou fita de Möbius), que pode ser formada pegando uma longa tira de papel e juntando as extremidades com uma meia-torção. Sem essa torção, temos uma tira de superfície cilíndrica. A diferença entre as duas superfícies fica óbvia se tentarmos pintá-las. Podemos pintar a parte externa da superfície cilíndrica de vermelho e a interna de azul. Mas se você começar a pintar um lado da faixa de Möbius de vermelho, e seguir percorrendo a faixa até cobrir toda a superfície ligada à região vermelha, vai acabar pintando a faixa toda de vermelho. A superfície interna liga-se à externa graças à meia-torção.

Outras diferenças surgem se você fizer um corte ao longo da linha central da faixa. Ela permanece um pedaço só.

A geometria da folha de borracha

a qual chamaram de *"analysis situ"* – a análise de posição. O que tinham em mente era uma teoria *qualitativa* da forma, da forma em si, para suplementar a mais tradicional teoria quantitativa de comprimentos, ângulos, áreas e volumes. Essa visão começou a ganhar terreno quando questões desse tipo começaram a surgir das investigações tradicionais no corpo central da matemática. Um passo fundamental foi a descoberta das conexões entre análise complexa e a geometria de superfícies, e o inovador foi Riemann.

A esfera de Riemann

A maneira óbvia de pensar uma função complexa f é interpretá-la como um mapeamento a partir de um plano complexo até outro. A fórmula básica $w = f(z)$ para essa função nos diz para pegar qualquer número complexo z, aplicar f a ele e deduzir outro número complexo w associado a z. Geometricamente, z pertence ao plano complexo e w pertence ao que é efetivamente um segundo plano complexo, uma cópia independente do plano complexo.

No entanto, esse ponto de vista acaba não sendo o mais vantajoso, e a razão é: *singularidades*. Funções complexas frequentemente têm pontos interessantes nos quais seu comportamento normal, confortável, dá terrivelmente errado. Por exemplo, a função $f(z) = \frac{1}{z}$ comporta-se bem para todo z exceto o zero. Quando $z = 0$, o valor da função é $\frac{1}{0}$, que não faz sentido como número complexo comum, mas pode, com algum esforço de imaginação, ser pensado como infinito (símbolo ∞). Especificamente, quando z chega muito perto de zero, então $\frac{1}{z}$ fica muito grande. Infinito nesse sentido não é um número, mas um termo que descreve um processo numérico: fique tão grande quanto quiser. Gauss já havia notado que infinitos desse tipo criam novos tipos de comportamento na integração complexa. Eles tinham importância.

Riemann julgou útil incluir ∞ entre os números complexos, e achou um belíssimo modo geométrico de fazê-lo. Coloque uma esfera unitária de tal maneira que ela fique em cima do plano complexo. Agora associe pontos no plano com pontos na esfera por meio de projeção estereográfica. Isto é, junte o ponto no plano com o polo Norte da esfera e veja onde a reta corta a esfera.

Essa construção é chamada *esfera de Riemann*. O novo ponto no infinito é o polo Norte da esfera – o único ponto que não corresponde a um ponto no plano complexo. Espantosamente, a construção se encaixa de modo maravilhoso no padrão de cálculos na análise complexa, e agora equações como $1/0 = \infty$ fazem perfeito sentido. Pontos nos quais uma função f assume valor ∞ são chamados *polos*, e acabamos descobrindo que é possível aprender muita coisa sobre f se soubermos onde ficam seus polos.

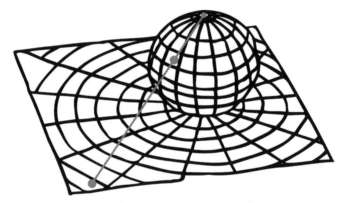

A esfera de Riemann e o plano complexo.

A esfera de Riemann sozinha não teria atraído a atenção para assuntos topológicos em análise complexa, mas um segundo tipo de singularidade, chamada *ponto de ramificação*, tornou a topologia essencial. O exemplo mais simples é a função raiz quadrada complexa, $f(z) = \sqrt{z}$. A maioria dos números complexos tem duas raízes quadradas distintas, exatamente como os números reais. Essas raízes quadradas diferem apenas no sinal: uma é o oposto da outra. Por exemplo, as raízes quadradas de $2i$ são $1 + i$ e $-1 - i$, da mesma maneira que as raízes reais de 4 são 2 e -2. No entanto, há um número complexo com apenas *uma* raiz quadrada, ou seja, 0. Por quê? Porque $+0$ e -0 são iguais.

A geometria da folha de borracha

Para ver por que 0 é um ponto de ramificação da função raiz quadrada imagine que você está começando no ponto 1 no plano complexo e escolhendo uma das duas raízes quadradas. A escolha óbvia também é 1. Agora mova gradualmente o ponto em torno de um círculo unitário, e, à medida que vai movendo, escolha para cada posição do ponto aquela entre suas raízes quadradas que mantenha tudo variando continuamente. Quando você tiver percorrido meio círculo, chegando até -1, a raiz quadrada terá dado apenas um quarto de volta, chegando até $+i$, pois $\sqrt{-1} = +i$ ou $-i$. Continuando a percorrer o círculo, voltamos ao ponto de partida 1. Mas a raiz quadrada, movendo-se com a metade da velocidade, acaba em -1. Para retornar a raiz quadrada ao seu valor inicial, o ponto precisa dar a volta no círculo *duas vezes*.

Riemann descobriu um meio de domar esse tipo de singularidade, duplicando a esfera de Riemann em duas camadas. As camadas são separadas exceto nos pontos 0 e ∞, que é um segundo ponto de ramificação. Nesses dois pontos as camadas se fundem – ou, pensando nisso ao contrário, ramificam-se a partir das camadas individuais em 0 e ∞. Perto desses pontos especiais, a geometria das camadas é como uma escada em espiral – com a característica incomum de que, se subir dois lances completos da escada, você volta ao ponto de onde saiu. A geometria dessa superfície nos diz muita coisa sobre a função raiz quadrada, e a mesma ideia pode ser estendida a outras funções complexas.

A descrição da superfície é bastante indireta, e podemos perguntar que forma ela tem. É aqui que a topologia entra em jogo. Podemos deformar continuamente a descrição da escada espiral em algo mais fácil de visualizar. Os analistas complexos descobriram que, topologicamente, toda superfície de Riemann é ou uma esfera, ou um toro, ou um toro com dois buracos, ou um toro com três buracos etc. O número de buracos, g, é conhecido como *genus* da superfície e é o mesmo g que ocorre na generalização da fórmula de Euler para superfícies.

Superfícies orientáveis

O genus acabou se revelando importante para várias questões profundas em análise complexa, que por sua vez atraíram a atenção para a topologia de superfícies. Ficou claro então que existe um segundo tipo de superfícies, que diferem dos toros com g buracos mas em uma relação próxima. A diferença é que os toros são superfícies orientáveis, o que intuitivamente significa que possuem dois lados distintos. Eles herdam essa propriedade do plano complexo, que tem um lado de cima e um lado de baixo porque as escadas espirais são postas juntas de um modo que preserva essa distinção. Se, em vez disso, você juntasse dois lances de escada torcendo um dos pisos de cabeça para baixo, os dois lados separados aparentemente se juntariam.

A possibilidade desse tipo de junção foi enfatizada pela primeira vez por Möbius, cuja faixa tem apenas um lado e uma borda. Klein foi um passo adiante, grudando conceitualmente um disco circular ao longo da faixa de Möbius para eliminar totalmente a borda. A superfície resultante, chamada com ironia de *garrafa de Klein*, tem um único lado e nenhuma borda. Se tentarmos desenhá-la localizada dentro de um espaço tridimensional normal ela tem de passar através de si mesma. Mas como superfície abstrata propriamente dita (ou superfície localizada dentro de um espaço quadridimensional) essa autointerseção não ocorre.

O teorema sobre os toros com g buracos pode ser reformulado da seguinte maneira: qualquer superfície orientável (de extensão finita sem bordas) é topologicamente equivalente a uma esfera com g alças adicionais (onde g pode ser zero). Há uma classificação semelhante de superfícies não orientáveis (de um só lado): podem ser formadas a partir de uma superfície chamada *plano projetivo* adicionando-se g alças. A garrafa de Klein é um plano projetivo com uma alça.

Esfera   Toro   Toro com dois buracos

A geometria da folha de borracha

A combinação desses dois resultados é chamada Teorema da Classificação para Superfícies. Ele nos diz, em termos de equivalência topológica, *todas as superfícies possíveis* (ou de extensão finita sem bordas). Com a prova do teorema, a topologia dos espaços bidimensionais – superfícies – podia ser considerada conhecida. Isso não queria dizer que toda possível questão sobre superfícies pudesse ser resolvida sem outros esforços, mas realmente proporcionava um ponto razoável de onde começar ao considerar tópicos mais complicados. O Teorema de Classificação para Superfícies é uma ferramenta muito poderosa em topologia bidimensional.

Quando se pensa sobre topologia, muitas vezes vale a pena supor que o espaço envolvido é tudo que existe. Não há necessidade de embuti-lo num espaço circundante. Fazer isso focaliza a atenção nas propriedades *intrínsecas* do espaço. Uma imagem vívida é a de uma minúscula criatura habitando, digamos, sobre uma superfície topológica. Como poderia essa criatura, ignorante de qualquer espaço ao redor, concluir qual é a superfície em que habita? Como podemos caracterizar tais superfícies intrinsecamente?

Por volta de 1900 compreendia-se que um modo de responder a essas perguntas é considerar laços fechados na superfície e de que maneira eles podem ser deformados. Por exemplo, numa esfera qualquer laço fechado

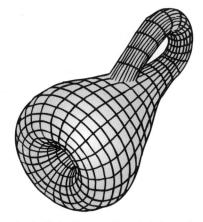

A garrafa de Klein. A aparente autointerseção é um recurso de sua representação no espaço tridimensional.

JULES HENRI POINCARÉ
(1854-1912)

Henri Poincaré nasceu em Nancy, França. Seu pai, Léon, era professor de medicina na Universidade de Nancy, e sua mãe chamava-se Eugénie (nascida Launois). Seu primo, Raymond Poincaré, veio a ser primeiro-ministro da França e foi presidente da República durante a Primeira Guerra Mundial. Henri teve desempenho perfeito em todas as matérias na escola e era absolutamente formidável em matemática. Tinha uma memória excelente e podia visualizar formas complicadas em três dimensões, o que ajudava a compensar uma visão tão fraca que ele mal conseguia ver o quadro-negro – muito menos o que estava escrito nele.

Seu primeiro emprego universitário foi em Caen em 1879, mas em 1881 teve a oferta de um emprego muito mais prestigioso na Universidade de Paris. Ali tornou-se um dos mais importantes matemáticos de sua época. Trabalhava sistematicamente – quatro horas por dia em dois períodos de duas horas, manhã e fim da tarde. Mas seus processos de pensamento eram menos organizados, e frequentemente começava a redigir um artigo de pesquisa antes de saber como terminaria ou aonde levaria. Era altamente intuitivo, e suas melhores ideias muitas vezes apareciam quando estava pensando em alguma outra coisa.

Ele trabalhou com a maior parte da matemática de seu tempo, inclusive a teoria da função complexa, equações diferenciais, geometria não euclidiana e topologia – que ele praticamente fundou. Também trabalhou com aplicações: eletricidade, elasticidade, óptica, termodinâmica, relatividade, teoria quântica, mecânica celeste e cosmologia.

Ganhou um prêmio importante numa competição iniciada em 1887 pelo rei Oscar II da Suécia e Noruega. O tema era "o problema dos três corpos" – o movimento de três corpos sujeitos à gravitação. O trabalho efetivamente apresentado continha um erro significativo, que ele rapidamente corrigiu; como resultado, descobriu a possibilidade do que agora é chamado de caos – movimento irregular, imprevisível, num sistema governado por leis determinísticas. Escreveu também vários livros populares de ciência, que chegaram a ser muito bem vendidos: *Ciência e hipótese* (1901), *O valor da ciência* (1905) e *Ciência e método* (1908).

pode ser deformado continuamente até se tornar um ponto – encolhido. Por exemplo, o círculo em torno do equador pode ser movido gradualmente rumo ao polo Norte, tornando-se cada vez menor até coincidir com o próprio polo Norte.

Em contraste, toda superfície que não é equivalente a uma esfera contém laços que não podem ser deformados até pontos. Tais laços passam por um buraco, e o buraco os impede de continuar encolhendo. Assim, a esfera pode ser caracterizada como a única superfície na qual qualquer laço fechado pode ser encolhido até um ponto.

Topologia em três dimensões

O passo natural a ser dado em seguida depois das superfícies – espaços topológicos bidimensionais – são as três dimensões. Agora os objetos de estudo são variedades, no sentido de Riemann, exceto que as noções de distância são ignoradas. Em 1904 Henri Poincaré, um dos grandes matemáticos de todos os tempos, tentava compreender as variedades tridimensionais. Ele introduziu um número de técnicas para atingir essa meta. Uma delas, a *homologia*, estuda a relação entre regiões da variedade e seus contornos. Outra, a *homotopia*, examina o que acontece a laços fechados na variedade quando os laços são deformados.

A homotopia está intimamente relacionada com os métodos que serviram tão bem para superfícies, e Poincaré buscou resultados análogos em três dimensões. Aqui foi conduzido a uma das mais famosas questões de toda a matemática.

Ele conhecia a caracterização da esfera como única superfície na qual qualquer laço fechado pode ser encolhido. Uma caracterização similar funcionaria em três dimensões? Por algum tempo ele admitiu que sim; de fato, isso parecia tão óbvio que ele sequer notou que estava adotando uma premissa. Mais tarde percebeu que uma versão plausível dessa afirmativa estava, na verdade, errada, enquanto outra formulação próxima parecia difícil de provar, mas podia muito bem ser verdadeira. Ele formulou uma questão, depois reinterpretada como a conjectura de Poincaré – se uma variedade tridimensional (sem fronteira, de extensão finita, e assim por diante) tem a propriedade de que qualquer laço nela pode ser encolhido até um ponto, então a variedade deve ser topologicamente equivalente a uma 3-esfera (uma análoga natural da esfera em três dimensões).

Tentativas subsequentes de provar a conjectura deram certo para quatro ou mais dimensões. Topologistas continuaram a se debater com a conjectura de Poincaré original, em três dimensões, sem sucesso.

Nos anos 1980 William Thurston surgiu com uma ideia que poderia dar a possibilidade de esgueirar-se pela conjectura de Poincaré sendo mais ambicioso. Sua conjectura de geometrização vai além, e aplica-se a todas as variedades tridimensionais, não somente aquelas nas quais todo laço pode ser encolhido. Seu ponto de partida é uma interpretação da classificação das superfícies em termos de geometria não euclidiana.

O toro pode ser obtido ao pegarmos um quadrado no plano euclidiano e fazê-lo coincidir os lados opostos. Como tal, ele é achatado – tem curvatura zero. A esfera tem uma curvatura positiva constante. Um toro com dois ou mais buracos pode ser representado como uma superfície de curvatura negativa constante. Logo, a topologia das superfícies pode ser reinterpretada em termos de três tipos de geometria, uma euclidiana e duas não euclidianas, ou seja, a geometria euclidiana propriamente dita, a geometria elíptica (curvatura positiva) e a geometria hiperbólica (curvatura negativa).

Haveria algo similar que funcionasse em três dimensões? Thurston apontou algumas complicações: há oito tipos de geometria a considerar, não três. E não é mais possível usar uma geometria única para uma dada variedade: em vez disso, a variedade precisa ser cortada em vários pedaços, usando uma geometria para cada um. Ele formulou sua conjectura de geometrização: existe sempre um modo sistemático de cortar em pedaços uma variedade tridimensional, cada pedaço correspondendo a uma das oito geometrias.

A conjectura de Poincaré seria uma consequência imediata, porque a condição de todos os laços encolherem exclui sete geometrias, deixando apenas a geometria de curvatura positiva constante – a da 3-esfera.

Uma abordagem alternativa surgiu da geometria riemanniana. Em 1982 Richard Hamilton introduziu uma nova técnica na área, baseada nas ideias matemáticas usadas por Albert Einstein na relatividade geral. Segundo Einstein, o espaço-tempo pode ser considerado curvo, e a curvatura descreve a força da gravidade. A curvatura é medida pelo assim chamado tensor de curvatura, que tem um parente mais simples conhecido como tensor de Ricci, por causa de seu inventor, Gregorio Ricci-Curbastro. Variações na geometria do Universo com o tempo são governadas pelas equações de Einstein, que dizem que o tensor de esforço é proporcional à curvatura. Com efeito, a dobra gravitacional do Universo tenta suavizar-se com o passar do tempo, e as equações de Einstein quantificam essa ideia.

O mesmo jogo pode ser feito usando-se a versão de Ricci da curvatura, o que leva ao mesmo tipo de comportamento: uma superfície que obedece às equações para o fluxo de Ricci naturalmente tenderá a simplificar sua própria geometria redistribuindo sua curvatura de forma mais equitativa. Hamilton mostrou que a conjectura de Poincaré bidimensional pode ser provada usando-se o fluxo de Ricci – basicamente, uma superfície na qual todos os laços encolhem simplifica tanto a si mesma ao seguir o fluxo de Ricci que acaba como uma esfera perfeita. Hamilton também sugeriu a generalização dessa abordagem para três dimensões, e fez algum progresso nessa linha, mas se defrontou com obstáculos difíceis.

Perelman

Em 2002 Grigori Perelman causou sensação postando diversos artigos no arXiv, um site de pesquisa em física e matemática que permite aos pesquisadores dar acesso público a trabalho ainda não arbitrado e referendado, muitas vezes ainda em andamento. O objetivo do site é evitar os longos atrasos que ocorrem enquanto os artigos estão sendo analisados para publicação oficial. Anteriormente, tal papel era desempenhado por pré-impressões informais. Em sua maioria, os artigos de Perelman eram

O que a topologia fez por eles

Um dos invariantes topológicos mais simples foi inventado por Gauss. Num estudo sobre campos elétrico e magnético, ele se interessou pelo modo como dois laços fechados podem se ligar. Inventou um número de ligação, que mede quantas vezes um laço gira em torno do outro. Se o número de ligação é diferente de zero, então os laços não podem ser separados por uma transformação topológica. No entanto, esse invariante não resolve completamente o problema de determinar quando dois laços ligados não podem ser separados, porque às vezes o invariante de ligação é zero, mas os laços não podem ser separados.

Ele chegou a desenvolver uma fórmula analítica para esse número, integrando uma grandeza conveniente ao longo da curva em questão. As descobertas de Gauss proporcionaram um aperitivo do que é agora uma área imensa da matemática, a topologia algébrica.

Laços com número de ligação 3.

Essas ligações não podem ser separadas topologicamente, mesmo tendo número de ligação 0.

sobre o fluxo de Ricci, mas ficou claro que se o trabalho estivesse correto, implicaria a conjectura da geometrização, portanto a de Poincaré.

A ideia básica é a sugerida por Hamilton. Começar com uma variedade tridimensional arbitrária, equipá-la com uma noção de distância de modo

A geometria da folha de borracha

que o fluxo de Ricci faça sentido e deixar a variedade seguir o fluxo, simplificando a si mesma. A principal complicação é que singularidades podem se desenvolver, onde a variedade se "embola" e deixa de ser suave. Nas singularidades, o método proposto cai por terra. A ideia nova é cortar a variedade separando-a da singularidade, tapar os furos resultantes e deixar o fluxo prosseguir. Se a variedade consegue simplificar-se totalmente depois de surgirem apenas singularidades em quantidade finita, cada pedaço sustentará exatamente uma das oito geometrias e a reversão das operações de corte (cirurgia) nos dirá como colar esses pedaços de volta de modo a reconstruir a variedade.

A conjectura de Poincaré é famosa por outro motivo: é um dos oito Problemas Matemáticos do Milênio selecionados pelo Clay Mathematics Institute, e sua solução – devidamente verificada – vale o prêmio de 1 milhão de dólares. No entanto, Perelman tinha suas razões para não querer o prêmio – na verdade, qualquer recompensa salvo a própria solução –, e assim não se animou a expandir e transformar seus artigos geralmente crípticos no arXiv em algo mais adequado para publicação.

Os especialistas na área então desenvolveram suas próprias versões das ideias de Perelman, tentando preencher quaisquer aparentes lacunas de lógica e limpar o trabalho de modo a torná-lo mais aceitável como prova genuína. Várias dessas tentativas foram publicadas, e uma versão abrangente e definitiva da prova de Perelman foi agora aceita pela comunidade topológica. Em 2006 ele foi agraciado com a Medalha Fields pelo seu trabalho na área, mas declinou. Nem todas as pessoas almejam o sucesso mundial.

Topologia e o mundo real

A topologia foi inventada porque a matemática não podia funcionar sem ela, estimulada por um número de questões básicas em áreas como a análise complexa. Ela ataca a questão "qual é a forma desta coisa?" de forma muito simples mas profunda. Conceitos geométricos mais convencionais, tais como comprimentos, podem ser vistos incluindo detalhes adicionais à informação básica captada pela topologia.

Existem alguns precursores precoces da topologia, mas ela realmente só veio a ser um ramo da matemática com identidade e poder próprios em meados do século XIX, quando os matemáticos obtiveram uma compreensão bastante completa da topologia de superfície, formas bidimensionais. A extensão para dimensões superiores recebeu um enorme impulso no fim do século XIX e começo do século XX, especialmente com as investigações de Henri Poincaré. Avanços posteriores ocorreram na década de 1920; e o tema realmente decolou nos anos 1960, embora, ironicamente, tenha perdido bastante contato com a ciência aplicada.

Confundindo aqueles que criticam a abstração da matemática pura do século XX, a teoria resultante é atualmente vital para diversas áreas da física matemática. Mesmo seu obstáculo mais intratável, a conjectura de Poincaré, foi agora superado. Em retrospecto, as principais dificuldades no desenvolvimento da topologia foram internas, bem resolvidas por meios abstratos; a conexão com o mundo real precisou esperar até que as técnicas estivessem adequadamente solucionadas.

GRIGORI PERELMAN
(1966-)

Perelman nasceu em 1966 no que era então a União Soviética. Como estudante foi membro do time da URSS que disputou a Olimpíada Internacional de Matemática, e ganhou uma medalha de ouro com um resultado de 100%. Trabalhou nos Estados Unidos e no Instituto Steklov de S. Petersburgo, mas atualmente não detém nenhum posto acadêmico específico. Sua natureza cada vez mais reclusa acrescentou uma dimensão humana inusitada à história matemática. Talvez seja uma pena que essa história reforce o estereótipo do matemático excêntrico.

A geometria da folha de borracha

O que a topologia faz por nós

Em 1956 James Watson e Francis Crick descobriram o segredo da vida, a estrutura de dupla-hélice da molécula de DNA, a espinha dorsal na qual é armazenada e manipulada a informação genética. Hoje a topologia dos nós está sendo usada para entender como as duas tiras da hélice se desenrolam à medida que o mapa genético controla o desenvolvimento de um ser vivo.

A hélice do DNA é como uma corda de tira dupla, com cada uma enrolada repetidamente em torno da outra. Quando uma célula se divide, a informação genética é transferida para as novas células mediante a separação das duas tiras, copiando-as e juntando as novas tiras às velhas em pares. Qualquer um que tenha tentado separar tiras de um longo pedaço de corda sabe como o processo é traiçoeiro: as tiras se emaranham se você tenta puxá-las depressa. Na verdade, o DNA é muito pior: as próprias hélices estão comprimidas como se a corda em si estivesse enrolada como um rolo de serpentina. Imagine vários quilômetros de linha fina comprimidos numa bola de tênis; isso lhe dará uma ideia de como o DNA numa célula deve estar emaranhado.

A bioquímica genética precisa enrolar e desenrolar essa linha emaranhada de forma rápida, repetida e impecável; a própria cadeia da vida depende dela. Como? Biólogos atacam o problema usando enzimas para quebrar o DNA em pedaços, pequenos o bastante para serem investigados em detalhe. Um segmento de DNA é um complicado nó molecular, e o mesmo nó pode ter um aspecto muito diferente depois que alguns giros e puxões tenham distorcido sua aparência.

As novas técnicas para estudar nós abrem outras linhas de ataque em genética molecular. Não sendo mais um brinquedinho da matemática pura, a topologia dos nós está se tornando um importante tópico prático em biologia. Uma descoberta recente é a conexão matemática entre a quantidade de torções da hélice de DNA e a quantidade de supercompressão da hélice.

16. A quarta dimensão

Geometria fora deste mundo

Em sua novela de ficção científica *A máquina do tempo*, Herbert George Wells descreve a natureza subjacente do espaço e do tempo de um modo que agora consideramos familiar, mas que deve ter feito com que alguns de seus leitores vitorianos franzissem a testa: "Há na verdade quatro dimensões, três das quais chamamos os três planos do Espaço, e uma quarta, o Tempo." Para estabelecer o contexto de sua história, ele acrescenta: "Existe, porém, uma tendência de criar uma distinção irreal entre as primeiras três dimensões e a última, porque a nossa consciência se move de modo intermitente em uma direção ao longo da última, do começo ao fim de nossas vidas. Mas algumas pessoas filosóficas vêm se perguntando por que especificamente três dimensões – por que não mais uma direção formando um ângulo reto com as três? –, e chegaram a tentar construir uma geometria em quatro dimensões." Seu protagonista então vai mais longe, supera as supostas limitações da consciência humana e viaja pela quarta dimensão do tempo, como se fosse uma dimensão normal do espaço.

A quarta dimensão

A arte do escritor de ficção científica é fazer crer, e Wells consegue isso informando aos leitores que "o professor Simon Newcomb estava expondo isso para a Sociedade Matemática de Nova York apenas um mês atrás". Aqui Wells provavelmente se refere a um fato real: sabemos que Newcomb,

A quarta dimensão

um proeminente astrônomo, deu uma palestra sobre espaço quadridimensional mais ou menos na época certa. Sua palestra refletia uma importante mudança no pensamento matemático e científico, liberando esses campos das tradicionais premissas de que o espaço precisa ter sempre três dimensões. Isso não significa que viagens no tempo sejam possíveis, mas deu a Wells um pretexto para fazer observações penetrantes sobre a natureza humana atual deslocando seu viajante do tempo para um perturbador futuro.

A máquina do tempo, publicado em 1895, reverberava a obsessão vitoriana com a quarta dimensão, na qual uma dimensão adicional do espaço, invisível, era invocada como um lugar onde fantasmas, espíritos ou mesmo Deus residiam. A quarta dimensão foi promovida por charlatães, explorada por romancistas, especulada por cientistas e formalizada por matemáticos. Em poucas décadas, não só o espaço quadridimensional passou a ser padrão em matemática: isso ocorria com espaços com qualquer número de dimensões – cinco, dez, 1 bilhão, até mesmo infinitas. As técnicas e padrões de pensamento da geometria multidimensional eram usados rotineiramente em todo ramo da ciência – até mesmo em biologia e economia.

Espaços com número superior de dimensões permanecem quase desconhecidos fora da comunidade científica, mas muito poucas áreas do pensamento humano poderiam agora funcionar efetivamente sem essas técnicas, por mais distantes que possam parecer dos assuntos humanos do dia a dia. Cientistas tentando unificar as duas grandes teorias do universo físico, relatividade e mecânica quântica, estão especulando que o espaço na verdade pode ter nove dimensões, ou dez, em vez das três que normalmente percebemos. Numa repetição do rebuliço em torno da geometria não euclidiana, o espaço em três dimensões está sendo visto cada vez mais como apenas um entre muitas possibilidades, em lugar de apenas um tipo de espaço possível.

Essas mudanças aconteceram porque termos como espaço e dimensão são agora interpretados de uma forma mais geral, de acordo com os significados usuais do dicionário nos contextos familiares de uma tela de TV ou do nosso ambiente normal, mas abrindo-se para novas possibilidades.

Para os matemáticos, um *espaço* é uma coleção de objetos junto com alguma noção de distância entre quaisquer desses dois objetos. Usando uma pista dada pela ideia de coordenadas de Descartes, podemos definir a dimensão de tal espaço como *quantos números* são necessários para especificar um objeto. Tendo pontos como objetos, e a noção usual de distância no plano ou no espaço, descobrimos que o plano tem duas dimensões e o espaço tem três. No entanto, outras coleções de objetos podem ter quatro dimensões, ou mais, dependendo de que objetos são.

Por exemplo, suponhamos que os objetos sejam esferas no espaço tridimensional. São necessários quatro números (x, y, z, r) para especificar a esfera; três coordenadas (x, y, z) para seu centro, mais o raio r. Logo, o espaço de todas as esferas no espaço comum tem *quatro* dimensões. Exemplos como esse mostram que as questões matemáticas naturais podem ser facilmente conduzidas para espaços de dimensões superiores.

De fato, a matemática moderna vai além. Em termos abstratos, o espaço de quatro dimensões é *definido* como o conjunto de todos os quartetos (x_1, x_2, x_3, x_4) de números. Mais genericamente, um espaço de n dimensões – para qualquer número inteiro n – é definido como o conjunto de todos os n-tetos $(x_1, x_2, ..., x_n)$ de números. Em certo sentido, a história toda é essa; a intrigante e desconcertante noção de muitas dimensões acaba caindo numa trivialidade: longas listas de números.

Esse ponto de vista agora está claro, mas historicamente levou muito tempo para ficar estabelecido. Os matemáticos discutiam, geralmente com bastante veemência, sobre o significado e a realidade de espaços de dimensões superiores. Foi necessário quase um século para que as ideias se tornassem aceitas de forma ampla. Mas as aplicações de tais espaços, e a imagem geométrica que os acompanhava, provaram ser tão úteis que as questões matemáticas subjacentes deixaram de ser controversas.

Espaço de três ou quatro dimensões

Ironicamente, a concepção atual de espaços de dimensões superiores surgiu da álgebra, e não da geometria, como consequência de uma tentativa

A quarta dimensão 291

fracassada de desenvolver um sistema numérico tridimensional, análogo ao sistema bidimensional dos números complexos. A distinção entre duas e três dimensões remonta à época dos *Elementos* de Euclides. A primeira parte do livro trata da geometria do plano, um espaço de duas dimensões. A segunda parte é sobre a geometria dos sólidos – a geometria do espaço tridimensional. Até o século XIX, a palavra "dimensão" limitava-se a esses contextos familiares.

A geometria dos gregos era uma formalização dos sentidos humanos de visão e tato, que permitem aos nossos cérebros construir modelos internos de relações de posição no mundo exterior. Ela era limitada pelas restrições dos nossos próprios sentidos e do mundo em que vivemos. Os gregos pensavam que a geometria descrevia o espaço *real* no qual vivemos, e presumiram que o espaço físico precisa ser euclidiano. A questão matemática "pode o espaço quadridimensional existir em algum sentido conceitual?" passou a confundir-se com a questão física "pode existir um espaço *real* com quatro dimensões?". E essa questão ficou ainda mais confusa com a pergunta "pode haver quatro dimensões *dentro do nosso próprio espaço familiar?*", para a qual a resposta é "não". Assim, acreditava-se de modo geral que o espaço quadridimensional é impossível.

A geometria começou a se libertar desse ponto de vista restrito quando os algebristas da Renascença italiana involuntariamente tropeçaram em uma profunda extensão do conceito de número, aceitando a existência da raiz quadrada de menos um. Wallis, Wessel, Argand e Gauss elaboraram um modo de interpretar os resultantes números complexos como pontos num plano, libertando os números dos grilhões unidimensionais da reta dos números reais. Em 1837, o matemático irlandês William Rowan Hamilton reduziu toda a questão à álgebra, definindo um número complexo $x + yi$ como um par de números reais (x, y). Posteriormente definiu a adição e a multiplicação dos pares pelas regras

$$(x, y) + (u, v) = (x + u, y + v)$$
$$(x, y)(u, v) = (xu - yv, xv + yu)$$

Nessa abordagem, um par da forma $(x, 0)$ comporta-se exatamente como o número real x, e o par especial $(0, 1)$ comporta-se como i. A ideia é simples, mas apreciá-la requer um conceito sofisticado de existência matemática.

Hamilton então fixou o olhar em algo mais ambicioso. Sabia-se muito bem que os números complexos possibilitavam resolver muitos problemas na física matemática de sistema no plano, usando métodos simples e

WILLIAM ROWAN HAMILTON
(1805-1865)

Hamilton era tão precoce matematicamente que foi nomeado professor de astronomia no Trinity College de Dublin quando ainda era aluno de graduação, aos 21 anos. A nomeação o tornou astrônomo real da Irlanda.

Ele fez numerosas contribuições para a matemática, mas a que ele próprio julgava ser a mais significativa foi a invenção dos quatérnions. Ele nos diz que "os quatérnions ... começaram a vida, totalmente crescidos, em 16 de outubro de 1843, quando eu estava caminhando com lady Hamilton até Dublin, e chegamos à ponte Brougham. Quer dizer, ali, naquele momento, eu senti fechar-se o circuito galvânico do pensamento, e as faíscas que dele foram lançadas eram as equações fundamentais entre i, j, k; *exatamente como* eu as tenho usado desde então. Eu puxei, ali mesmo, um caderninho de bolso, que ainda existe, e fiz uma anotação, sobre a qual, *naquele exato momento*, senti que poderia valer a pena dedicar o trabalho de pelo menos dez (ou poderiam ser quinze) anos futuros. Senti que naquele momento *um problema* fora *solucionado*, uma ânsia intelectual *aliviada*, que me assombrara por pelo menos os *quinze anos* anteriores."

Hamilton imediatamente entalhou a equação

$$i^2 = j^2 = k^2 = ijk = -1$$

na pedra da ponte.

A *quarta dimensão*

elegantes. Um artifício semelhante no espaço tridimensional seria inestimável. Assim, ele tentou inventar um sistema numérico *tridimensional*, na esperança de que o cálculo a ele associado pudesse resolver importantes problemas de física matemática no espaço tridimensional. Implicitamente presumiu que esse sistema satisfaria todas as leis habituais da álgebra. Mas apesar dos seus heroicos esforços, não conseguiu encontrar tal sistema.

E acabou descobrindo por quê: é impossível.

Entre as leis habituais da álgebra está a *propriedade comutativa à multiplicação*, que diz que $ab = ba$. Hamilton vinha se debatendo durante anos para imaginar uma álgebra efetiva para três dimensões. Acabou encontrando uma, um sistema numérico que ele chamou de *quatérnions*. Mas era uma álgebra de quatro dimensões, não três, e sua multiplicação não era comutativa.

Os quatérnions se parecem com os números complexos, mas em vez de um número novo, i, há três: i, j, k. Um quatérnion é uma combinação deles – por exemplo, $7 + 8i - 2j + 4k$. Assim como os números complexos são bidimensionais, compostos de duas grandezas diferentes 1 e i, os quatérnions são *quadridimensionais*, compostos de quatro grandezas *independentes*, $1, i, j$ e k. Eles podem ser formalizados algebricamente como quartetos de números reais, com regras particulares para a adição e a multiplicação.

Espaço de dimensões superiores

Quando Hamilton trouxe sua novidade, os matemáticos já estavam cientes de que espaços de dimensões superiores surgem de modo inteiramente natural, e têm interpretações físicas coerentes, quando os elementos básicos do espaço são alguma coisa que não pontos. Em 1846, Julius Plücker mostrou que são necessários *quatro* números para especificar uma reta no espaço. Dois desses números determinam onde a reta corta algum plano fixo, dois outros determinam sua direção em relação a esse plano. Logo, considerada uma coleção de *retas*, nosso espaço familiar já tem quatro dimensões, não três. No entanto, havia uma vaga sensação de que essa construção era artificial, e que espaços feitos de quatro dimensões de pontos não eram naturais. Os quatérnions de Hamilton tinham uma interpretação natural como rotações, e sua álgebra era convincente. Eram tão naturais quanto os números complexos – logo, o espaço quadridimensional era tão natural quanto o plano.

A ideia rapidamente foi além de apenas quatro dimensões. Enquanto Hamilton promovia seus adorados quatérnions, um professor de matemática chamado Hermann Günther Grassmann descobria uma extensão do sistema numérico para espaços com qualquer número de dimensões. Ele publicou sua ideia em 1844 como *Palestras sobre extensão linear*. Sua apresentação era obscura e bastante abstrata, de modo que a obra atraiu pouca atenção. Em 1862, para combater a falta de interesse, editou uma versão revista, geralmente traduzida como *O cálculo de extensão*, que pretendia ser mais compreensível. Infelizmente, não era.

Apesar da recepção fria, o trabalho de Grassmann era de importância fundamental. Ele percebeu que era possível substituir as quatro unidades $1, i, j$ e k, dos quatérnions, por qualquer número de unidades. Chamou combinações dessas unidades de *hipernúmeros*. Compreendeu que sua abordagem tinha limitações. Era preciso ser cuidadoso e não esperar muito da aritmética dos hipernúmeros; seguir servilmente as leis tradicionais da álgebra raramente levava a algum lugar.

Enquanto isso, os físicos estavam desenvolvendo suas próprias noções de espaços com dimensões superiores, motivados não pela geometria, mas pelas equações de Maxwell para o eletromagnetismo. Aqui tanto o campo elétrico como o magnético são *vetores* – tendo uma *direção* e *sentido* no espaço tridimensional, bem como intensidade. Vetores são setas, se você preferir, alinhadas com o campo elétrico ou magnético. O comprimento da seta mostra a intensidade do campo, e sua direção e sentido mostram para onde o campo está apontando.

Na notação da época, as equações de Maxwell eram oito, mas incluíam dois grupos de três equações, uma para cada componente do campo elétrico ou magnético em cada uma das três direções do espaço. Facilitaria muito a vida conceber um formalismo que reunisse cada trio desses numa única equação vetorial. Maxwell conseguiu isso usando quatérnions, mas foi uma abordagem tosca. De maneira independente, o físico Josiah Willard Gibbs e o engenheiro Oliver Heaviside acharam um jeito mais simples de representar vetores algebricamente. Em 1881 Gibbs imprimiu um panfleto, "Elementos de análise vetorial", para ajudar seus alunos. Explicava que suas ideias haviam sido desenvolvidas para conveniência de uso, e não elegância matemática. Suas anotações foram redigidas por Edwin Wilson, e eles publicaram um livro em conjunto, *Análise vetorial*, em 1901. Heaviside veio com as mesmas ideias gerais no primeiro volume de seu *Teoria eletromagnética* em 1893 (os outros dois volumes surgiram em 1899 e 1912).

Os diferentes sistemas – quatérnions de Hamilton, números hipercomplexos de Grassmann e vetores de Gibbs – convergiram depressa para a mesma descrição matemática de um vetor: é um trio (x, y, z) de números. Após 250 anos, os matemáticos e físicos do mundo haviam encontrado o caminho de volta para Descartes – mas agora a notação de coordenadas era apenas parte da história. Os trios não representavam apenas pontos: representavam intensidades orientadas. Isso fazia uma diferença enorme – não só para o formalismo, mas para suas interpretações, seu *significado* físico.

Os matemáticos se perguntaram quantos sistemas numéricos hipercomplexos poderia haver. A questão não era "eles servem para alguma coisa?" e sim "eles são interessantes?". Assim, os matemáticos focalizaram principalmente as propriedades algébricas de sistemas de números n-hipercomplexos, para qualquer n. Havia, de fato, espaços n-dimensionais, *mais* operações algébricas, mas, para começar, todo mundo pensava algebricamente e os aspectos geométricos foram deixados de lado.

Geometria diferencial

Os geômetras reagiram à invasão dos algebristas do seu território reinterpretando geometricamente os números hipercomplexos. A figura-chave aqui foi Riemann. Ele estava trabalhando na sua habilitação para docência, o que lhe dava direito de cobrar as aulas de seus alunos. Candidatos para a habilitação precisam dar uma aula especial sobre sua própria pesquisa. Seguindo o procedimento usual, Gauss pediu a Riemann que propusesse alguns temas, dentre os quais Gauss faria a escolha final. Uma das propostas de Riemann foi Sobre a Hipótese que Jaz na Base da Geometria, e Gauss, que vinha pensando no mesmo assunto, a escolheu.

Riemann ficou apavorado – ele detestava falar em público e não tinha elaborado plenamente suas ideias. Mas o que tinha em mente era explosivo: uma geometria de n dimensões, referindo-se a um sistema de n coordenadas $(x_1, x_2, ..., x_n)$, equipado com uma noção de distância entre pontos próximos. Ele chamou esse espaço de variedade. Essa proposta já era radical o bastante, mas havia outra, ainda mais radical: variedades podiam ser curvadas. Gauss vinha estudando a curvatura das superfícies, e obtido uma bela fórmula que representava a curvatura intrinsecamente – isto é, em termos da superfície apenas, não do espaço no qual ela estava inserida.

Riemann pretendera desenvolver uma fórmula semelhante para a curvatura de uma variedade, generalizando a fórmula de Gauss para n dimensões. Essa fórmula também seria intrínseca à variedade – não faria uso explícito do espaço circundante. Os esforços de Riemann para desenvolver a noção de curvatura num espaço de n dimensões o levaram à beira de um colapso nervoso. O que piorou ainda mais as coisas foi que na mesma época ele estava ajudando o colega de Gauss, Weber, que vinha tentando entender a eletricidade. Riemann manteve o esforço e a inter-relação entre as forças elétrica e magnética o levou a um novo conceito de força baseado em geometria. Ele teve o mesmo "estalo" que levou Einstein à relatividade geral décadas depois: forças podem ser substituídas pela curvatura do espaço.

Em mecânica tradicional, os corpos percorrem linhas retas a menos que desviados por alguma força. Em geometrias curvas, as linhas retas não precisam existir e as trajetórias são curvas. Se o espaço é curvo, o que você experimenta quando é obrigado a desviar-se da trajetória reta é sentido como uma força. Riemann teve o estalo que precisava para desenvolver sua aula, que foi dada em 1854. Foi um enorme triunfo. A ideia se espalhou rapidamente, com empolgação crescente. Em pouco tempo os cientistas passaram a dar aulas concorridas sobre a nova geometria. Entre eles estava Hermann von Helmholtz, que dava palestras sobre seres que viviam sobre uma esfera ou sobre qualquer outra superfície curva.

Os aspectos técnicos da geometria de variedades de Riemann, agora chamada geometria diferencial, foram mais desenvolvidos por Eugenio Beltrami, Elwin Bruno Christoffel e a escola italiana com Gregorio Ricci e Tullio Levi-Civita. Mais tarde, esse trabalho acabou se revelando exatamente o que Einstein precisava para a relatividade geral.

Álgebra matricial

Os algebristas também tinham estado bastante ocupados, desenvolvendo técnicas de cálculo para álgebra de n variáveis – o simbolismo formal do espaço n-dimensional. Uma dessas técnicas era a álgebra de matrizes, arranjos retangulares de números, introduzida por Cayley em 1855. Esse formalismo surgiu naturalmente da ideia de mudança de coordenadas. Havia se tornado lugar-comum simplificar fórmulas algébricas substituindo as variáveis como x e y por suas combinações lineares. Por exemplo,

$$u = ax + by$$
$$v = cx + dy$$

para constantes a, b, c e d. Cayley representava o par (x, y) como um vetor coluna e os coeficientes por uma tabela 2 × 2, ou *matriz*. Com uma definição conveniente de multiplicação, ele podia reescrever a mudança de coordenadas como

$$\begin{bmatrix} u \\ v \end{bmatrix} = \begin{bmatrix} a & b \\ c & d \end{bmatrix} \begin{bmatrix} x \\ y \end{bmatrix}$$

O método estendia-se facilmente a tabelas com qualquer número de linhas e colunas, representando mudanças lineares em qualquer número de coordenadas.

A álgebra matricial possibilitava fazer cálculos em espaço n-dimensional. À medida que as novas ideias foram penetrando, uma linguagem geométrica para o espaço n-dimensional surgiu, sustentada por um sistema computacional algébrico formal. Cayley pensou que sua ideia não fosse mais do que uma conveniência notacional, e previu que ela jamais teria qualquer aplicação. Hoje, ela é indispensável em toda a ciência, especialmente em áreas como estatística. Testes médicos são grandes consumidores de matrizes, usadas para determinar que associações entre causa e efeito são estatisticamente significativas.

As imagens geométricas tornaram mais fácil provar teoremas. Críticos contestaram que essas geometrias modernas referiam-se a espaços que não existiam. Os algebristas revidaram ressaltando que a álgebra de n variáveis com toda a certeza existia, e que qualquer coisa que ajudasse a fazer progredir muitas áreas diferentes da matemática certamente era interessante. George Salmon escreveu: "Eu já discuti completamente esse problema [resolver um determinado sistema de equações] quando são dadas três equações com três variáveis. A questão que temos agora diante de nós pode ser formulada como o problema correspondente num espaço de p dimensões. Mas nós consideramos como uma questão puramente algébrica, independente de quaisquer considerações geométricas. No entanto, conservaremos um pouco da *linguagem* geométrica ... porque assim podemos ver mais prontamente como aplicar a um sistema de p equações processos análogos aos que empregamos num sistema de três."

Espaço real

Será que dimensões superiores existem? É claro que a resposta depende do que queremos dizer com "existem", mas as pessoas tendem a não compreender esse tipo de coisa, especialmente quando mexe com suas emoções.

O que a geometria de dimensões superiores fez por eles

Por volta de 1907 o matemático alemão Hermann Minkowski formulou a teoria da relatividade especial de Einstein em termos de um *espaço-tempo* quadridimensional, combinando tempo unidimensional com espaço tridimensional num único objeto matemático. Ele é conhecido como *espaço-tempo de Minkowski*.

As exigências da relatividade implicam que a métrica natural no espaço-tempo de Minkowski não seja aquela determinada pelo Teorema de Pitágoras, no qual o quadrado da distância de um ponto (x, t) para a origem é $x^2 + t^2$. Em vez disso, essa expressão deve ser substituída pelo intervalo $x^2 - c^2t^2$, onde c é a velocidade da luz. A mudança crucial aqui é o sinal de menos, que implica que eventos no espaço-tempo estejam associados a dois cones. Um cone (aqui um triângulo porque o espaço foi reduzido a uma dimensão) representa o futuro do evento e o outro, seu passado. Essa representação geométrica é empregada quase universalmente pelos físicos modernos.

O assunto veio à tona em 1869. Num famoso pronunciamento à Associação Britânica, posteriormente reimpresso como *Um apelo ao matemático*, James Joseph Sylvester ressaltou que a generalização é um modo importante de adiantar a matemática. O que importa, disse Sylvester, é o que é *concebível*, não o que corresponde diretamente à experiência física. E acrescentou que, com um pouco de prática, é perfeitamente possível visualizar quatro dimensões, então o espaço quadridimensional é concebível.

Isso enfureceu a tal ponto o estudioso de Shakespeare Clement Ingleby que ele invocou o grande filósofo Immanuel Kant para provar que a tridimensionalidade é um traço essencial do espaço, sem entender absolutamente nada do ponto levantado por Sylvester. Ainda assim, por algum tempo a maioria dos matemáticos britânicos concordou com Ingleby. Mas alguns matemáticos de outros países não concordaram. Grassmann declarou: "Os teoremas do *Cálculo de Extensão* não são meras traduções de resultados geométricos para uma linguagem abstrata; eles têm uma significação muito mais geral, pois enquanto a geometria comum permanece presa às três dimensões do espaço [físico], a ciência abstrata está livre dessa limitação."

Sylvester defendeu sua posição: "Há muitos que encaram a suposta noção de um espaço generalizado apenas como uma forma disfarçada de formulação algébrica; mas o mesmo pode ser dito, com igual verdade, da nossa noção de infinito, ou de retas impossíveis, ou de retas que formam um ângulo zero em geometria, cuja utilidade não se encontrará ninguém que questione. O dr. Salmon, em sua extensão para superfícies da teoria das características de Chasles, o sr. Clifford na questão da probabilidade e eu mesmo na teoria das partições, e também no meu artigo sobre projeção baricêntrica – todos sentimos e fornecemos evidência da utilidade prática de se lidar com o espaço de quatro dimensões como se fosse um espaço concebível."

Espaço multidimensional

No final, Sylvester venceu o debate. Nos dias de hoje os matemáticos consideram que algo existe se não for logicamente contraditório. Isso pode

A quarta dimensão

contradizer a experiência física, mas é irrelevante para a existência *matemática*. Nesse sentido, espaços multidimensionais são tão reais quanto o espaço familiar em três dimensões, porque é igualmente fácil de se fornecer uma definição formal.

A matemática de espaços multidimensionais, como agora são concebidos, é puramente algébrica, e baseia-se em generalizações óbvias a partir de espaços de dimensões inferiores. Por exemplo, todo ponto no plano (um espaço bidimensional) pode ser especificado por suas duas coordenadas, e todo ponto no espaço tridimensional pode ser especificado por suas três coordenadas. É um passo pequeno definir um ponto num espaço quadridimensional como um conjunto de quatro coordenadas e, mais genericamente, definir um ponto num espaço n-dimensional como uma lista de n coordenadas. Então, o espaço n-dimensional em si (ou n-espaço, para abreviar) é simplesmente o conjunto de todos esses pontos.

Maquinações algébricas similares permitem calcular a distância entre dois pontos quaisquer no n-espaço, o ângulo entre duas retas, e assim por diante. A partir daí é só uma questão de imaginação: a maioria das formas geométricas coerentes em duas ou três dimensões possui análogas imediatas em n dimensões, e o meio de achá-las é descrever as formas familiares usando a álgebra de coordenadas e estender essa descrição para n coordenadas.

Por exemplo, um círculo no plano, ou uma esfera no espaço, consiste em todos os pontos que estejam a uma distância fixa (o raio) de um ponto dado (o centro). A analogia óbvia num n-espaço é considerar todos os pontos que se encontrem a uma distância fixa de um ponto dado. Usando a fórmula para distâncias, isso passa a ser uma condição puramente algébrica, e o objeto resultado é conhecido como uma hiperesfera $(n-1)$-dimensional, ou $(n-1)$-esfera, para abreviar. A dimensão cai de n para $n-1$ porque, por exemplo, um círculo num 2-espaço é uma curva, que é um objeto unidimensional; da mesma maneira, uma esfera no espaço é uma superfície bidimensional. Uma hiperesfera *sólida* em n dimensões é chamada uma n-bola. Logo, a Terra é uma 3-bola e sua superfície é uma 2-esfera.

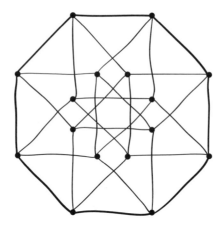
Um hipercubo quadridimensional, projetado no plano.

Atualmente, esse ponto de vista é chamado *álgebra linear*. É usado por toda a matemática e a ciência, especialmente em engenharia e estatística. É também uma técnica padrão em economia. Cayley afirmou que suas matrizes provavelmente jamais teriam qualquer aplicação prática. Não poderia estar mais errado.

Por volta de 1900 as previsões de Sylvester estavam se tornando realidade, com uma explosão de áreas matemáticas e físicas em que o conceito de espaço multidimensional estava tendo um sério impacto. Uma dessas áreas foi a relatividade de Einstein, que pode ser considerada mais precisamente um tipo especial de geometria de espaço-tempo quadridimensional. Em 1908 Hermann Minkowski percebeu que as três coordenadas do espaço comum, junto com uma coordenada extra para o tempo, formam um *espaço-tempo* quadridimensional. Qualquer ponto no espaço-tempo é chamado *evento*: é como uma partícula puntiforme que passa a existir com uma piscada em um instante no tempo, e depois pisca de novo e sai. A relatividade na verdade trata da física dos eventos. Em mecânica tradicional uma partícula que se move através do espaço ocupa coordenadas $(x(t), y(t), z(t))$ num instante t, e essa posição muda com o passar do tempo. Do ponto de vista do espaço-tempo de Minkowski, a coleção de todos esses pontos é uma curva no espaço-tempo, a *linha de mundo* de uma partícula,

A quarta dimensão

O que a geometria de dimensões superiores faz por nós

Para o seu telefone celular é essencial o uso dos espaços multidimensionais. O mesmo ocorre com relação a sua conexão de internet, sua TV a cabo ou satélite, e praticamente qualquer outra peça de tecnologia que envie ou receba mensagens. A comunicação moderna é digital. Todas as mensagens, mesmo mensagens de voz por telefone, são convertidas em padrões de 0s e 1s – números binários.

A comunicação não tem muita utilidade a menos que seja confiável – a mensagem recebida deve ser exatamente igual à enviada. Os equipamentos eletrônicos não podem garantir esse tipo de precisão, pois a interferência, ou mesmo a passagem de um raio cósmico, pode provocar erros. Assim, os engenheiros eletrônicos usam técnicas matemáticas para colocar sinais em código, de modo que os erros possam ser detectados, e até mesmo corrigidos. A base desses códigos é a matemática dos espaços multidimensionais.

Os espaços aparecem porque uma sequência de, digamos, dez dígitos binários, ou *bits*, tal como 1001011100, pode ser encarada de forma proveitosa como um ponto num espaço de dez dimensões com coordenadas restritas a 0 ou 1. Muitas questões importantes sobre códigos de detecção e correção de erros são mais bem abordadas em termos da geometria desse espaço.

Por exemplo, podemos detectar (mas não corrigir) um único erro se codificarmos cada mensagem substituindo todo 0 por 00 e todo 1 por 11. Então, uma mensagem como 110100 fica codificada como 111100110000. Se ela for recebida como 111000110000, com um erro no quarto bit, sabemos que algo saiu errado, porque o par **10**, em negrito, não deveria ocorrer. Mas não sabemos se deveria ter sido 00 ou 11. Isso pode ser ilustrado de modo claro numa figura bidimensional (correspondente ao comprimento dois das palavras-código 00 e 11). Pensando nos bits nas palavras codificadas como coordenadas relativas a dois eixos (correspondentes ao primeiro e segundo dígitos de cada palavra codificada, respectivamente) podemos desenhar uma figura na qual as palavras codificadas válidas 00 e 11 são vértices diagonalmente opostos do quadrado.

Qualquer erro as transforma então em palavras nos outros dois vértices – que não são palavras codificadas válidas. No entanto, como esses

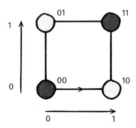

Geometria de pares de dígitos binários.

vértices são adjacentes a ambos os vértices das palavras codificadas válidas, erros diferentes podem levar ao mesmo resultado. Para obter um código capaz de corrigir os erros, podemos usar palavras codificadas de comprimento três e codificar 0 como 000 e 1 como 111. Agora as palavras codificadas se encontram nos vértices de um cubo no espaço tridimensional. Qualquer erro resulta numa palavra codificada adjacente; mais ainda, cada uma dessas palavras codificadas não válidas é adjacente a somente uma das palavras codificadas válidas 000 ou 111.

Essa abordagem para codificar mensagens digitais foi desbravada por Richard Hamming em 1947. A interpretação geométrica veio logo em seguida, e tem se provado crucial para o desenvolvimento de códigos mais eficientes.

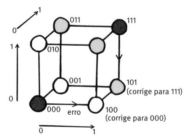

Código de correção de erros usando sequências de comprimento três.

A *quarta dimensão*   305

e é um objeto único por si só, existindo por todo o tempo. Na relatividade, a quarta dimensão tem uma interpretação única e fixa: o *tempo*.

A incorporação da gravidade subsequente, conquistada na relatividade geral, fez uso intensivo das geometrias revolucionárias de Riemann, mas modificadas de modo a se ajustar à representação de Minkowski da geometria do espaço-tempo achatado – ou seja, o que acontece com espaço e tempo quando não há massa presente para causar distorções gravitacionais, que Einstein modelou como curvatura.

Os matemáticos preferiram uma noção mais flexível de dimensionalidade e espaço, e à medida que o final do século XIX se transformava no começo do século XX a matemática em si parecia cada vez mais exigir a aceitação da geometria multidimensional. A teoria das funções de duas variáveis complexas, uma extensão natural da análise complexa, requeria pensar sobre o espaço de duas dimensões complexas – mas cada dimensão complexa pode ser representada por duas reais, logo, queira-se ou não, estamos olhando para um espaço quadridimensional. A variedade de Riemann e a álgebra de muitas variáveis proporcionou uma motivação adicional.

Coordenadas genéricas

Um outro estímulo em direção à geometria multidimensional foi a reformulação da mecânica feita por Hamilton em 1835 em termos de coordenadas genéricas, um desenvolvimento iniciado por Lagrange em seu *Mecânica analítica*, de 1788. Um sistema mecânico tem tantas dessas coordenadas quanto tem graus de liberdade – isto é, maneiras de mudar o seu estado. Com efeito, o número de graus de liberdade é apenas dimensão disfarçada.

Por exemplo, são necessárias seis coordenadas genéricas para especificar a configuração de uma bicicleta rudimentar: uma para o ângulo do guidão em relação ao quadro, uma para cada uma das posições angulares das duas rodas, outra para o eixo dos pedais, mais duas para as posições rotacionais dos próprios pedais. Uma bicicleta é, obviamente, um *objeto* tridimensional, mas o espaço de *configurações* possíveis da bicicleta é hexadimensional – e essa é uma das razões por que é difícil aprender a andar de bicicleta até você pegar o macete. Seu cérebro precisa construir uma representação interna de como essas seis variáveis interagem – você precisa aprender a navegar na geometria hexadimensional do espaço-bicicleta. Para uma bicicleta em movimento também há seis velocidades correspondentes com que se preocupar: a dinâmica é, em essência, *12*-dimensional.

Por volta de 1920 essa conjunção de física, matemática e mecânica havia triunfado, e o uso da linguagem geométrica para problemas de muitas variáveis – a geometria multidimensional – deixara de provocar animosidade, exceto talvez entre os filósofos. Em 1950 o processo já tinha ido tão longe que a tendência natural dos matemáticos era formular tudo em *n* dimensões desde o começo. Teorias limitadas a duas ou três dimensões pareciam antiquadas e ridiculamente restritivas.

A linguagem do espaço de dimensões superiores rapidamente se espalhou para todas as áreas da ciência, chegando a invadir assuntos como economia e genética. Hoje os virologistas, por exemplo, pensam nos vírus como pontos num espaço de sequências de DNA que poderiam facilmente ter várias centenas de dimensões. Com isso eles querem dizer, em essência, que os genomas desses vírus têm comprimento de centenas de bases de DNA – mas a imagem geométrica vai além da metáfora: ela fornece um meio efetivo de pensar no problema.

Nada disso, porém, significa que o mundo dos espíritos exista, que agora os fantasmas possuem um lar digno de crédito, ou que algum dia possamos (como em *Planolândia*, de Edwin Abbott) receber uma visita da hiperesfera, uma criatura da quarta dimensão, que se manifestaria para nós como uma esfera cujo tamanho ficaria mudando misteriosamente, capaz de encolher até virar um ponto ou sumir do nosso Universo. No entanto, os físicos trabalhando na teoria das supercordas atualmente acreditam que o nosso Universo pode na realidade ter *dez* dimensões, não quatro. Eles pensam que nunca notamos as suas dimensões adicionais porque elas estão enroladas demais para que possamos detectá-las.

A quarta dimensão

Das áreas em que a matemática parece perder todo contato com a realidade, a geometria multidimensional é uma das mais impressionantes. Uma vez que o espaço físico é tridimensional, como podem existir espaços de quatro ou mais dimensões? E mesmo que possam ser definidos matematicamente, como podem ter alguma utilidade?

O erro aqui é esperar que a matemática seja uma tradução óbvia, literal, da realidade, observada da maneira mais direta. Nós estamos, na verdade, cercados de objetos que podem ser mais bem descritos por um grande número de variáveis, os "graus de liberdade" desses objetos. Para formular a posição de um esqueleto humano são necessárias pelo menos cem variáveis, por exemplo. Matematicamente, a descrição natural de tais objetos se dá em termos de espaços de dimensões superiores, com uma dimensão para cada variável.

Foi necessário um longo tempo para formalizar tais descrições, e um maior ainda para convencer a todos que tinham utilidade. Hoje, estão inseridas tão profundamente no pensamento científico que seu uso se tornou um ato reflexo. São padrão em economia, biologia, física, engenharia, astronomia... a lista é interminável.

A vantagem da geometria de dimensões superiores é que ela permite que a capacidade visual humana lide com problemas que inicialmente não têm nada de visual. Como nossos cérebros são adeptos do pensamento visual, essa formulação pode muitas vezes levar a percepções inesperadas, difíceis de serem obtidas por outros métodos. Os conceitos matemáticos que não têm relação direta com o mundo real frequentemente possuem ligações mais profundas, indiretas. São esses elos que tornam a matemática útil.

17. A forma da lógica
Colocando a matemática sobre alicerces bem firmes

À medida que a superestrutura da matemática foi crescendo sempre mais, um pequeno número de matemáticos começou a se perguntar se as fundações eram capazes de suportar o peso. Uma série de crises em termos na base fundacional – particularmente as controvérsias sobre conceitos básicos de cálculo e a confusão generalizada sobre a série de Fourier – havia deixado claro que os conceitos matemáticos necessitavam ser definidos com muito cuidado e precisão para evitar armadilhas lógicas. De outra forma, as torres dedutivas do tema poderiam facilmente desabar em contradições lógicas por conta de alguma imprecisão ou ambiguidade subjacente.

No início as preocupações foram concentradas em ideias complicadas, sofisticadas, como a série de Fourier. Mas aos poucos o mundo da matemática percebeu que ideias muito básicas também podiam ser suspeitas. Entre elas, o conceito de número era o principal. A verdade assustadora era que os matemáticos haviam dedicado tanto esforço à descoberta de propriedades profundas dos números que haviam negligenciado a pergunta: o que *eram* os números. E quando chegou a hora de dar uma definição lógica, não souberam.

Dedekind

Em 1858, dando um curso de cálculo, Dedekind ficou preocupado com a base do cálculo. Não o seu uso de limites, mas o conjunto dos números

A forma da lógica

reais. Publicou seus pensamentos em 1872 como *Stetigkeit und Irrationale Zahlen* (Continuidade e números irracionais), destacando que propriedades aparentemente óbvias dos números reais nunca haviam sido provadas de forma rigorosa. Como exemplo citava a igualdade $\sqrt{2}\,\sqrt{3} = \sqrt{6}$. Obviamente esse fato é constatado elevando-se ao quadrado ambos os lados da igualdade – exceto que a multiplicação de números irracionais na verdade nunca foi definida. Em seu livro de 1888, *Was Sind und was Sollen die Zahlen?* (O que são e o que significam os números?), ele expôs sérias lacunas nas fundações lógicas do conjunto dos números reais. Ninguém havia realmente provado que os números reais existem.

Ele também propôs uma maneira de preencher essas lacunas, usando o que agora chamamos de *cortes de Dedekind*. A ideia era começar de um conjunto numérico estabelecido, os números racionais, e então estender o conjunto de modo a obter o conjunto mais rico dos números reais. Sua abordagem era partir das propriedades exigidas para números reais, encontrar algum meio de reformulá-las estritamente em termos de números racionais e então reverter o procedimento, interpretando essas características de números racionais como uma definição dos reais. Esse tipo de engenharia reversa de novos conceitos a partir de conceitos mais velhos tem sido muito usado desde então.

Suponhamos, por enquanto, que os números reais de fato existam. Como eles se relacionam com os números racionais? Alguns reais não são racionais, sendo um exemplo óbvio $\sqrt{2}$. Embora não seja uma fração exata, ela pode ser aproximada tanto quanto se queira por racionais. De algum modo ela se encontra numa posição específica, ensanduichada entre o denso arranjo de todos os racionais possíveis. Mas como podemos especificar essa posição? Dedekind notou que $\sqrt{2}$ separa nitidamente o conjunto de números racionais em duas partes: os que são menores que $\sqrt{2}$ e os que são maiores. Num certo sentido, essa separação – ou *corte* – define o número $\sqrt{2}$ em termos de racionais. O único senão é que fazemos uso de $\sqrt{2}$ para definir as duas partes do corte. No entanto, há uma saída. Os números racionais maiores que $\sqrt{2}$ são precisamente aqueles que são positivos e cujo quadrado é maior que 2. Os números racionais menores que √2 são todos os outros. Esses dois conjuntos de números racionais são definidos agora sem qualquer referência *explícita* a √2, mas especificam precisamente a localização de uma linha de números reais.

Dedekind mostrou, em favor do argumento, que se admitirmos que os números reais existem, então um corte satisfazendo essas duas propriedades pode ser associado a qualquer número real, formando dois conjuntos: o conjunto R de todos os racionais que são maiores que aquele número real e o conjunto L de todos os racionais menores que aquele número real, ou igual a ele. (A condição final é necessária para associar um corte a qualquer número *racional*. Nós não queremos deixá-los de fora.) Aqui L e R podem ser lidos como *left* (esquerda) e *right* (direita) na imagem usual da reta dos números reais.

Esses dois conjuntos L e R obedecem a algumas condições bastante rigorosas. Primeiro, todo número racional pertence a precisamente um deles. Segundo, todo número em R é maior que qualquer número em L. Por fim, existe uma condição técnica que cuida dos próprios números racionais: L pode ou não ter um membro maior que todos, mas R nunca tem um membro menor que todos. Chamamos *qualquer* par de subconjuntos dos racionais com essas propriedades de *corte*.

Na engenharia reversa, não precisamos assumir a existência dos números reais. Em vez disso, podemos usar cortes para *definir* números reais, de modo que efetivamente o número real é um corte. Geralmente não pensamos num número real dessa maneira, mas Dedekind percebeu que podemos fazê-lo se quisermos. A tarefa principal é definir como somar e multiplicar cortes, de modo que a aritmética dos números reais faça sentido. Isso acaba sendo fácil. Para somar dois cortes (L_1, R_1) e (L_2, R_2), definimos $L_1 + L_2$ como sendo o conjunto de todos os números obtidos somando-se um número em L_1 a um número em L_2 e definimos $R_1 + R_2$ de maneira similar. Logo, as somas dos dois cortes é o corte $(L_1 + L_2, R_1 + R_2)$. A mul-

A forma da lógica

tiplicação é semelhante, mas números positivos e negativos comportam-se de forma ligeiramente diferente.

Admitindo que tudo isso possa ser feito, vejamos como Dedekind pode então provar que $\sqrt{2}\,\sqrt{3} = \sqrt{6}$. Vimos que $\sqrt{2}$ corresponde ao corte (L_1, R_1) onde R_1 consiste em todos os racionais positivos cujo quadrado é maior que 2. Da mesma maneira, $\sqrt{3}$ corresponde ao corte (L_1, R_2) onde R_2 consiste em todos os racionais positivos cujo quadrado é maior que 3. Prova-se facilmente que o produto desses dois cortes é (L_3, R_3) onde R_3 consiste em todos os racionais positivos cujo quadrado é maior que 6. Mas esse é o corte correspondente a $\sqrt{6}$. Pronto!

A beleza da abordagem de Dedekind é que ela reduz todas as questões referentes a números reais às correspondentes questões sobre números racionais – especificamente, sobre *pares de conjuntos* de números racionais. Portanto, ela define números reais puramente em termos de números racionais e operações com esses números. A conclusão é que os números reais existem (no sentido matemático) contanto que existam os números racionais.

Há um pequeno preço a pagar: um número real é definido agora como um par de conjuntos de racionais, que não é como usualmente pensamos num número real. Se parece estranho, tenha em mente que a representação habitual de um número real como decimal infinito requer uma sequência infinita de algarismos decimais 0-9. Isso é conceitualmente pelo menos tão complicado quanto o corte de Dedekind. Mas na verdade é bastante traiçoeiro definir a soma ou o produto de dois decimais infinitos, porque os métodos habituais para somar ou multiplicar decimais começam a partir da direita – e quando um decimal é infinito, ele *não tem* uma extremidade direita.

Axiomas para números inteiros

O livro de Dedekind serviu bastante bem como exercício de fundações, mas à medida que o ponto geral relativo a definição de termos foi sendo absorvido, logo se percebeu que o livro apenas desviava a atenção dos reais para os racionais. Como sabemos que os números *racionais* existem? Bem, se admitirmos que os inteiros existem, é fácil: definimos um racional p/q como sendo um par de inteiros (p, q) e deduzimos fórmulas para somas e produtos. Se existirem inteiros, então existem pares de inteiros.

Sim, mas como sabemos que inteiros existem? Além de um sinal de mais ou menos, inteiros são os nossos números naturais. Cuidar do sinal é fácil. Então, os inteiros existem contanto que os naturais existam.

Ainda não terminamos, contudo. Estamos tão familiarizados com os números naturais que nem nos ocorre perguntar se os números familiares 0, 1, 2, 3, e assim por diante, realmente existem. E se existem, *o que são eles?*

Em 1889, Giuseppe Peano contornou a questão da existência seguindo uma ideia de Euclides. Em vez de discutir a existência de pontos, retas, triângulos e similares, Euclides simplesmente redigiu uma lista de axiomas – propriedades que seriam assumidas sem mais perguntas. Não importa se pontos, retas etc. *existiam* – uma questão mais importante é: se existissem, que propriedades teriam? Assim, Peano redigiu uma lista de axiomas para os números naturais. As principais características eram:

- Existe um número 0.
- Todo número n tem um sucessor, $s(n)$ (no qual pensamos como $n + 1$).
- Se $P(n)$ é uma propriedade dos números, de modo que $P(0)$ seja verdade, e sempre que $P(n)$ for verdade então $P(s(n))$ será verdade, então $P(n)$ é verdade para todo n (Princípio da Indução Matemática).

Ele definiu então os números 1, 2, e assim por diante, em termos desses axiomas, estabelecendo essencialmente

$$1 = s(0)$$
$$2 = s(s(0))$$

e assim por diante. Definiu também as operações básicas da aritmética e provou que elas obedecem às leis usuais. Em seu sistema, $2 + 2 = 4$ é um provável teorema, apresentado como $s(s(0)) + s(s(0)) = s(s(s(s(0))))$.

*A forma da lógica*313

Uma grande vantagem dessa abordagem axiomática é que ela identifica exatamente o que precisamos provar se queremos mostrar, de um modo ou de outro, que os números naturais existem. Temos apenas que construir algum sistema que satisfaça todos os axiomas de Peano.

A questão realmente profunda aqui é o significado de "existir" em matemática. No mundo real, algo existe se pode ser observado ou, sendo impossível, deduzir sua presença necessária a partir de coisas que *podem* ser observadas. Sabemos que a gravidade existe porque podemos observar seus efeitos, mesmo que ninguém possa *ver* a gravidade. Assim, no mundo real, podemos falar de modo sensato da existência de dois gatos, duas bicicletas ou duas bisnagas de pão. No entanto, o *número* 2 não é assim. Ele não é uma coisa, mas uma estrutura conceitual. Nós nunca encontramos o número 2 no mundo real. O mais perto que chegamos é um símbolo, 2, escrito ou impresso em papel, ou exibido numa tela de computador. No entanto, ninguém imagina que um símbolo seja idêntico à coisa que ele representa. A palavra "gato" escrita em tinta não é um gato. Da mesma forma, o símbolo 2 não é o número 2.

O significado de "número" é um problema conceitual e filosófico surpreendentemente difícil. E se torna ainda mais frustrante pelo fato de todos sabermos perfeitamente bem como usar números. Nós sabemos como eles se comportam, mas não sabemos o que são.

Conjuntos e classes

Nos anos 1880 Gottlob Frege tentou resolver a questão conceitual construindo números naturais a partir de objetos ainda mais simples – ou seja, conjuntos, ou classes, como ele os chamou. Seu ponto de partida foi a associação padrão de números com contagem. Segundo Frege, dois é uma propriedade daqueles conjuntos – e somente daqueles – que tenham uma correspondência biunívoca de um para um com um conjunto padrão $\{a,b\}$ tendo membros distintos a e b. Assim

{um gato, outro gato}

{uma bicicleta, outra bicicleta}

{um pão, outro pão}

podem todos ser combinados com $\{a,b\}$, então todos determinam – o que quer que isso signifique – o mesmo número.

Infelizmente, usar uma lista de conjuntos padrão como números dá a impressão de uma falácia – é a mesma coisa que confundir um símbolo com aquilo que ele representa. Mas como podemos caracterizar "uma propriedade daqueles conjuntos que tenham uma correspondência biunívoca com um conjunto padrão"? O que é uma propriedade? Frege teve uma ideia magnífica. Há um conjunto bem-definido que é associado com qualquer propriedade, ou seja, o conjunto que consiste em tudo que possua essa propriedade. A propriedade "primo" é associada com o conjunto de *todos* os números primos; a propriedade "isósceles" é associada com o conjunto de *todos* os triângulos isósceles, e assim por diante.

Então, Frege propôs que o número dois seja o conjunto que compreende *todos* os conjuntos que tenham uma correspondência biunívoca com o conjunto padrão $\{a,b\}$. Mais genericamente, um *número* é o conjunto de todos os conjuntos que tenham uma correspondência com algum conjunto dado. Assim, por exemplo, o número 3 é o conjunto $\{ \ldots \{a, b, c\}$, {um gato, outro gato, mais um gato}, $\{X, Y, Z\}, \ldots \}$, embora provavelmente seja melhor usar objetos matemáticos em vez de gatos ou letras.

Com base nisso, Frege descobriu que podia colocar toda a aritmética dos números naturais numa base lógica. Tudo ficava reduzido a propriedades óbvias dos conjuntos. Ele apresentou essas ideias na magistral obra *Os fundamentos da aritmética*, de 1884, mas para sua profunda decepção Georg Cantor, um proeminente lógico matemático, repudiou o livro, considerando-o sem valor. Em 1893 Frege, destemidamente, publicou o primeiro volume de outro livro, *As leis básicas da aritmética*, no qual fornecia um sistema intuitivo plausível de axiomas para a aritmética. Peano escreveu uma resenha e todos os outros o ignoraram. Dez anos depois,

A forma da lógica

Frege finalmente estava pronto para publicar o volume dois, mas a essa altura tinha notado uma falha básica em seus axiomas. Outros também a notaram. Enquanto o volume dois estava sendo impresso, o desastre se instalou. Frege recebeu uma carta do filósofo-matemático Bertrand Russell, a quem enviara um exemplar antecipado do livro. Parafraseando, a carta dizia mais ou menos o seguinte: "Caro Gottlob, considere o conjunto de todos os conjuntos que não são membros de si mesmos. Seu, Bertrand."

Frege era um lógico soberbo e imediatamente captou o ponto de Russell – de fato, ele já tinha consciência do potencial para possíveis problemas. Toda a abordagem de Frege admitira, sem prova, que qualquer propriedade razoável definia um conjunto significativo, constituído daqueles objetos que possuíssem a referida propriedade. Mas aí estava uma propriedade aparentemente razoável, não ser membro de si mesmo, que manifestamente não correspondia a um conjunto.

O Paradoxo de Russell

Uma versão menos formal do paradoxo proposto por Russell é o barbeiro da aldeia, que faz a barba de todo mundo que não se barbeia. Quem faz a barba do barbeiro? Se ele se barbeia, então, por definição, é barbeado pelo barbeiro da aldeia – ele mesmo! Se ele não se barbeia, então é barbeado pelo barbeiro – que, mais uma vez, é ele mesmo.

Salvo algumas exceções – por exemplo, o barbeiro é uma mulher –, a única conclusão possível é que tal barbeiro não existe. Russell reformulou o paradoxo em termos de conjuntos. Define-se um conjunto X constituído de todos os conjuntos que não são membros de si mesmos. X é membro de si mesmo, ou não? Se não for, então por definição ele pertence a X – ele mesmo. Se for membro de si mesmo, então, como todos os membros de X, não é membro de si mesmo. Logo, X é membro de si mesmo se não for e não é membro de si mesmo se for. Dessa vez não há saída – conjuntos femininos não são ainda parte da empreitada matemática.

Um Frege melancólico escreveu um apêndice a sua *magnum opus*, discutindo a objeção de Russell. Ele descobriu um reparo imediato: eliminar do domínio dos conjuntos todos que sejam membros de si mesmos. Mas na verdade nunca ficou feliz com essa proposta.

Russell, da sua parte, tentou reparar a lacuna na construção de Frege dos números naturais a partir de conjuntos. Sua ideia foi restringir o tipo de propriedade que podia ser usada para definir um conjunto. É claro que precisava achar uma prova de que esse tipo restrito de propriedade jamais levasse a um paradoxo. Em colaboração com Alfred North Whitehead, saiu-se com uma complicada e técnica *teoria de tipos* que alcançava tal objetivo, ao menos para satisfação de ambos. Eles apresentaram sua abordagem numa densa obra em três volumes, o *Principia Mathematica*, de 1910-13. A definição do número 2 é quase no final do primeiro volume, e o teorema $1 + 1 = 2$ é provado na página 86 do volume dois. Todavia, o *Principia Mathematica* não encerrou o debate sobre as fundações. A teoria dos tipos era controversa por si mesma. Os matemáticos queriam algo mais simples e mais intuitivo.

Cantor

As análises do papel fundamental da contagem como base para os números levaram a uma das descobertas mais audaciosas de toda a matemática: a teoria de Cantor dos *números transfinitos* – infinitos de diferentes tamanhos.

A infinidade, sob vários disfarces, parece inevitável em matemática. Não existe o maior número natural – porque somando-se um sempre se obtém um número ainda maior –, então existem infinitos números naturais. A geometria de Euclides tem lugar num plano infinito, e ele provou que existem infinitos números primos. No rumo ao cálculo, muita gente, entre eles Arquimedes, julgou proveitoso pensar numa área ou num volume como sendo a soma de infinitas fatias infinitamente finas. Como consequência do cálculo, a mesma imagem de áreas e volumes foi usada com propósitos heurísticos, ainda que as provas efetivas tomassem uma forma diferente.

A forma da lógica

Essas ocorrências do infinito podiam ser reformuladas em termos finitos para evitar várias dificuldades filosóficas. Em vez de dizer "há infinitos números naturais", por exemplo, podemos dizer "não existe um número natural maior de todos". A segunda afirmativa evita menção explícita ao infinito, sendo ao mesmo tempo logicamente equivalente à primeira. Em essência, o infinito é pensado aqui como um processo, que pode ser continuado sem qualquer limite específico, mas não é efetivamente *completado*. Os filósofos chamam esse tipo de infinito de infinito potencial. Em contraste, o uso explícito do infinito como objeto matemático em si é o infinito de fato.

Os matemáticos anteriores a Cantor haviam notado que infinitos de fato tinham características paradoxais. Em 1632 Galileu escreveu *Diálogo concernente a dois sistemas de mundo*, no qual dois personagens ficcionais, o sagaz Salviati e o inteligente leigo Sagredo, discutem a causa das marés dos pontos de vista geocêntrico e heliocêntrico. Toda menção a marés foi removida a pedido da Igreja, tornando o livro um exercício hipotético que, ainda assim, dá um poderoso argumento para a teoria heliocêntrica de Copérnico. Ao longo do caminho, os dois personagens discutem alguns dos paradoxos do infinito. Sagredo pergunta: "Existem mais números que quadrados?", e indica que já que a maioria dos números naturais não são quadrados perfeitos a resposta deve ser sim. Salviati replica que todo número pode ser associado singularmente com seu quadrado:

$$1 \quad 2 \quad 3 \quad 4 \quad 5 \quad 6 \quad 7 \quad \ldots$$
$$\downarrow \quad \downarrow \quad \downarrow \quad \downarrow \quad \downarrow \quad \downarrow \quad \downarrow$$
$$1 \quad 4 \quad 9 \quad 16 \quad 25 \quad 36 \quad 49 \quad \ldots$$

Portanto, a quantidade de números naturais deve ser a mesma que a de quadrados, assim a resposta é não.

Cantor resolveu essa dificuldade reconhecendo que no diálogo o advérbio "mais" está sendo usado de duas maneiras diferentes. Sagredo está ressaltando que o conjunto de todos os quadrados é um característico subconjunto do conjunto dos números naturais. A posição de Salviati é mais sutil: ele argumenta que existe uma correspondência biunívoca entre o conjunto de todos os quadrados e o conjunto de todos os números naturais.

Seguindo essa linha de raciocínio, Cantor foi conduzido à invenção de uma aritmética do infinito, que explicava os paradoxos anteriores ao mesmo tempo que introduzia novos. Esse trabalho foi parte de um programa mais extenso, *Mengenlehre*, a matemática dos conjuntos (*Menge*, em alemão, significa conjunto ou pluralidade). Cantor começou a pensar em conjuntos por causa de algumas questões difíceis na análise de Fourier, então as ideias tinham suas raízes em teorias matemáticas convencionais. Mas as respostas que descobriu eram tão estranhas que muitos matemáticos do período as rejeitaram como despropositadas. Outros, porém, perceberam seu valor, especialmente David Hilbert, que afirmou: "Ninguém há de nos expulsar do paraíso que Cantor criou."

Tamanho de um conjunto

O ponto de partida de Cantor foi o conceito ingênuo de *conjunto*, que é uma coleção de objetos, seus *membros*. Uma forma de especificar um conjunto é listar os membros, usando chaves. Por exemplo, o conjunto de todos os números naturais entre 1 e 6 é escrito

$$\{1, 2, 3, 4, 5, 6\}$$

Como alternativa, um conjunto pode ser especificado apresentando a regra para o pertencimento:

$$\{n : 1 \leq n \leq 6 \text{ e } n \text{ é um número natural}\}$$

Os conjuntos acima especificados são idênticos. A primeira notação é limitada a conjuntos finitos, mas a segunda não tem essas limitações. Logo, os conjuntos

$$\{n : n \text{ é um número natural}\}$$

e

$$\{n : n \text{ é um quadrado perfeito}\}$$

estão ambos especificados precisamente, e ambos são infinitos.

A forma da lógica

Uma das coisas mais simples que podem ser feitas com um conjunto é contar seus membros. Qual é o tamanho do conjunto? O conjunto $\{1, 2, 3, 4, 5, 6\}$ tem seis membros. O mesmo ocorre com o conjunto $\{1, 4, 9, 16, 25, 36\}$, que consiste dos quadrados correspondentes. Dizemos que a *cardinalidade* do conjunto é 6, e chamamos 6 de *número cardinal*. (Existe um conceito diferente, o número ordinal, associado a colocar os números em ordem; é por esse motivo que o adjetivo "cardinal" não é supérfluo aqui.) O conjunto de todos os números naturais não pode ser contado dessa maneira, mas Cantor notou que ainda assim é possível colocar o conjunto de todos os números naturais e o conjunto de todos os quadrados numa correspondência biunívoca, usando o mesmo esquema que Galileu. Cada número natural n forma par com seu quadrado n^2.

Cantor definiu dois conjuntos como sendo *equinuméricos* (o termo não é seu) se existir uma correspondência biunívoca entre eles. Se os conjuntos forem finitos, essa propriedade é equivalente a "ter a mesma quantidade de membros". Mas se os conjuntos forem infinitos, aparentemente não faz sentido falar na quantidade de membros; de todo modo, o conceito de equinumerosidade faz perfeito sentido. Mas Cantor foi além. Introduziu um sistema de *números transfinitos*, ou *cardinais infinitos*, que possibilitou efetivamente dizer quantos membros um conjunto infinito possui. Além disso, dois conjuntos eram equinuméricos se, e somente se, tivessem a mesma quantidade de membros – o mesmo cardinal.

O ponto de partida era um novo tipo de número, que ele representou pelo símbolo $\aleph_0$. É a letra hebraica *alef* com um índice zero, lida em alemão como *alef-null*, atualmente alef-zero. Esse número é definido como sendo a cardinalidade do conjunto de todos os números naturais. Insistindo que conjuntos equinuméricos possuem a mesma cardinalidade, Cantor determinou que qualquer conjunto que possa ser colocado numa correspondência biunívoca com o conjunto de todos os números naturais também tem cardinalidade $\aleph_0$. Por exemplo, o conjunto de todos os quadrados tem cardinalidade $\aleph_0$. O mesmo ocorre com o conjunto de todos os números pares:

1	2	3	4	5	6	7	...
↓	↓	↓	↓	↓	↓	↓	
2	4	6	8	10	12	14	...

E também o conjunto de todos os números ímpares:

1	2	3	4	5	6	7	...
↓	↓	↓	↓	↓	↓	↓	
1	3	5	7	9	11	13	...

Uma implicação dessas definições é que um conjunto menor pode ter a mesma cardinalidade de um conjunto maior. Mas aqui não há contradição lógica nas definições de Cantor, de modo que ele considerou essa característica como uma consequência natural da sua armação e um preço que valia a pena pagar. Você só precisa ter o cuidado de não presumir que cardinais infinitos se comportem exatamente como finitos. Mas por que haveriam de se comportar? Eles não são finitos!

Existem mais números inteiros (positivos e negativos) do que números naturais? Eles não são o dobro? Não, porque podemos associar os dois conjuntos assim:

1	2	3	4	5	6	7	...
↓	↓	↓	↓	↓	↓	↓	
0	1	−1	2	−2	3	−3	...

A aritmética dos cardinais infinitos também é estranha. Por exemplo, acabamos de ver que os conjuntos de números naturais pares e ímpares têm cardinalidade $\aleph_0$. Uma vez que esses conjuntos não têm membros em comum, a cardinalidade de sua união – o conjunto formado com a sua combinação – deveria ser, por analogia com os conjuntos finitos, $\aleph_0 + \aleph_0$. Sabemos, porém, qual é essa união: são os números naturais, com cardinalidade $\aleph_0$. Então, aparentemente somos forçados a concluir que

$$\aleph_0 + \aleph_0 = \aleph_0$$

A forma da lógica

E é o que ocorre. Porém, mais uma vez, não há contradição: não podemos dividir por $\aleph_0$ para concluir que $1 + 1 = 1$, porque $\aleph_0$ não é um número natural e a divisão não foi definida – e muito menos foi demonstrado que ela faz sentido. De fato, essa equação mostra que a divisão por $\aleph_0$ nem sempre faz sentido. Mais uma vez, aceitamos isso como o preço do progresso.

Tudo está muito bem, mas parece que $\aleph_0$ é apenas um símbolo sofisticado para o bom e velho ∞, e nada de novo está realmente sendo dito. Não é o caso de que *todos* os conjuntos infinitos têm cardinal $\aleph_0$? Com certeza todos os infinitos são iguais.

Um candidato para uma cardinalidade infinita maior que $\aleph_0$ – isto é, um conjunto infinito que não pode ser colocado em correspondência biunívoca com o conjunto de todos os números naturais – é o conjunto de todos os números racionais, que em geral é representado por $\mathbb{Q}$. Afinal, existem infinitamente mais números racionais no intervalo entre dois inteiros consecutivos, e o tipo de truque que usamos para os inteiros não funciona mais.

No entanto, em 1873 Cantor provou que $\mathbb{Q}$ também tem cardinalidade $\aleph_0$. A correspondência biunívoca embaralha bastante os números, mas ninguém disse que eles precisavam permanecer em ordem numérica. Estava começando a parecer de modo significativo que todo conjunto infinito tinha cardinalidade $\aleph_0$.

No mesmo ano, porém, Cantor fez uma descoberta importantíssima. Ele provou que o conjunto $\mathbb{R}$ de todos os números reais *não* tem cardinalidade $\aleph_0$, um teorema surpreendente que ele publicou em 1874. Assim, mesmo no sentido especial de Cantor, existem *mais* números reais que inteiros. Um infinito pode ser maior que outro infinito.

Qual é o tamanho da cardinalidade dos reais? Cantor esperava que fosse $\aleph_1$, o maior cardinal depois de $\aleph_0$. Mas não conseguiu provar, de modo que denominou o novo cardinal como c, significando continuum. A esperada equação $c = \aleph_1$ foi chamada hipótese do continuum. Apenas em 1960 os matemáticos conseguiram demonstrar a relação entre c e $\aleph_1$, quando Paul Cohen provou que a resposta depende de quais axiomas são escolhidos para a teoria dos conjuntos. Com alguns axiomas coerentes, os dois cardinais são o mesmo. Mas com outros axiomas, igualmente razoáveis, são diferentes.

Embora a validade da equação $c = \aleph_1$ dependa dos axiomas escolhidos, uma igualdade associada não depende. Essa é $c = 2^{\aleph_0}$. Para qualquer cardinal A definimos 2^A como o cardinal do conjunto de todos os subconjuntos de A. E podemos provar, com muita facilidade, que 2^A é sempre maior que A. Isso significa que não somente alguns infinitos são maiores que outros: não existe um cardinal infinito maior que todos.

Contradições

A maior tarefa da matemática de fundações, porém, não era provar que conceitos matemáticos existem. Era provar que a matemática é logicamente consistente. Pois todos os matemáticos sabiam, e todos sabem hoje – pode haver alguma sequência de passos lógicos, todos perfeitamente corretos, que levam a uma conclusão absurda. Talvez se possa provar que $2 + 2 = 5$, ou $1 = 0$, por exemplo. Ou que 6 é primo, ou que $\pi = 3$.

Bem, poderia parecer que uma contradição mínima resultaria em consequências limitadas. Na vida diária, as pessoas geralmente atuam muito satisfeitas dentro de um contexto contraditório, afirmando num dado momento que, digamos, o aquecimento global está destruindo o planeta, e no momento seguinte que as linhas aéreas de baixo custo são uma grande invenção. Mas em matemática as consequências não são limitadas, e não se pode fugir das contradições lógicas ignorando-as. Em matemática, uma vez que algo é provado, pode ser usado para outras provas. Tendo provado que $0 = 1$, muitas coisas mais desagradáveis virão em seguida. Por exemplo, todos os números são iguais. Pois se x é um número qualquer, comece a partir de $0 = 1$ e multiplique ambos os lados por x. Da mesma maneira, se y for qualquer outro número, $0 = y$. Mas agora $x = y$.

Pior, o método padrão de prova por contradição significa que qualquer coisa pode ser provada uma vez que provamos que $0 = 1$. Para provar o Último Teorema de Fermat, por exemplo, argumentamos da seguinte maneira:

A forma da lógica

> Suponhamos que o Último Teorema de Fermat seja falso.
> Então (como já provado) 0 = 1.
> Contradição.
> Portanto o Último Teorema de Fermat é verdadeiro.

Além de ser insatisfatório, esse método também prova que o Último Teorema de Fermat é falso:

> Suponhamos que o Último Teorema de Fermat seja verdadeiro.
> Então (como já provado) 0 = 1.
> Contradição.
> Portanto o Último Teorema de Fermat é falso.

Uma vez que tudo é verdadeiro – e também falso – não se pode dizer nada significativo. Toda a matemática seria um jogo idiota, sem conteúdo.

Hilbert

O grande passo seguinte nas fundações foi dado por David Hilbert, provavelmente o matemático mais importante de seu tempo. Hilbert tinha o hábito de trabalhar por cerca de dez anos numa área da matemática, aparando e polindo os principais problemas, e aí passava para uma nova área. Hilbert estava convencido de que deveria ser possível provar que a matemática nunca pode levar a uma contradição lógica. E percebeu também que a intuição física não seria útil em tal projeto. Se a matemática é contraditória, deve ser possível provar que 0 = 1, e nesse caso existe uma interpretação física: 0 vacas = 1 vaca, então as vacas podem desaparecer como fumaça. Parece improvável. No entanto, não há garantia de que a matemática dos números naturais de fato se encaixe com a física das vacas, e não é muito concebível que uma vaca possa desaparecer de súbito. (Em mecânica quântica, isso poderia ocorrer, mas com uma probabilidade muito baixa.) Há um limite para o número de vacas num Universo finito, mas não há limite para o tamanho dos inteiros matemáticos. Logo, a intuição física pode ser enganosa, e deve ser ignorada.

Hilbert chegou a esse ponto de vista em seu trabalho sobre a base axiomática da geometria euclidiana. Ele descobriu falhas lógicas no sistema de axiomas de Euclides e percebeu que essas falhas haviam surgido porque Euclides fora malconduzido por seu procedimento calcado em imagens visuais. Por saber que uma reta era um objeto fino e comprido, que um círculo era redondo e que um ponto era só um ponto, inadvertidamente assumira certas propriedades desses objetos sem formulá-las como axiomas. Depois de várias tentativas, Hilbert apresentou uma lista de 21 axiomas e discutiu seu papel na geometria euclidiana em seu *Fundações da geometria*, de 1899.

Hilbert sustentava que uma dedução lógica deve ser válida, independentemente da interpretação a ela imposta. Qualquer coisa que se apoie em alguma interpretação particular dos axiomas, mas falhe em outras interpretações, envolve um erro lógico. É essa visão da axiomática, e não a aplicação específica da geometria, que constitui a influência mais importante de Hilbert sobre os alicerces da matemática. Na verdade, o mesmo ponto de vista também influenciou o conteúdo da matemática, tornando muito mais fácil – e mais respeitável – inventar novos conceitos criando axiomas para eles. Muitas das abstrações da matemática do início do século XX provêm do ponto de vista de Hilbert.

Com frequência diz-se que Hilbert defendia a ideia de que a matemática é um jogo sem sentido jogado com símbolos, mas isso exagera sua posição. Sua visão era que para colocar o tema sobre uma base lógica firme, é preciso pensar nele *como se* fosse um jogo sem sentido jogado com símbolos. Todo o resto é irrelevante para a estrutura lógica. Mas ninguém que dê uma olhada séria nas descobertas matemáticas de Hilbert, e no seu profundo comprometimento com o tema, tem motivo razoável para deduzir que ele estava jogando um jogo sem sentido.

Após seu sucesso na geometria, Hilbert então voltou seu olhar para um processo muito mais ambicioso: colocar a matemática inteira sobre uma sólida fundamentação lógica. Ele acompanhou de perto o trabalho dos mais importantes lógicos, e desenvolveu um programa explícito para

DAVID HILBERT
(1862-1943)

David Hilbert se graduou pela Universidade de Königsberg em 1885 com uma tese sobre a teoria dos invariantes. Permaneceu no corpo docente da universidade até assumir uma cadeira em Göttingen, em 1895. Continuou a trabalhar na teoria dos invariantes, provando seu teorema da base finita em 1888. Seus métodos eram mais abstratos que a moda em vigor, e uma das figuras proeminentes da área, Paul Gordan, julgou o trabalho insatisfatório. Hilbert revisou seu artigo para publicação na revista *Annalen*, e Klein o considerou "o trabalho mais importante sobre álgebra geral que [a revista] já publicou".

Em 1893 Hilbert começou um trabalho amplo sobre a teoria dos números, o *Zahlbericht* (Relatório sobre os números). Embora a intenção fosse resumir o estado do conhecimento da teoria, Hilbert incluiu material original, a base do que hoje chamamos teoria de campo de classes.

Em 1899 ele voltara a mudar de área, agora estudando as fundações axiomáticas da geometria euclidiana. Em 1900, no II Congresso Internacional de Matemáticos, em Paris, apresentou uma lista dos 23 principais problemas não resolvidos. Esses *Problemas de Hilbert* tiveram um tremendo efeito na direção subsequente da pesquisa matemática.

Por volta de 1909 seu trabalho com equações integrais levou à formulação dos *espaços de Hilbert*, agora básicos para a mecânica quântica. Ele também chegou muito perto de descobrir as equações de Einstein para a relatividade geral num artigo de 1915. Acrescentou uma nota depois para que o artigo fosse consistente com as equações de Einstein, o que originou a ideia equivocada de que Hilbert poderia ter antecipado Einstein.

Em 1930, ao se aposentar, Hilbert foi nomeado cidadão honorário de Königsberg. Seu discurso de aceitação terminava com as palavras: *"Wir müssen wissen, wir werden wissen"* (nós precisamos saber, nós havemos de saber), que refletia sua crença no poder da matemática e sua determinação de solucionar até mesmo os problemas mais difíceis.

estabelecer as fundações da matemática de uma vez por todas. Além de provar que a matemática estava livre de contradições, ele acreditava também que em princípio todo problema podia ser resolvido – toda asserção matemática podia ser provada verdadeira ou falsa. Alguns sucessos iniciais o convenceram de que estava se embrenhando pelo caminho correto, e que o êxito final não estava longe.

Gödel

Houve um lógico, porém, que não ficou convencido pela proposta de Hilbert de provar que a matemática é logicamente consistente. Seu nome era Kurt Gödel, e suas preocupações com o programa de Hilbert mudaram para sempre a nossa visão da verdade matemática.

O que a lógica fez por eles

Charles Lutwidge Dodgson, mais conhecido como Lewis Carroll, usava sua própria formulação de um ramo da lógica matemática, agora conhecido como cálculo proposicional, para armar e resolver charadas lógicas. Um exemplo típico de seu *Lógica simbólica*, de 1896, é:

- ninguém que realmente aprecie Beethoven, deixa de manter silêncio enquanto a Sonata ao Luar está sendo tocada;
- cobaias são irremediavelmente ignorantes de música;
- ninguém, que seja irremediavelmente ignorante de música, alguma vez mantém silêncio enquanto a Sonata ao Luar está sendo tocada.

A dedução é que nenhuma cobaia aprecia Beethoven. Essa forma de argumento lógico é chamada silogismo, e remonta à época da Grécia clássica.

A forma da lógica

Antes de Gödel a matemática era simplesmente considerada *verdadeira* – era o mais elevado exemplo de verdade, porque a verdade de uma afirmação como 2 + 2 = 4 era algo no domínio do pensamento puro, independente do nosso mundo físico. As verdades matemáticas não eram coisas que pudessem ser provadas falsas por experimentos posteriores. Nesse aspecto eram superiores às verdades físicas, tais como a lei da gravidade do quadrado inverso de Newton, que foi provada falsa pela observação do periélio de Mercúrio, sustentando a nova teoria gravitacional sugerida por Einstein.

Depois de Gödel a verdade matemática provou ser uma ilusão. O que existia eram *provas* matemáticas, cuja lógica interna podia muito bem ser infalível, mas que existiam num contexto mais amplo – a matemática das fundações –, onde não podia haver garantia de que todo o jogo tivesse algum significado, qualquer que fosse. Gödel não afirmou isso apenas: ele provou. De fato, ele fez duas coisas que em conjunto deixaram o cuidadoso e otimista programa de Hilbert em ruínas.

Gödel provou que se a matemática for logicamente consistente, então é impossível prová-lo. Não é simplesmente que ele não pôde encontrar uma prova, mas que *não existe prova*. Assim, de forma extraordinária se você conseguir provar que a matemática é consistente, segue-se de imediato que ela não é. Ele provou também que algumas afirmações matemáticas não podem ser provadas nem verdadeiras nem falsas. Mais uma vez, não é apenas que ele pessoalmente não conseguia fazer isso, mas que é *impossível*. Afirmações desse tipo são chamadas *indecidíveis*.

Ele provou essas afirmações inicialmente dentro de uma formulação lógica particular de matemática, a formulação adotada por Russell e Whitehead em seu *Principia Mathematica*. Para começar, Hilbert pensou que poderia haver uma saída: encontrar uma formulação melhor. Mas quando os lógicos estudaram o trabalho de Gödel, logo ficou claro que as mesmas ideias funcionariam em *qualquer* formulação lógica de matemática forte o bastante para expressar os conceitos básicos da aritmética.

Uma consequência intrigante das descobertas de Gödel é que qualquer sistema axiomático para a matemática é necessariamente *incompleto*: é impossível fazer uma lista finita de axiomas capaz de determinar ex-

KURT GÖDEL
(1906-1978)

Em 1923, quando foi para a Universidade de Viena, Gödel ainda estava inseguro quanto a estudar matemática ou física. Sua decisão foi influenciada pelas palestras de Philipp Furtwängler, um matemático que sofria de paralisia severa e era irmão do famoso regente e compositor Wilhelm. A saúde do próprio Gödel era frágil, e a vontade de Furtwängler de superar suas incapacidades causou forte impressão sobre ele. Num seminário dado por Moritz Schlick, Gödel começou a estudar a *Introdução à filosofia matemática* de Russell e ficou claro que seu futuro residia na lógica matemática.

Sua tese de doutorado em 1929 provava que um sistema lógico restrito, o cálculo proposicional de primeira ordem, é completo – todo teorema verdadeiro pode ser provado e todo teorema falso pode ser refutado. Ele é mais conhecido por sua prova dos "Teoremas da Incompletude de Gödel". Em 1931 Gödel publicou seu épico artigo intitulado "Über formal unentscheidbare Sätze der *Principia Mathematica* und verwandter Systeme" (Sobre as proposições indecidíveis dos *Principia Mathematica* e sistemas correlatos). Nele, provou que nenhum sistema de axiomas suficientemente rico para formalizar a matemática pode ser logicamente completo. Em 1931 discutiu seu trabalho com o lógico Ernst Zermelo, mas o encontro foi malsucedido, possivelmente porque Zermelo já havia feito descobertas similares mas fracassara em publicá-las.

Em 1936 Schlick foi assassinado por um estudante nazista, o que levou Gödel a um colapso mental (o segundo). Já recuperado, visitou Princeton. Em 1938 casou-se com Adele Porkert, contra a vontade de sua mãe, e retornou a Princeton, pouco depois de a Áustria ter sido incorporada à Alemanha. Quando estourou a Segunda Guerra Mundial, ficou preocupado com a possibilidade de ser chamado para o Exército alemão, então emigrou para os Estados Unidos, viajando pela Rússia

A forma da lógica

> e pelo Japão. Em 1940 produziu um segundo trabalho seminal, uma prova de que a hipótese do continuum de Cantor é consistente com os axiomas usuais da matemática.
>
> Tornou-se cidadão americano em 1948 e passou o resto da vida em Princeton. Perto do fim da vida foi se tornando mais e mais preocupado com a saúde e acabou se convencendo de que alguém estava tentando envená-lo. Passou a recusar comida e morreu no hospital. No período final, gostava de discutir filosofia com suas visitas.

clusivamente todos os teoremas verdadeiros e falsos. Não havia saída: o programa de Hilbert não pode dar certo. Conta-se que quando Hilbert soube pela primeira vez do trabalho de Gödel ficou muito zangado. Sua raiva pode muito bem ter sido dirigida a si mesmo, porque a ideia básica no trabalho de Gödel é absolutamente direta e clara. (A implantação técnica dessa ideia é de fato difícil, mas Hilbert era bom em aspectos técnicos.) Hilbert provavelmente se deu conta de que deveria ter previsto a vinda dos teoremas de Gödel.

Russell demoliu o livro de Frege com um paradoxo lógico, o paradoxo do barbeiro da aldeia que faz a barba de todo mundo que não se barbeia sozinho: o conjunto de todos os conjuntos que não são membros de si mesmos. Gödel demoliu o programa de Hilbert com outro paradoxo lógico, o paradoxo de alguém que diz: essa afirmativa é uma mentira. Pois, efetivamente, a afirmativa indecidível de Gödel – sobre a qual repousa todo o resto – é um teorema T que diz: "este teorema não pode ser provado".

Se todo teorema pode ser ou provado ou refutado, então a afirmativa T de Gödel é contraditória em ambos os casos. Supondo que T possa ser provado: então T afirma que T não pode ser provado, uma contradição. De outro lado, se T puder ser refutado, então a afirmativa T é falsa, assim é errado dizer que T não pode ser provado. Portanto T pode ser provado, outra contradição. Assim, a premissa de que todo teorema pode ser provado ou refutado nos diz que T pode ser provado se, e somente se, não puder ser provado.

Onde estamos agora?

Os teoremas de Gödel mudaram o modo como encaramos as fundações lógicas da matemática. Implicam que problemas atualmente não resolvidos podem não ter solução nenhuma – nem verdadeira nem falsa, mas no limbo da indecidibilidade. E muitos problemas interessantes têm se revelado indecidíveis. No entanto, o efeito do trabalho de Gödel não se estendeu, na prática, para muito além da área de fundações onde teve lugar. Certos ou errados, os matemáticos que trabalham na conjectura de Poincaré ou na hipótese de Riemann passam o tempo buscando provas ou refutações. Eles estão conscientes de que o problema pode ser indecidível, e poderiam até estar à procura de uma prova de indecidibilidade, se soubessem por onde começar. Mas a maioria dos problemas indecidíveis dá uma sensação de autorreferência, e sem isso uma prova de indecidibilidade parece impossível.

À medida que a matemática foi construindo teorias cada vez mais complicadas sobre as teorias mais antigas, a sua superestrutura começou a se desmanchar por causa de premissas não reconhecidas que acabaram se revelando falsas. Para escorar todo o edifício, foi preciso um trabalho sério nas suas fundações.

As investigações subsequentes sondaram a verdadeira natureza dos números, trabalhando de trás para a frente dos números complexos para os reais, para os racionais e então para os inteiros e naturais. Mas o processo não parou aí. Em vez disso, os próprios sistemas numéricos foram reinterpretados em termos de ingredientes ainda mais simples, os conjuntos.

A teoria dos conjuntos levou a progressos importantes, incluindo um sistema coerente, embora não ortodoxo, de números infinitos. E também revelou alguns paradoxos fundamentais relacionados com a noção de conjunto. A resolução desses paradoxos, não foi, como Hilbert esperava, uma defesa completa da matemática axiomática, e uma prova de sua consistência lógica. Em vez disso, foi uma prova de que a matemática possui limitações inerentes, e que alguns problemas *não têm solução*. O desfecho foi uma profunda mudança na forma como pensamos sobre verdade e certeza matemáticas. É melhor ter consciência das nossas limitações do que viver num paraíso de mentira.

O que a lógica faz por nós

Uma grande variante do teorema da incompletude de Gödel foi descoberta por Alan Turing numa análise em que são viáveis computações, publicada em 1936 como *Sobre números computáveis, com uma aplicação sobre o Entscheidungsproblem (O problema da decisão)*. Turing começou por formalizar uma computação algorítmica – que segue uma receita preestabelecida – em termos da assim chamada máquina de Turing. Essa é uma idealização matemática de um dispositivo que escreve símbolos 0 e 1 sobre uma fita em movimento segundo regras específicas. Ele provou que o problema de interrupção para máquinas de Turing – a computação eventualmente é interrompida para determinados dados de entrada? – é *indecidível*. Isso significa que não há algoritmo que possa prever se uma computação é interrompida ou não.

Turing provou seu resultado admitindo que o problema da interrupção era decidível e elaborando uma computação que é interrompida se, e somente se, não for interrompida – uma contradição. Seu resultado demonstra que existem limites para a computabilidade. Alguns filósofos estenderam essas ideias para determinar os limites do pensamento racional, e já foi sugerido que a mente consciente não pode funcionar algoritmicamente. No entanto, esses argumentos ainda são inconclusivos. Eles mostram, sim, que é ingenuidade pensar que um cérebro funciona de forma parecida com um computador moderno, mas isso pode não implicar que um computador não possa simular um cérebro.

18. Qual é a chance disso?

A abordagem racional da probabilidade

O crescimento da matemática no século XX e no início do século XXI tem sido explosivo. Mais matemática nova foi descoberta nos últimos cem anos do que em toda a história humana anterior. Mesmo para esboçar essas descobertas seriam necessários milhares de páginas, de modo que somos forçados a olhar para algumas amostras dentro da enorme quantidade de material disponível.

Um ramo da matemática especialmente original é a teoria da probabilidade, que estuda as chances associadas com eventos aleatórios. É a matemática da incerteza. Épocas anteriores arranharam a superfície, com cálculos combinatórios de chances em jogos de azar e métodos de melhorar a precisão de observações astronômicas a despeito de erros observacionais, mas foi só no começo do século XX que a teoria da probabilidade surgiu como um tema em si.

Probabilidade e estatística

Atualmente a teoria da probabilidade é uma área importante da matemática, e seu ramo aplicado, a estatística, possui um efeito significativo na nossa vida diária – possivelmente mais significativo que qualquer outro ramo importante da matemática. A estatística é uma das principais técnicas analíticas da medicina. Nenhuma droga entra no mercado, e nenhum tratamento é permitido num hospital, até que os testes clínicos tenham garantido segurança suficiente e eficácia. Segurança aqui é um conceito relativo: tratamentos podem ser usados em pacientes que sofram de uma doença que de outra forma seria fatal quando as chances de sucesso seriam pequenas demais para que fossem usados em casos menos sérios.

A teoria da probabilidade pode ser também a área da matemática mais malcompreendida, e sujeita a abusos. Mas utilizada de maneira adequada e inteligente, é uma contribuição fundamental para o bem-estar humano.

Jogos de azar

Algumas questões probabilísticas remontam à Antiguidade. Na Idade Média encontramos discussões sobre chances de obter vários números no lançamento de dois dados. Para ver como isso funciona, comecemos com um dado só. Presumindo que seja um dado honesto – que acaba se revelando um conceito bastante difícil de identificar –, cada um dos seis números 1, 2, 3, 4, 5 e 6 deveria cair com igual frequência, em longo prazo. Em curto prazo, a igualdade é impossível: o primeiro lançamento deve resultar em apenas um desses seis números, por exemplo. Na verdade, após seis lançamentos é bastante improvável que cada número tenha caído exatamente uma vez. Mas numa longa série de lançamentos, ou tentativas, esperamos que cada número apareça aproximadamente uma vez em seis; ou seja, com probabilidade ⅙. Se isso não acontecer, é bem provável que o dado seja desonesto ou viciado.

Um evento de probabilidade 1 é uma certeza e um evento de probabilidade 0 é impossível. Todas as probabilidades encontram-se entre 0 e 1, e a probabilidade de um evento representa a proporção de tentativas em que o evento em questão acontece.

Voltando àquela questão medieval. Vamos supor que lançamos dois dados simultaneamente (como em muitos jogos, de crepe a Banco Imobiliário). Qual é a probabilidade que a soma seja 5? A conclusão após muitas discussões, e alguns experimentos, é que a resposta é ⅑. Por quê? Vamos supor que façamos uma distinção entre os dois dados, colorindo um de azul e outro de vermelho. Cada dado produz independentemente seis resultados distintos, perfazendo um total de 36 pares possíveis de números, todos igualmente prováveis. As combinações (azul + vermelho) que dão 5 são 1 + 4, 2 + 3, 3 + 2, 4 + 1; são casos distintos porque o dado azul dá resultados distintos em cada caso, o mesmo ocorrendo com o vermelho. Assim, a longo prazo esperamos obter soma 5 em quatro ocasiões dentro de 36, uma probabilidade de $4/36 = 1/9$.

Outro problema antigo, com clara aplicação prática, é como dividir as apostas num jogo de azar se o jogo for interrompido por alguma razão. Os algebristas da Renascença Pacioli, Cardano e Tartaglia escreveram sobre a questão. Mais tarde, o Chevalier de Meré fez a Pascal a mesma pergunta, e Pascal e Fermat escreveram um ao outro diversas cartas sobre o assunto.

A partir desse trabalho precoce emergiu uma profunda compreensão do que são as probabilidades e de como calculá-las. Mas tudo era muito confuso e mal definido.

Combinações

Uma definição eficaz de probabilidade de um evento é a proporção de ocasiões em que ele ocorre. Se lançamos um dado, e as seis faces são igualmente prováveis, então a probabilidade de cair qualquer face particular é $1/6$. Grande parte do trabalho inicial sobre probabilidade baseava-se em calcular de quantas maneiras algum evento pode ocorrer, e dividir essa quantidade pelo número total de possibilidades.

Um problema básico aqui é o de combinações. Dado, digamos, um baralho de seis cartas, quantos subconjuntos diferentes de quatro cartas existem? Um método é listar esses subconjuntos: se as cartas forem 1-6, então temos

1234	1235	1236	1245	1246
1256	1345	1346	1356	1456
2345	2346	2356	2456	3456

Qual é a chance disso?

o que dá quinze subconjuntos de quatro cartas. Mas esse método é trabalhoso demais para números maiores de cartas, é necessário algo mais sistemático.

Imagine que escolhemos os quatro membros do subconjunto, um de cada vez. Podemos escolher o primeiro de seis maneiras, o segundo de apenas cinco maneiras (já que uma foi eliminada), o terceiro de quatro maneiras e o quarto de três maneiras. O número total de escolhas, nessa ordem, é $6 \times 5 \times 4 \times 3 = 360$. No entanto, todo subconjunto é contado 24 vezes – além de 1234 temos 1243, 2134, e assim por diante, e existem 24 ($4 \times 3 \times 2$) maneiras de rearranjar quatro objetos. De modo que a resposta correta é $^{360}/_{24}$, que é igual a 15. Esse argumento mostra que o número de maneiras de escolher m objetos de um total de n objetos é

$$\binom{n}{m} = \frac{n(n-1)...(n-m+1)}{1 \times 2 \times 3 \times ... \times m}$$

Essas expressões são chamadas *coeficientes binomiais*, porque também surgem no desenvolvimento algébrico do binômio $(a + b)^n$. Se os arranjarmos numa tabela, de modo que a enésima linha contenha os coeficientes binomiais, então a enésima linha terá o seguinte aspecto:

$$\binom{n}{0}\binom{n}{1}\binom{n}{2}...\binom{n}{n}$$

Na sexta linha vemos os números 1, 6, 15, 20, 15, 6, 1. Compare-os com a fórmula

$$(x + 1)^6 = x^6 + 6x^5 + 15x^4 + 20x^3 + 15x^2 + 6x + 1$$

e vemos os mesmos números surgindo como coeficientes. Não se trata de uma coincidência.

O triângulo de números na figura a seguir é chamado *triângulo de Pascal* porque foi analisado por Pascal em 1655. No entanto, já era conhecido muito antes disso – remonta a cerca de 950 num comentário de um antigo livro indiano chamado *Chandas Shastra*. Também era conhecido pelos matemáticos persas Al-Karaji e Omar Khayyam, e é conhecido como triângulo de Khayyam no Irã moderno.

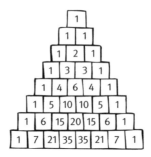

Triângulo de Pascal.

Teoria da probabilidade

Os coeficientes binomiais foram usados com bons efeitos no primeiro livro sobre probabilidade: *A arte da conjectura*, escrito por Jacob Bernoulli em 1713. O curioso título é explicado no livro:

> Definimos a arte da conjectura, ou arte estocástica, como a arte de avaliar da forma mais exata possível as probabilidades das coisas, de modo que em nossos julgamentos e ações possamos sempre nos basear naquilo que se descobriu ser o melhor, o mais apropriado, o mais certo, o mais aconselhável; esse é o único objetivo da sabedoria do filósofo e da prudência do estadista.

Logo, uma tradução mais adequada poderia ser *A arte da adivinhação*.

Bernoulli considerava ponto pacífico que mais e mais tentativas conduziam a estimativas cada vez melhores de probabilidade.

> Suponhamos que sem o nosso conhecimento sejam escondidos numa urna 3 mil seixos brancos e 2 mil seixos pretos, e que, ao tentar determinar os números desses seixos, tiremos um seixo depois do outro (a cada vez repondo o seixo de volta...) e observemos a frequência com que sai um seixo branco e um seixo preto... É possível fazer isso com tanta frequência que se torne dez vezes, cem vezes, mil vezes etc. mais provável que o número de brancos e pretos retirados esteja na mesma razão 3:2 que os seixos na urna, e não numa razão diferente?

Aqui Bernoulli fez uma pergunta fundamental, e também inventou um exemplo padrão ilustrativo, bolas em urnas. Ele claramente acreditava que uma razão 3:2 era o resultado sensato, mas também reconhecia que experimentos reais apenas se aproximariam dessa razão. No entanto acreditava que, com tentativas suficientes, a aproximação podia se tornar cada vez melhor.

Aqui há uma dificuldade, e ela travou todo o assunto por um bom tempo. Num experimento desses, certamente é *possível* que por puro acaso todo seixo retirado pudesse ser branco. Logo, não existe garantia absoluta de que a razão *deva sempre* tender a 3:2. O melhor que podemos dizer é que com uma probabilidade bastante alta, os números deveriam se aproximar dessa razão. Mas aqui há o perigo de lógica circular: nós usamos razões observadas em tentativas para inferir probabilidades, mas também usamos probabilidades para efetivar essa inferência. Como podemos observar que a probabilidade de todos os seixos serem brancos é muito pequena? Se fizermos isso com uma porção de tentativas, temos de encarar a possibilidade de que o resultado seja enganoso, pelo mesmo motivo; e a única saída parece ser fazer ainda mais tentativas para mostrar que o evento é altamente improvável. Somos pegos no que parece horrivelmente uma regressão infinita.

Felizmente, os primeiros investigadores da teoria da probabilidade não permitiram que essa dificuldade lógica os impedisse. Como no cálculo, eles sabiam o que queriam fazer, e como fazer. A justificativa filosófica era menos interessante do que deduzir as respostas.

O livro de Bernoulli continha uma riqueza de ideias e resultados importantes. Uma, a Lei dos Grandes Números, determina exatamente em que sentido razões em observações de tentativas de longo prazo correspondem a probabilidades. Basicamente, ele prova que a probabilidade de uma razão *não* se tornar muito próxima da probabilidade correta tende a zero à medida que o número de tentativas cresce ilimitadamente.

Outro teorema básico pode ser visto em termos de lançar repetidamente uma moeda viciada, com probabilidade p de dar cara e $q = 1 - p$ de dar coroa. Se a moeda for lançada duas vezes, qual é a probabilidade de exatamente 2, 1 ou 0 caras? A resposta de Bernoulli era p^2, $2pq$ e q^2. Esses são os termos que surgem do desenvolvimento de $(p + q)^2$ como $p^2 + 2pq + q^2$. Da mesma maneira, se a moeda for lançada três vezes, as probabilidades de 3, 2, 1 e 0 caras são os termos sucessivos em $(p + q)^3 = p^3 + 3p^2q + 3q^2p + q^3$.

Mais genericamente, se a moeda for lançada n vezes, a probabilidade de exatamente m caras é igual a

$$\binom{n}{m} p^m q^{n-m}$$

o termo correspondente no desenvolvimento de $(p + q)^n$.

Entre 1730 e 1738 Abraham De Moivre ampliou o trabalho de Bernoulli com moedas viciadas. Quando m e n são grandes é difícil calcular exatamente os coeficientes binomiais, e De Moivre deduziu uma fórmula aproximada, relacionando a distribuição binomial de Bernoulli com o que agora chamamos de *função erro* ou *distribuição normal*.

$$\frac{1}{\sqrt{2\pi}} e^{-x^2}$$

De Moivre foi indiscutivelmente a primeira pessoa a tornar explícita essa ligação. Ela provaria ser fundamental para o desenvolvimento tanto da teoria da probabilidade como da estatística.

Definindo probabilidade

Um problema conceitual da maior importância na teoria da probabilidade era definir probabilidade. Mesmo exemplos simples – de que todo mundo sabia a resposta – apresentavam dificuldades lógicas. Se jogamos uma moeda, então, a longo prazo, esperamos quantidades iguais de caras e coroas, e a probabilidade de cada uma é ½. Mais precisamente, essa é a probabilidade contanto que a moeda seja honesta. Uma moeda viciada pode dar sempre cara. Mas o que significa "honesta"? Presumivelmente,

Qual é a chance disso?

que caras e coroas sejam igualmente prováveis. Mas a expressão "igualmente prováveis" refere-se a probabilidades. A lógica parece circular. Para definir probabilidade, precisamos saber o que é probabilidade.

A saída para esse impasse remonta até Euclides, e foi trazida à perfeição pelos algebristas no fim do século XIX e começo do século XX. Axiomatizar. Parar de se preocupar com o que são probabilidades. Anotar as propriedades que se queira que as probabilidades possuam e considerá-las axiomas. Deduzir todo o mais a partir deles.

A questão era: quais são os axiomas certos? Quando as probabilidades se referem a conjuntos finitos de eventos, essa questão é relativamente fácil de responder. Mas aplicações da teoria da probabilidade muitas vezes envolviam escolhas de conjuntos potencialmente infinitos de possibilidades. Se você medir o ângulo entre duas estrelas, digamos, então em princípio ele pode ser qualquer número entre $0°$ e $180°$. Existem nesse intervalo infinitos números reais. Se você lança um dardo num alvo na parede, de tal maneira que a longo prazo ele tenha a mesma chance de acertar qualquer ponto do alvo, então a probabilidade de acertar uma determinada região deveria ser a área dessa região dividida pela área total do alvo. Mas existem infinitos pontos num alvo na parede, e infinitas regiões.

Essas dificuldades geravam todo tipo de problemas e todo tipo de paradoxos. Finalmente foram resolvidas por uma nova ideia vinda da análise, o conceito de uma medida.

Analistas trabalhando na teoria da integração julgaram necessário ir além de Newton e definir noções cada vez mais sofisticadas do que constitui uma função integrável, e qual é a sua integral. Após uma série de tentativas feitas por vários matemáticos, Henri Lebesgue conseguiu definir um tipo bem genérico de integral, agora chamada integral de Lebesgue, com muitas propriedades analíticas úteis.

A chave para sua definição foi a *medida de Lebesgue*, que é um meio de atribuir um conceito de comprimento a subconjuntos bastante complicados da reta dos reais. Suponha que o conjunto consista nos intervalos de comprimento não sobrepostos, 1, ½, ¼, ⅛, e assim por diante. Esses números foram uma série convergente de soma 2. Assim Lebesgue insistiu que

> ## O que a probabilidade fez por eles
>
> Em 1710 John Arbuthnot apresentou um artigo para a Royal Society no qual usava a teoria da probabilidade como evidência para a existência de Deus. Ele analisou o número anual de batismos para crianças do sexo masculino e feminino durante o período de 1629-1710, e descobriu que havia ligeiramente mais meninos que meninas. Além disso, o número era bastante semelhante todo ano. Isso já era bem conhecido, mas Arbuthnot foi adiante, calculando a probabilidade de essa proporção ser constante. Obteve um resultado muito pequeno, 2^{-82}. Ressaltou, então, que o mesmo efeito ocorre em todos os países e em todos os tempos ao longo da história, portanto as chances eram ainda menores, e concluiu que a divina Providência, não o acaso, devia ser a responsável.
>
> Por outro lado, em 1872, Francis Galton usou probabilidades para estimar a eficácia da prece notando que preces eram ditas todo dia, por enorme número de pessoas, pela saúde da família real. Ele coletou dados e tabulou "a média de idade obtida por homens de várias classes que sobreviveram ao seu trigésimo ano, de 1758 a 1843", acrescentando que "mortes por acidente são excluídas". Essas classes eram homens eminentes, realeza, clero, advogados, médicos, aristocratas, pequena nobreza, comerciantes, oficiais da Marinha, literatura e ciência, oficiais do Exército e praticantes das belas-artes. Descobriu que "os soberanos são literalmente os que vivem menos entre os que têm a vantagem de serem abastados. A prece, portanto, não tem nenhuma eficácia, a menos que se levante a muito questionável hipótese de que as condições da vida real possam ser naturalmente mais fatais, e que sua influência é em parte, mas não de todo, neutralizada pelos efeitos das preces do público".

esse conjunto tem medida 2. O conceito de Lebesgue tem uma característica nova: ele é *contavelmente aditivo*. Se você juntar uma coleção infinita de conjuntos não sobrepostos, e se essa coleção for contável no sentido

Qual é a chance disso?

de Cantor, com cardinalidade $\aleph_0$, então a medida de todo o conjunto é a soma da série infinita formada pelas medidas dos conjuntos individuais.

De muitas maneiras a ideia de uma medida foi mais importante do que a integral à qual ela levava. Em especial, probabilidade é uma medida. Essa propriedade foi explicitada em 1930 por Andrei Kolmogorov, que estabeleceu axiomas para probabilidades. Mais precisamente, definiu um *espaço de probabilidade*. Este compreende um conjunto X, uma coleção B de subconjuntos de X chamados *eventos* e uma medida m de B. Os axiomas afirmam que m é uma medida, e que $m(X) = 1$ (isto é, a probabilidade de *algo* acontecer é sempre 1. Exige-se também que a coleção B tenha algumas das propriedades teóricas dos conjuntos que lhe permitam sustentar uma medida.

Para um dado, o conjunto X consiste nos números 1 a 6, e o conjunto B contém todo subconjunto de X. A medida de qualquer conjunto Y em B é o número de membros de Y, dividido por 6. Essa medida é consistente com a ideia intuitiva de que cada face tenha a probabilidade de ⅙ de sair. Mas o uso de uma medida requer que consideremos não somente as faces, mas os conjuntos de faces. A probabilidade associada com um conjunto desses, Y, é a probabilidade de que caia alguma face em Y. Intuitivamente, esse é o tamanho de Y dividido por 6.

Com essa ideia simples, Kolmogorov resolveu vários séculos de controvérsias muitas vezes acaloradas, e criou uma teoria da probabilidade rigorosa.

Dados estatísticos

O braço aplicado da teoria da probabilidade é a estatística, que usa probabilidades para analisar dados do mundo real. Ela surgiu a partir da astronomia do século XVIII, quando erros de observação precisavam ser levados em conta. Empírica e teoricamente, tais erros são distribuídos segundo a função erro ou distribuição normal, muitas vezes chamada curva do sino por causa de seu formato. Aqui o erro é medido na horizontal, com o erro zero no meio, e a altura da curva representa a probabilidade de um erro de determinada proporção. Erros pequenos são bastante prováveis, ao passo que erros grandes são muito improváveis.

Em 1835 Adolphe Quetelet advogou o uso da curva do sino para modelar dados sociais – nascimentos, mortes, divórcios, crime e suicídio. Ele descobriu que embora tais eventos sejam imprevisíveis para indivíduos, eles têm padrões estatísticos quando observados para uma população inteira. Quetelet personificou essa ideia em termos de "homem médio", um indivíduo fictício que estava na média em todo e qualquer aspecto. Para Quetelet, o homem médio não é apenas um conceito matemático: era uma meta de justiça social.

A partir de cerca de 1880 as ciências sociais começaram a fazer uso extensivo das ideias estatísticas, especialmente da curva do sino, como substituto para experimentos. Em 1865 Francis Galton fez um estudo da hereditariedade humana. Como a altura de uma criança se relaciona com

A curva do sino.

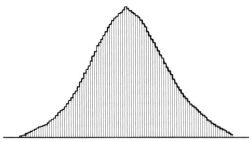

O gráfico de Quetelet de quanta gente tem uma dada altura: a altura é medida na horizontal, o número de pessoas, na vertical.

Qual é a chance disso?

a de seus pais? E quanto ao peso, ou capacidade intelectual? Ele adotou a curva do sino de Quetelet, mas a viu como um método de separar populações distintas, não como imperativo moral. Se certos dados demonstrassem dois picos, em vez do pico único da curva do sino, então a população devia ser composta por duas subpopulações distintas, cada uma seguindo a sua própria curva do sino. Em 1877 as pesquisas de Galton o estavam levando a inventar a análise de regressão, um meio de relacionar um conjunto de dados com outro de maneira a encontrar a relação mais provável.

Outra figura-chave foi Francis Ysidro Edgeworth. Edgeworth carecia da visão de Galton, mas era muito melhor técnico, e pôs as ideias de Galton sobre uma sólida base matemática. Uma terceira figura-chave foi Karl Pearson, que desenvolveu consideravelmente a matemática. Mas o papel mais efetivo de Pearson foi o de vendedor: ele convenceu o mundo exterior de que a estatística era um tema que tinha utilidade.

Newton e seus sucessores demonstraram que a matemática pode ser um meio muito efetivo de compreender as regularidades da natureza. A invenção da teoria da probabilidade e seu braço aplicado, a estatística, conseguem a mesma coisa com as *irregularidades* da natureza. É notável que existam padrões numéricos nos eventos aleatórios. Mas esses padrões se revelam apenas em quantidades estatísticas como tendência de longo prazo e médias. Eles fazem previsões, mas são previsões sobre a possibilidade de algum evento acontecer ou não acontecer. Eles não preveem quando vai acontecer. Apesar disso, a probabilidade é hoje uma das técnicas matemáticas mais usadas, empregada em ciência e medicina para assegurar que quaisquer conclusões tiradas a partir de observações sejam significativas, em vez de padrões aparentes resultantes de associações casuais.

O que a probabilidade faz por nós

Uma utilização muito importante da teoria da probabilidade ocorre em testes médicos de novos medicamentos. Esses testes coletam dados sobre os efeitos das drogas – elas parecem curar algum distúrbio, ou têm efeitos adversos indesejados? Independentemente do que indiquem os números, a grande questão aqui é se os dados são estatisticamente significativos. Ou seja, será que os dados obtidos resultam de um efeito genuíno da droga, ou são resultado do puro acaso? O problema é solucionado usando métodos estatísticos conhecidos como *teste de hipótese*. Esses métodos comparam os dados com um modelo estatístico e avaliam a probabilidade de os resultados decorrerem do acaso. Se, digamos, a probabilidade é menor que 0,01, então com probabilidade 0,99 os dados *não* se devem ao acaso, isto é, o efeito é significativo no nível de 99%. Tais métodos possibilitam determinar, com considerável confiança, quais tratamentos são efetivos, ou quais produzem efeitos adversos e não devem ser usados.

19. Espremendo números e mais números
Máquinas de calcular e matemática computacional

Os matemáticos sempre sonharam em construir máquinas para reduzir a carga dos cálculos rotineiros. Quando menos tempo você passa calculando, mais tempo tem para gastar pensando. Desde épocas préhistóricas paus e pedras foram usados como auxílio para a contagem, e pilhas de pedras acabaram levando ao ábaco, no qual contas deslizam ao longo de varetas para representar dígitos de números. Aperfeiçoado especialmente pelos japoneses, o ábaco podia executar operações aritméticas básicas com rapidez e precisão nas mãos de um especialista. Por volta de 1950 um ábaco japonês superou uma calculadora de mão mecânica.

Um sonho se torna realidade?

No século XXI o advento dos computadores eletrônicos e a ampla facilidade de acesso a circuitos integrados (chips) deu às máquinas uma vantagem maciça. Elas eram mais rápidas que o cérebro humano ou qualquer dispositivo mecânico – bilhões ou trilhões de operações aritméticas a cada segundo agora são lugar-comum. Por mais depressa que eu escreva, o Blue Gene/L da IBM pode realizar um quatrilhão de cálculos (operações de ponto flutuante) por segundo. Os computadores de hoje também têm uma vasta memória, que permite armazenar o equivalente a centenas de livros prontamente, para acesso quase imediato. Gráficos em cores atingiram um auge de qualidade.

A ascensão do computador

As primeiras máquinas eram mais modestas, mas ainda assim economizavam um bocado de tempo e esforço. A primeira evolução após o ábaco foram provavelmente os ossos de Napier, ou barras de Napier, um sistema de bastões com marcas que Napier inventou antes de surgir com os logaritmos. Essencialmente eram os componentes universais de tradicionais multiplicações longas. Os bastões podiam ser usados em lugar de lápis e papel, poupando o tempo de escrever os numerais, mas imitavam cálculos feitos a mão.

Em 1642 Pascal inventou a primeira calculadora genuinamente mecânica, a Máquina Aritmética, para ajudar seu pai com a contabilidade. A máquina era capaz de executar soma e subtração, mas não multiplicação e divisão. Possuía oito discos giratórios, de modo que efetivamente trabalhava com números de oito dígitos. Na década seguinte, Pascal construiu cinquenta máquinas semelhantes, a maioria das quais é preservada em museus até hoje.

Em 1671 Leibniz projetou uma máquina para multiplicação, e a construiu em 1694, fazendo a observação de que "é indigno de homens excelentes perder horas como escravos na labuta dos cálculos, que poderiam ser relegados com segurança a qualquer um se fossem usadas máquinas". Ele denominou sua máquina de Staffelwalze (rolo de escala). Sua ideia principal foi muito usada pelos seus sucessores.

Uma das propostas mais ambiciosas para uma máquina de calcular foi feita por Charles Babbage. Em 1812 ele disse que "estava sentado nas salas da Analytical Society, em Cambridge, minha cabeça pendendo sobre a mesa numa espécie de estado onírico, com uma tábua de logaritmos aberta à minha frente. Um colega, ao entrar na sala e me ver semiadormecido, chamou alto: 'Bem, Babbage, com que você está sonhando?' Ao que eu respondi: 'Estou pensando que todas essas tabelas' (apontando para os logaritmos) 'poderiam ser calculadas por máquinas'". Babbage perseguiu esse sonho pelo resto da vida, e construiu um protótipo chamado máquina de diferença. E buscou financiamento do governo para máquinas

Espremendo números e mais números

mais elaboradas. Seu projeto mais ambicioso, a Máquina Analítica, era efetivamente um computador mecânico programável. Nenhuma dessas máquinas foi construída, embora vários componentes tivessem sido feitos. Uma reconstrução moderna da máquina de diferença está no Science Museum em Londres – e funciona. Augusta Ada King, condessa de Lovelace, contribuiu para o trabalho de Babbage desenvolvendo alguns dos primeiros programas de computador já escritos.

AUGUSTA ADA KING
(1815-1852)

Augusta Ada foi a filha do poeta Lorde Byron e Anne Milbanke. Seus pais se separaram um mês depois de seu nascimento e ela nunca mais viu o pai. A criança mostrava grande habilidade matemática e, surpreendemente, Lady Byron considerava a matemática um bom treinamento para a mente e incentivou a filha a estudá-la. Em 1833 Ada conheceu Charles Babbage numa festa, e logo depois ele lhe mostrou seu protótipo de máquina de diferença. Ela considerou a máquina fascinante e rapidamente entendeu como funcionava. Ada tornou-se condessa de Lovelace quando seu marido, William, foi sagrado conde em 1838.

Na sua tradução de 1843 da obra de Luigi Menabrea, *Noções sobre a Máquina Analítica de Charles Babbage*, ela acrescentou o que são efetivamente amostras de programas de sua própria concepção. Escreveu que "a característica específica da Máquina Analítica ... é a introdução do princípio que Jacquard concebeu para regular, por meio de cartões perfurados, os padrões mais complicados na fabricação de tecidos brocados ... Podemos dizer com a máxima propriedade que a Máquina Analítica tece padrões algébricos da mesma maneira que o tear de Jacquard tece flores e folhas".

Aos 36 anos ela desenvolveu câncer de útero, e morreu após um longo período de sofrimento, sangrada até a morte pelos seus médicos.

348   *Em busca do infinito*

A primeira calculadora produzida em massa, o Aritmômetro, foi fabricado por Thomas de Colmar em 1820. Empregava um mecanismo em forma de tambor graduado, e ainda estava em produção em 1920. O passo seguinte importante foi o mecanismo do cilindro de pinos do inventor sueco Willgodt T. Odhner. Sua calculadora estabeleceu o padrão para dezenas, se não centenas, de máquinas semelhantes, feitas por uma variedade de fabricantes. A força motriz era suprida pelo operador, que virava uma manivela para girar uma série de discos nos quais apareciam os dígitos 0-9. Com prática, cálculos complicados podiam ser executados em alta velocidade. Os cálculos científicos e de engenharia para o Projeto Manhattan da Segunda Guerra Mundial – fabricar a primeira bomba atômica – foram realizados usando tais máquinas por um esquadrão de "calculadoras", muitas mulheres jovens. O advento dos baratos e potentes computadores eletrônicos na década de 1980 tornou obsoletas as calculadoras mecânicas, mas seu uso em computação comercial e científica era amplamente difundido até essa época.

Máquinas de calcular contribuem mais do que apenas na aritmética, pois muitos cálculos científicos podem ser implementados numericamente como longas séries de operações aritméticas. Um dos primeiros métodos numéricos, capaz de resolver equações com a precisão mais alta que se queira, foi inventado por Newton e é apropriadamente conhecido como *método de Newton*. É capaz de resolver uma equação $f(x) = 0$ calculando uma série de aproximações sucessivas de uma solução, cada uma melhor que a anterior mas com base nela. A partir de um palpite inicial x_1, aproximações melhoradas $x_2, x_3, ..., x_n, x_{n+1}$ são deduzidas usando-se a fórmula

$$x_{n+1} = x_n - \frac{f(x_n)}{f'(x_n)}$$

onde f' é a derivada de f. O método é baseado na geometria da curva $y = f(x)$ nas proximidades da solução. O ponto x_{n+1} é onde a tangente à curva em x_n cruza o eixo x. Como mostra o gráfico, este é mais próximo de x do que o ponto original.

Espremendo números e mais números 349

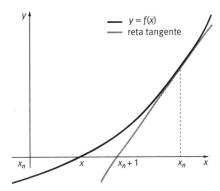

Método de Newton para resolver uma equação numericamente.

Uma segunda aplicação importante de métodos numéricos é com equações diferenciais. Suponha que desejemos resolver uma equação diferencial

$$\frac{dx}{dt} = f(x)$$

dado que $x = x_0$ no instante $t = 0$. O método mais simples, atribuído a Euler, é aproximar $\frac{dx}{dt}$ por $\frac{x(t + \varepsilon) - x(t)}{\varepsilon}$, onde ε é muito pequeno. Então, uma aproximação da equação diferencial assume a forma

$$x(t + \varepsilon) = x(t) + \varepsilon f(x(t))$$

Começando $x(0) = x_0$, deduzimos sucessivamente os valores de $f(\varepsilon)$, $f(2\varepsilon)$, $f(3\varepsilon)$ e, de forma geral, $f(n\varepsilon)$ para qualquer inteiro $n > 0$. Um valor típico para ε poderia ser, digamos, 10^{-6}. Um milhão de iterações da fórmula nos revela $x(1)$, outro milhão leva a $x(2)$, e assim por diante. Com os computadores de hoje, um milhão de cálculos é algo trivial, e o método torna-se inteiramente prático.

Contudo, o método de Euler é muito simplório para ser plenamente satisfatório, e muitos aperfeiçoamentos foram introduzidos. Os mais conhecidos são uma classe de métodos de Runge-Kutta, assim batizados em nome dos matemáticos alemães Carl Runge e Martin Kutta, que inventaram o primeiro desses métodos em 1901. Um deles, denominado método

Runge-Kutta de *quarta ordem*, é amplamente usado em engenharia, ciência e matemática teórica.

As necessidades da moderna dinâmica não linear geraram muitos métodos sofisticados que evitam acumular erros em longos períodos de tempo preservando certa estrutura associada com a solução exata. Por exemplo, num sistema mecânico sem atrito, a energia total é conservada. É possível fixar o método numérico de modo que a cada passo a energia seja conservada *exatamente*. Isso evita a possibilidade de que a solução computada vá aos poucos se afastando da solução exata, como um pêndulo que vai lentamente chegando ao repouso à medida que perde energia.

Mais sofisticados ainda são os integradores simpléticos, que resolvem sistemas mecânicos de equações diferenciais preservando explícita e exatamente a estrutura simplética das equações de Hamilton, que é um tipo de geometria curioso mas muito importante, talhado para dois tipos de variáveis, posição e quantidade de movimento. Integradores simpléticos são especialmente importantes em mecânica celeste, onde os astrônomos, por exemplo, podem querer acompanhar o movimento dos planetas no sistema solar durante bilhões de anos. Usando integradores simpléticos, Jack Wisdom, Jacques Laskar e outros demonstraram que o comportamento de longo prazo do sistema solar é caótico, que Urano e Netuno já estiveram muito mais perto do Sol do que estão agora, e que em algum momento a órbita de Mercúrio acabará se movendo em direção à de Vênus, de maneira que um dos dois planetas poderá muito bem ser totalmente lançado para fora do sistema solar. Apenas integradores simpléticos dão alguma confiança de que os resultados durante períodos tão longos são rigorosos.

Computadores necessitam de matemática

Assim como usamos computadores para ajudar a matemática, podemos usar a matemática para ajudar os computadores. De fato, os princípios matemáticos foram importantes em todos os primeiros projetos de computador, seja como prova de conceito, seja como aspectos básicos do projeto.

O que a análise numérica fez por eles

Newton não só precisou descobrir padrões na natureza, precisou desenvolver métodos efetivos de cálculo. Ele fez grande uso das séries de potências para representar funções, pois podia diferenciar ou integrar essas séries termo por termo. E também as utilizou para calcular valores de funções, um dos primeiros métodos numéricos, ainda em uso atualmente. Uma página de seus manuscritos, datada de 1665, mostra um cálculo numérico da área sob uma hipérbole, que agora reconhecemos como a função logarítmica. Ele soma os termos de uma série infinita, trabalhando com estarrecedoras 55 casas decimais.

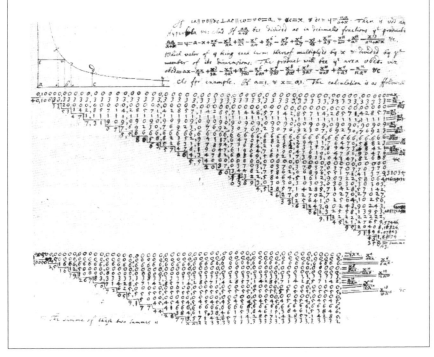

Todos os computadores digitais atualmente em uso trabalham com notação binária, na qual os números são representados como sequências de somente dois dígitos: 0 e 1. A principal vantagem da notação binária é que ela corresponde a um interruptor: 0 é desligado e 1 é ligado. Ou 0 é ausência de voltagem e 1 é 5 volts, ou qualquer que seja o padrão empregado no desenho do circuito. Os símbolos 0 e 1 também podem ser interpretados dentro da lógica matemática, como *valores referentes a verdade*: 0 significa falso e 1 significa verdadeiro. Então os computadores podem executar operações lógicas, bem como aritméticas. De fato, as operações lógicas são mais básicas e as aritméticas podem ser vistas como sequências de operações lógicas. A abordagem algébrica de Boole para a matemática do 0 e 1, em *As leis do pensamento*, fornece um formalismo efetivo para os cálculos computacionais lógicos. Os mecanismos de busca na internet executam buscas booleanas, ou seja, buscam itens definidos por alguma combinação de critérios lógicos, tais como "contendo a palavra 'gato' mas não contendo 'cachorro'".

Algoritmos

A matemática tem auxiliado a ciência da computação, mas em troca a ciência da computação tem motivado uma fascinante matemática nova. A noção de *algoritmo* – procedimento sistemático para solucionar um problema – é um exemplo. (O nome vem do algebrista árabe Al-Khwarizmi.) Uma questão especialmente interessante é: como o tempo de operação de um algoritmo depende do tamanho dos dados introduzidos?

Por exemplo, o algoritmo de Euclides para achar o máximo divisor comum (MDC) de dois números naturais m e n, com $m \leq n$, é o seguinte:

• Dividir n por m para obter resto r.
• Se $r = 0$, então o máximo divisor comum é m: PARE.
• Se $r > 0$, então substitua n por m e m por r e volte ao começo.

É possível demonstrar que se n tem d dígitos decimais (uma medida do tamanho dos dados introduzidos no algoritmo), então o algoritmo cessa depois de no máximo $5d$ passos. Isso significa, por exemplo, que se são

Espremendo números e mais números

dados dois números de 1.000 dígitos, podemos computar seu máximo divisor comum em no máximo 5000 passos – que levam uma fração de segundo num computador moderno.

O algoritmo euclidiano tem tempo de operação linear: a duração do cálculo é proporcional ao tamanho (em dígitos) dos dados introduzidos. Mais genericamente, um algoritmo tem tempo de operação polinomial, ou é de classe *P*, se seu tempo de operação é proporcional a alguma potência (tal como o quadrado ou o cubo) do tamanho dos introduzidos. Em contraste, todos os algoritmos conhecidos para achar fatores primos de um número têm tempo de operação exponencial – alguma constante fixa elevada à potência correspondente ao tamanho dos dados introduzidos. É isso que torna o criptossistema RSA (conjecturalmente) seguro.

De modo geral, algoritmos com tempo de operação polinomial levam às computações práticas nos computadores de hoje, ao passo que algoritmos com tempo de operação exponencial não levam – logo, as computações correspondentes não podem ser executadas na prática, mesmo para tamanhos bastante pequenos de dados iniciais. Essa distinção é uma regra operacional que não é sempre efetiva: um algoritmo polinomial pode envolver uma potência tão grande que o torne pouco prático, e alguns algoritmos com tempo de operação pior que o da polinomial ainda assim acabam se revelando úteis.

Surge agora a principal dificuldade teórica. Dado um algoritmo específico, é (relativamente) fácil calcular como seu tempo de operação depende dos dados introduzidos e determinar se é classe *P* ou não. No entanto, é extraordinariamente difícil decidir se poderia existir um algoritmo mais eficiente para resolver o mesmo problema de forma mais rápida. Assim, embora saibamos que muitos problemas podem ser resolvidos por um algoritmo na classe *P*, não temos ideia se algum problema sensível é não-*P*.

Sensível aqui tem um sentido técnico. Alguns problemas *precisam* ser não-*P*, simplesmente porque a *transmissão da resposta* requer um tempo de operação não-*P*. Por exemplo, listar todas as maneiras possíveis de arranjar *n* símbolos em ordem. Para eliminar tais problemas obviamente não-*P* é necessário outro conceito: a classe *NP* de algoritmos polinomiais *não de-*

terminísticos. Um algoritmo é *NP* se qualquer palpite de resposta pode ser verificado num tempo proporcional a alguma potência fixa do tamanho dos dados introduzidos. Por exemplo, dado um palpite acerca de um fator primo de um número grande, é possível verificá-lo rapidamente por uma única soma de divisões.

Um problema na classe *P* é automaticamente *NP*. Sabe-se que muitos problemas importantes, para os quais algoritmos *P* não são conhecidos, são também *NP*. Agora chegamos ao problema mais profundo e não resolvido nessa área, para cuja solução o Clay Mathematics Institute dará um prêmio de 1 milhão de dólares. Serão *P* e *NP* a mesma coisa? A resposta mais plausível é não, porque *P* = *NP* significa que muitas computações aparentemente bastante difíceis são na verdade fáceis – existe algum atalho que ainda não foi pensado.

O problema *P* = *NP*? torna-se ainda mais difícil devido a um fenômeno fascinante, chamado completude *NP*. Muitos problemas *NP* são tais que se forem realmente classe *P*, então *todo* problema *NP* é também classe *P*. Diz-se que tal problema é *NP-completo*. Se for possível provar que qualquer problema *NP*-completo é *P*, então *P* = *NP*. Por outro lado, se for possível provar que um problema *NP*-completo particular é não-*P*, então *P* não é a mesma coisa que *NP*. Um problema *NP*-completo que recentemente atraiu muita atenção está associado ao jogo de computador Minesweeper. Um problema mais matemático é o Problema da Satisfatibilidade Booleana: dada uma afirmativa em lógica matemática, ela poderá ser verdadeira para alguma atribuição de valores de verdade (verdadeiros ou falsos) para suas variáveis?

Análise numérica

A matemática envolve muito mais do que cálculos, mas cálculos são um acompanhamento inevitável para investigações mais conceituais. Desde os primeiros tempos, os matemáticos têm buscado auxílios mecânicos para libertá-los do trabalho dos cálculos e melhorar a probabilidade de

Espremendo números e mais números

resultados mais precisos. Os matemáticos do passado teriam invejado nosso acesso aos computadores eletrônicos, e se maravilhado com sua rapidez e precisão.

Máquinas de calcular fizeram mais pela matemática do que apenas atuar como servas. Seu planejamento e sua função apresentaram novas questões teóricas para os matemáticos responderem. Essas questões abrangem desde ajustar métodos numéricos aproximados para resolver equações até temas profundos nos alicerces da computação em si.

No início do século XXI, os matemáticos passaram a ter acesso a softwares poderosos, que possibilitam não só executar cálculos numéricos em computadores, mas realizar operações algébricas e analíticas. Essas ferramentas abriram novas áreas, ajudaram a solucionar problemas de longa data e liberaram tempo para o raciocínio conceitual. Como resultado, a matemática ficou muito mais rica e também mais aplicável a muitos problemas práticos. Euler tinha as ferramentas conceituais para estudar o fluxo dos fluidos em torno de formas complicadas, e mesmo que o avião não tivesse sido ainda inventado há muitas outras questões interessantes sobre navios na água. Mas ele não tinha quaisquer métodos práticos para implantar essas técnicas.

Um novo desenvolvimento, não mencionado acima, é o uso de computadores como auxílio para prova. Diversos teoremas interessantes, provados em anos recentes, apoiam-se em cálculos maciços, mas rotineiros, executados por computador. Há quem argumente que provas assistidas por computador mudam a natureza fundamental da prova, removendo a exigência de que a prova pode ser verificada pela mente humana. É uma afirmativa controversa, mas mesmo que seja verdade, o resultado da mudança é tornar a matemática um auxílio ainda mais poderoso para o pensamento humano.

O que a análise numérica faz por nós

A análise numérica desempenha um papel central no projeto de uma aeronave moderna. Há não muito tempo, os engenheiros calculavam como o ar fluiria através das asas e da fuselagem de uma aeronave usando túneis de vento. Colocavam um modelo de avião no túnel, forçando ar através de seu sistema aerodinâmico, observando os padrões de fluxo. Equações como as de Navier e Stokes forneciam várias percepções teóricas, mas era impossível resolvê-las para uma aeronave real devido ao seu formato complicado.

Os computadores de hoje são tão poderosos, e os métodos numéricos para resolver equações em computadores tornaram-se tão efetivos, que em muitos casos a abordagem do túnel de vento tem sido descartada em favor de um túnel de vento numérico – ou seja, um modelo computacional de avião. As equações de Navier-Stokes são tão precisas que podem ser usadas com segurança dessa maneira. A vantagem da abordagem computadorizada é que qualquer característica desejada do fluxo de ar pode ser analisada e visualizada.

20. Caos e complexidade
Irregularidades também têm padrões

Em meados do século XX, a matemática estava passando por uma rápida fase de crescimento, estimulada por suas difundidas aplicações e poderosos métodos novos. Uma história abrangente do período moderno da matemática ocuparia pelo menos tanto espaço quanto um tratamento de tudo que levou a esse período. O melhor que podemos fazer é dar algumas poucas amostras representativas para demonstrar que originalidade e criatividade em matemática estão vivas – e indo muito bem. Uma delas, um tema que adquiriu proeminência pública nos anos 1970 e 80, é a teoria do caos, nome que a mídia deu para a dinâmica não linear. O assunto evoluiu naturalmente de modelos tradicionais que usavam o cálculo. Outra são os sistemas complexos, que empregam formas menos ortodoxas de pensar, e constituem uma nova matemática, bem como uma nova ciência.

Caos

Antes da década de 1960 a palavra caos tinha um único sentido: desordem disforme. Desde então descobertas fundamentais em ciência e matemática deram a ela um segundo significado, mais sutil – um significado que combina aspectos de desordem com aspectos de forma. O *Principia* de Newton havia reduzido o mundo a diferentes equações, e estas são *determinísticas*. Isto é, uma vez conhecido o estado inicial do sistema, seu futuro é determinado de maneira singular para todo o tempo. A visão de Newton é a de um Universo que é um mecanismo de relógio, disparado pela mão do Criador e a partir daí percorrendo uma trajetória única e inevitável. É uma visão que parece não deixar margem para o livre-arbítrio, e isso pode muito bem ser uma das primeiras fontes para a crença de que a ciência é fria e inumana. É também uma visão que tem nos servido bem, oferecendo rádio, televisão, radar, telefones celulares, aviação comercial, satélites de comunicação, fibras artificiais, plásticos e computadores.

O crescimento do determinismo científico também foi acompanhado por uma vaga, mas profundamente assentada, crença na conservação da complexidade: a premissa de que causas simples devem produzir efeitos simples, deixando implícito que efeitos complexos resultam de causas complexas. Essa crença nos leva a olhar um objeto ou sistema complexo e refletir de onde vem a complexidade. De onde veio, por exemplo, a complexidade da vida, dado que ela se originou num planeta sem vida? Raramente nos ocorre que a complexidade pode aparecer por conta própria, mas é isso que indicam as mais recentes técnicas matemáticas.

Uma solução única?

O determinismo das leis da física resulta de um simples fato matemático: existe no máximo uma solução para uma equação diferencial com determinadas condições iniciais. Em *O guia do mochileiro das galáxias*, de Douglas Adams, o supercomputador Deep Thought embarca numa busca de 5 milhões de anos atrás da resposta para a grande questão da vida, do Universo e de tudo, e é famosa a resposta deduzida: 42. Esse incidente é uma paródia de uma afirmação famosa na qual Laplace resume a visão matemática do determinismo:

> Um intelecto que num dado momento conhecesse todas as forças que animam a natureza, bem como as posições mútuas dos seres que a compreendem, se esse intelecto fosse vasto o bastante para submeter seus dados

Caos e complexidade

a análise, poderia condensar numa única fórmula o movimento dos maiores corpos do Universo e do mais leve átomo: para tal intelecto nada poderia ser incerto, e o futuro, assim como o passado, se faria presente aos seus olhos.

Ele então traz seus leitores para a Terra com um solavanco, acrescentando:

A mente humana oferece um débil esboço desta inteligência na perfeição que tem sido capaz de conferir à astronomia.

Ironicamente, foi na mecânica celeste – a parte da física mais evidentemente determinística – que o determinismo laplaciano encontraria um desagradável final. Em 1886 o rei Oscar II da Suécia (que também governava a Noruega) ofereceu um prêmio para a resolução do problema da estabilidade do sistema solar. Será que o nosso cantinho do Universo com base em um relógio ficaria tiquetaqueando para sempre, ou algum planeta acabaria despencando no Sol ou escapando para o espaço interestelar? De modo notável, as leis físicas da conservação da energia e da quantidade de movimento não impedem nenhuma das eventualidades – mas poderia a dinâmica detalhada do sistema solar lançar alguma luz adicional?

Poincaré estava determinado a ganhar o prêmio, e fez seu aquecimento concentrando-se num problema mais simples, um sistema de três corpos celestes. As equações para três corpos não são muito piores do que as para dois corpos, e possuem em grande parte a mesma forma geral. Mas o aquecimento de três corpos de Poincaré acabou se revelando surpreendentemente difícil, e ele descobriu algo perturbador. As soluções das equações eram totalmente diferentes das do caso de dois corpos. Na verdade, as soluções eram tão complicadas que não podiam ser escritas como fórmulas matemáticas. Pior, ele pôde compreender o suficiente da geometria – mais precisamente, da topologia – das soluções para provar, sem qualquer sombra de dúvida, que os movimentos representados por essas soluções podiam, às vezes, ser altamente desordenados e irregulares. "Somos acossados", escreveu Poincaré, "pela complexidade desta figura, que eu nem sequer tento desenhar. Nada pode nos dar uma ideia melhor da complexidade do problema dos três corpos." Essa complexidade é agora vista como um exemplo clássico de caos.

Sua participação ganhou o prêmio do rei Oscar II, ainda que não solucionasse plenamente o problema apresentado. Cerca de sessenta anos depois, ele detonou uma revolução na forma como enxergamos o Universo e sua relação com a matemática.

Em 1926-27 o engenheiro holandês Balthazar van der Pol construiu um circuito eletrônico para simular um modelo matemático do coração e descobriu que sob certas condições a oscilação resultante não é periódica, como um batimento cardíaco normal, mas irregular. Seu trabalho recebeu uma sólida base matemática durante a Segunda Guerra Mundial, dada por John Littlewood e Mary Cartwright, num estudo que teve origem na eletrônica do radar. Foram necessários mais de quarenta anos para a significação mais ampla de seu trabalho se tornar visível.

Dinâmica não linear

No começo dos anos 1960 o matemático americano Stephen Smale abriu as portas para a era moderna da teoria dos sistemas dinâmicos ao solicitar uma classificação completa dos modos típicos de comportamento dos circuitos eletrônicos. Esperando originalmente que a resposta fosse uma combinação de movimentos periódicos, ele logo percebeu que um comportamento muito mais complicado é possível. Em especial, Smale desenvolveu a descoberta de Poincaré do movimento complexo no problema restrito dos três corpos, simplificando a geometria de maneira a gerar um sistema conhecido como "ferradura de Smale". Ele provou que o sistema ferradura, embora determinístico, possui alguns traços aleatórios. Outros exemplos de tais fenômenos foram desenvolvidos pelas escolas americana e russa de dinâmica, com contribuições especialmente relevantes de Oleksandr Sharkovskii e Vladimir Arnold, e assim uma teoria geral começou a emergir. O termo "caos" foi introduzido por James Yorke e Tien-Yien Li em 1975, num breve artigo que simplificava um dos resultados da escola

Caos e complexidade

russa: o Teorema de Sharkovskii de 1964, que descrevia um curioso padrão nas soluções periódicas de um sistema dinâmico discreto – no qual um tempo corre em passadas inteiras em vez de ser contínuo.

Enquanto isso, os sistemas caóticos apareciam esporadicamente na literatura aplicada – mais uma vez, muito pouco apreciada pela comunidade científica em geral. O mais conhecido deles foi introduzido pelo meteorologista Edward Lorenz em 1963. Lorenz se propôs a modelar a convecção atmosférica, fazendo aproximações das equações extremamente complexas para esse fenômeno mediante equações mais simples, com três variáveis. Resolvendo-as numericamente no computador, descobriu que a solução oscilava de maneira irregular, quase aleatória. Descobriu também

---

A mancada de Poincaré

June Barrow-Green, pesquisando os artigos do Mittag-Leffler Institute em Estocolmo, descobriu recentemente um fato constrangedor que anteriormente fora mantido em segredo. O trabalho que deu a Poincaré o prêmio continha um sério erro. Longe de descobrir o caos, como se supunha, ele alegava estar provando o contrário: que o caos não ocorria. A apresentação original provava que todos os movimentos do sistema de três corpos são regulares e bem-comportados.

Depois que o prêmio foi concedido, Poincaré identificou o erro, e rapidamente descobriu que ele demolia completamente a sua prova. Mas o ensaio vencedor do prêmio já fora publicado como um número especial da revista do instituto. A publicação foi recolhida, e Poincaré pagou uma reimpressão completa, que incluía sua descoberta das interseções homoclínicas e do que agora chamamos de caos. Isso lhe custou significativamente mais que o dinheiro que ganhara com o ensaio falho. Quase todas as cópias da versão incorreta foram recuperadas com sucesso e destruídas, porém uma, preservada nos arquivos do instituto, passou pela rede.

que se as mesmas equações são resolvidas usando valores iniciais das variáveis com diferenças mínimas entre si, essas diferenças são amplificadas até a nova solução ser completamente diferente da original. Sua descrição do fenômeno em palestras subsequentes originou um termo que hoje é popular, o efeito borboleta, no qual o bater de asas de uma borboleta provoca, um mês depois, um furacão no lado oposto do globo.

Esse estranho cenário é genuíno, mas num sentido bastante sutil. Suponha que você pudesse fazer o clima mundial acontecer duas vezes: uma vez com a borboleta e outra vez sem ela. Então você, de fato, encontraria diferenças enormes, possivelmente incluindo um furacão numa das alternativas e não o incluindo na outra. É esse exato efeito que surge nas simulações de computador das equações em geral usadas para prever o tempo, e o efeito causa grandes problemas para as previsões. Mas seria um erro concluir que a borboleta *causou* o furacão. No mundo real, o clima é influenciado não por uma borboleta, mas pelas características estatísticas de trilhões de borboletas e outras perturbações minúsculas. Coletivamente, elas têm uma influência definida sobre onde e quando os furacões se formam, e para onde vão em seguida.

Usando modelos topológicos, Smale, Arnold e seus colaboradores provaram que as bizarras soluções observadas por Poincaré eram consequência inevitável de *atratores estranhos* nas equações. Um atrator estranho é um movimento complexo que o sistema inevitavelmente abriga dentro de si. Ele pode ser visualizado como uma forma no estado-espaço formado pelas variáveis que descrevem o sistema. O atrator de Lorenz, que descreve as equações de Lorenz dessa maneira, parece um pouco a máscara do Zorro, mas cada superfície aparente tem infinitas camadas.

A estrutura dos atratores explica uma característica curiosa dos sistemas caóticos: eles podem ser previstos em curto prazo (ao contrário, digamos, de um lançamento de dado), mas não em prazos longos. Por que é que diversas previsões de curto prazo alinhadas uma após outra não podem criar uma previsão de longo prazo? Porque a precisão com que podemos descrever um sistema caótico deteriora-se com o tempo, numa taxa crescente, de modo que existe um horizonte de previsão além do qual não

Caos e complexidade   363

podemos penetrar. Ainda assim, o sistema permanece com o mesmo atrator estranho – mas sua trajetória sobre o atrator muda significativamente.

Isso modifica a nossa visão do efeito borboleta. Tudo que as borboletas podem fazer é forçar o clima em volta do mesmo atrator estranho – de maneira que ele sempre pareça um clima perfeitamente plausível. Só que um pouquinho diferente do que teria sido sem todas aquelas borboletas.

David Ruelle e Floris Takens rapidamente encontraram uma aplicação potencial para atratores estranhos em física: o desconcertante problema do fluxo turbulento num fluido. As equações padrão para o fluxo de fluidos, chamadas equações de Navier-Stokes, são equações diferenciais parciais,

---

MARY LUCY CARTWRIGHT
(1900-1998)

Mary Cartwright graduou-se na Universidade de Oxford em 1923, uma em apenas cinco mulheres que estudavam matemática na universidade. Depois de um breve período como professora, fez doutorado em Cambridge, oficialmente sob orientação de Godfrey Hardy, mas na verdade orientada por Edward Titchmarsh, pois Hardy estava em Princeton. Seu tema de tese foi análise complexa. Em 1934 foi nomeada professora-assistente em Cambridge, e em 1936 nomeada diretora de estudos em Girton College.

Em 1938, em colaboração com John Littlewood, empreendeu para o Departamento de Pesquisa Científica e Industrial pesquisa sobre equações diferenciais relacionadas com o radar. Eles descobriram que essas equações tinham soluções altamente complicadas, uma antecipação precoce do fenômeno do caos. Em virtude desse trabalho, ela se tornou a primeira mulher matemática a ser eleita membro da Royal Society, em 1947. Em 1948, foi feita Mistress de Girton, e de 1959 a 1968 foi mestra extraordinária na Universidade de Cambridge. Recebeu muitas honrarias, e em 1969 foi feita dama comandante do Império Britânico.

e como tais são determinísticas. Um tipo comum de fluxo fluido, o fluxo laminar, é suave e regular, exatamente o que seria de esperar com base numa teoria determinística. Mas outro tipo de fluxo, o fluxo turbulento, é caudaloso e irregular, quase aleatório. Teorias anteriores ou argumentavam que a turbulência era uma combinação muito complicada de padrões que individualmente eram simples e regulares, ou que as equações de Navier-Stokes sucumbiam no regime turbulento. Mas Ruelle e Takens tinham uma terceira teoria. Sugeriram que a turbulência é um exemplo físico de um atrator estranho.

Inicialmente essa teoria foi recebida com algum ceticismo, mas sabemos agora que está correta em espírito, mesmo que alguns dos detalhes fossem bastante questionáveis. Seguiram-se outras aplicações bem-sucedidas, e a palavra caos foi incorporada como um nome conveniente para todo comportamento desse tipo.

Monstros teóricos

Um segundo tema entra agora na nossa história. Entre 1870 e 1930 um grupo variado de matemáticos inconformistas inventou uma série de formas bizarras cujo único propósito era demonstrar as limitações da análise clássica. Durante o desenvolvimento inicial do cálculo, os matemáticos assumiram que qualquer grandeza que variasse continuamente devia ter uma taxa de variação bem-definida em quase toda parte. Por exemplo, um objeto que se move de maneira contínua através do espaço tem uma velocidade bem-definida, exceto em alguns poucos instantes quando sua velocidade muda abruptamente. Contudo, em 1872, Weierstrass mostrou que essa premissa de longa data estava errada. Um objeto pode se mover de maneira contínua, mas de modo tão irregular que – de fato – sua velocidade varia abruptamente a todo instante. Isso significa que o objeto não tem, em absoluto, uma velocidade coerente.

Outras contribuições para esse estranho zoológico de anomalias incluíam uma curva que ocupa uma região inteira do espaço (uma foi encontrada por Peano em 1890, outra por Hilbert em 1891), uma curva que cruza a si mesma em todo ponto (descoberta por Waclaw Sierpinski em 1915) e uma curva de comprimento infinito que encerra uma área finita. Esta última esquisitice geométrica, inventada por Helge von Koch em 1906, é a curva *floco de neve*, e sua construção ocorre assim: comece com um triângulo equilátero e adicione promontórios triangulares na metade de cada lado para criar uma estrela de seis pontas. Adicione então promontórios na metade de cada um dos doze lados pequenos da estrela, e siga adicionando para sempre. Por causa da simetria hexagonal, o resultado parece um intricado floco de neve. Flocos de neve reais se formam segundo outras regras, mas isso é outra história.

A principal corrente da matemática imediatamente denunciou essas excentricidades como "patológicas", "galeria de monstros", mas à medida que os anos se passaram diversos fiascos constrangedores enfatizaram a necessidade de cuidado, e o ponto de vista dos inconformistas foi ganhando terreno. A lógica por trás da análise é tão sutil que saltar para conclusões plausíveis é perigoso: monstros nos advertem sobre o que pode dar errado. Assim, na virada do século, os matemáticos tinham ficado à vontade com os produtos supermodernos da loja de curiosidades dos inconformistas – e mantinham a teoria em ordem sem qualquer impacto sério sobre aplicações. De fato, em 1900 Hilbert pôde se referir a toda essa área como um paraíso sem provocar tumultos.

Estágios na construção da curva que preenche
o espaço de Hilbert e o tapete de Sierpinski.

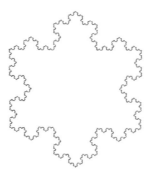

A curva floco de neve.

Na década de 1960, contra todas as expectativas, a galeria de monstros teóricos recebeu um inesperado impulso na direção da ciência aplicada. Benoit Mandelbrot percebeu que essas curvas monstruosas são pistas para a teoria de longo alcance para as irregularidades da natureza. Ele as rebatizou de *fractais*. Até então, a ciência se contentara em se ater às formas geométricas tradicionais como retângulos e esferas, porém Mandelbrot insistiu que essa abordagem era restritiva demais. O mundo natural está atulhado de estruturas complexas e irregulares – linhas costeiras, montanhas, nuvens, árvores, geleiras, sistemas fluviais, ondas oceânicas, crateras, couves-flores – sobre as quais a geometria tradicional não tem nada a dizer. É necessária uma nova geometria da natureza.

Hoje, os cientistas absorveram os fractais em seu modo normal de pensar, exatamente como seus predecessores fizeram no fim do século XIX com as monstruosidades matemáticas inconformistas. A segunda metade do artigo de Lewis Fry Richardson, de 1926, "Difusão atmosférica mostrada num gráfico distância-proximidade" traz o título "O vento tem velocidade?". Isso agora é visto como uma pergunta inteiramente razoável. O fluxo atmosférico é turbulento, a turbulência é fractal e fractais podem se comportar como a função monstruosa de Weierstrass – movendo-se continuamente mas sem ter uma velocidade bem-definida. Mandelbrot achou exemplos de fractais em muitas áreas, tanto dentro como fora da ciência – o formato de uma árvore, o padrão de ramificação de um rio, os movimentos do mercado de ações.

Caos por todo lado!

Os atratores estranhos dos matemáticos, quando vistos geometricamente, revelaram-se fractais, e as duas linhas de pensamento tornaram-se interligadas naquilo que agora é popularmente conhecido como teoria do caos.

O caos pode ser encontrado em praticamente toda área da ciência. Jack Wisdom e Jacques Laskar descobriram que a dinâmica do sistema solar é caótica. Nós conhecemos todas as equações, massas e velocidades exigidas para prever o movimento futuro para sempre, mas há um horizonte de previsão de cerca de 10 milhões de anos devido à dinâmica do caos. Assim, se você quer saber de que lado do Sol Plutão estará no ano 10.000.000 – pode esquecer. Esses astrônomos também mostraram que as marés da Lua estabilizam a Terra contra influências que de outra forma levariam a um movimento caótico, provocando mudanças súbitas de clima, de períodos mornos a eras glaciais, ida e volta; então, a teoria do caos demonstra que sem a Lua, a Terra seria um lugar bastante desagradável de se viver.

O caos surge em quase todos os modelos matemáticos de populações biológicas, e experimentos recentes (permitir a procriação de besouros em condições controladas) indicam que ele surge também em populações biológicas reais. Ecossistemas normalmente não se assentam numa espécie de equilíbrio estático da natureza: em vez disso, vagueiam em torno de atratores estranhos, em geral parecendo muito similares, mas sempre mudando. O fracasso em compreender a dinâmica sutil dos ecossistemas é uma das razões por que a atividade da pesca no mundo está à beira do desastre.

Complexidade

Do caos, voltamo-nos para a complexidade. Muitos dos problemas com os quais a ciência de hoje se defronta são extremamente complicados. Para lidar com um recife de coral, uma floresta ou uma área de pesca é necessário compreender um ecossistema altamente complexo, em que mudanças aparentemente inofensivas podem detonar problemas inesperados. O mundo real é tão complicado, e pode ser tão difícil de mensurar, que os métodos convencionais de modelagem revelam-se difíceis de implantar, e mais difíceis ainda de verificar. Em resposta a esses desafios, um crescente número de cientistas tem chegado a acreditar que são necessárias mudanças fundamentais na nossa maneira de modelar o mundo.

No começo dos anos 1980 George Cowan, anteriormente chefe de pesquisa em Los Alamos, decidiu que um dos caminhos à frente residia nas recém-desenvolvidas teorias de dinâmica não linear. Aqui, pequenas causas podem criar enormes efeitos, regras rígidas podem levar à anarquia e o todo tem frequentemente propriedades que não existem, sequer na forma mais rudimentar, em seus componentes. Em termos gerais, essas são exatamente as características observadas no mundo real. Mas será que a semelhança é mais profunda – profunda o suficiente para fornecer uma compreensão genuína?

Cowan concebeu a ideia de um novo instituto de pesquisa dedicado a aplicações interdisciplinares e ao desenvolvimento da dinâmica não linear. Recebeu a adesão de Murray Gell-Mann, o físico de partículas que ganhou o Prêmio Nobel, e em 1984 criaram o que foi chamado na época de Rio Grande Institute. Hoje é o Santa Fé Institute, um centro internacional para estudo de sistemas complexos. A teoria da complexidade contribuiu com métodos e pontos de vista matemáticos novos e originais, explorando computadores para criar modelos digitais da natureza. O instituto explora o poder do computador para analisar esses modelos e deduzir características intrigantes dos sistemas complexos. E utiliza a dinâmica não linear e outras áreas da matemática para compreender o que os computadores revelam.

Autômato celular

Em um dos tipos de novos modelos matemáticos, conhecido como *autômato celular*, coisas como árvores, pássaros e esquilos são personificados como minúsculos quadrados coloridos. Eles competem com seus vizinhos

Caos e complexidade 369

num jogo de computador matemático. A simplicidade é enganosa – esses jogos se encontram na linha de frente da ciência moderna.

Autômatos celulares ganharam destaque nos anos 1950, quando John von Neumann estava tentando compreender a capacidade que a vida tem de se autocopiar. Stanislaw Ulam sugeriu o uso de um sistema introduzido pelo pioneiro da computação, Konrad Zuse, na década de 1940. Imagine um Universo composto de uma enorme grade de quadrados, chamados *células*, como se fosse uma tabuleiro de xadrez gigante. Em qualquer momento, um determinado quadrado pode existir em algum estado. Esse Universo jogo de xadrez é equipado com suas próprias leis da natureza, descrevendo como o estado de cada célula deve mudar quando um instante se torna o instante seguinte. É útil representar esse estado em cores. Então, as regras seriam asserções do tipo: "se uma célula é vermelha e tem duas células vizinhas azuis, ela deve virar amarela." Qualquer sistema desses é chamado de autômato celular – celular por causa da grade, autômato por obedecer cegamente a quaisquer que sejam as regras listadas.

Para modelar a característica mais fundamental das criaturas vivas, Von Neumann criou uma configuração de células que podiam se replicar – fazer cópias de si mesmas. O modelo tinha 200 mil células e empregava 29 cores diferentes para realizar uma descrição codificada de si mesmo. Essa descrição podia ser copiada cegamente e usada como planta para a construção de posteriores configurações do mesmo tipo. Von Neumann não publicou seu trabalho até 1966. Época em que Crick e Watson já haviam descoberto a estrutura do DNA e tinha ficado claro como a vida realmente realiza seu truque de replicação. Os autômatos celulares foram ignorados por mais trinta anos.

Nos anos 1980, porém, havia um interesse crescente em sistemas compostos por grandes quantidades de partes simples, que interagem para produzir um todo complicado. Tradicionalmente, a melhor maneira de modelar um sistema matematicamente é incluir o maior número possível de detalhes: quanto mais perto o modelo está da coisa real, melhor. Mas essa abordagem de detalhes minuciosos fracassa quando se trata de sistemas muito complexos. Suponhamos, como exemplo, que você queira entender o crescimento de uma população de coelhos. Não é preciso modelar o comprimento dos pelos do coelho, nem o tamanho de suas orelhas, nem como funciona seu sistema imunológico. Bastam apenas alguns fatos básicos sobre cada coelho: a idade, o sexo e, se for fêmea, se está grávida. Aí você pode focalizar os recursos do seu computador naquilo que realmente importa.

Para esse tipo de sistema, os autômatos celulares são muito efetivos. Eles possibilitam ignorar detalhes desnecessários sobre componentes in-

O que a dinâmica não linear fez por eles

Até a dinâmica não linear tornar-se um tema fundamental na modelagem científica, seu papel era principalmente teórico. O trabalho mais avançado foi o do problema dos três corpos de Poincaré, em mecânica celeste. Esse trabalho previa a existência de órbitas altamente complexas, mas não dava uma grande noção de qual seria sua aparência. O ponto principal do trabalho era demonstrar que equações simples podem não ter soluções simples – que a complexidade não é conservada, mas pode ter origens mais simples.

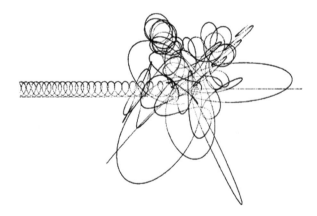

Computadores modernos podem calcular órbitas complicadas no problema dos três corpos.

dividuais, e, em vez disso, focalizam em como esses componentes se inter-relacionam. Isso se mostra um meio excelente de descobrir que fatores são importantes e revelar percepções gerais dos motivos que levam os sistemas complexos a fazer o que fazem.

Geologia e biologia

Um sistema complexo que desafia a análise por técnicas de modelagem tradicionais é a formação de bacias e deltas fluviais. Peter Burrough usou autômatos celulares para explicar por que esses fenômenos naturais adotam as formas que adotam. O autômato modela as interações entre água, terra e sedimento. Os resultados explicam como diferentes taxas de erosão do solo afetam os formatos de rios, e como o rio leva o solo embora, questões importantíssimas para a engenharia e gestão de rios. As ideias também são de interesse das companhias petrolíferas, pois óleo e gás frequentemente são encontrados em estratos geológicos que foram originalmente depositados como sedimento.

Outra bela aplicação de autômatos celulares ocorre em biologia. Hans Meinhardt usou autômatos celulares para modelar a formação de padrões em animais, de conchas marinhas a zebras. Fatores-chave são concentrações de componentes químicos. Interações são reações dentro de uma determinada célula e sua difusão para as células vizinhas. Os dois tipos de interação se combinam para fornecer as regras efetivas para o próximo estado. Os resultados fornecem uma percepção útil acerca dos padrões de ativação e inibição que "ligam e desligam" dinamicamente os genes produtores de pigmentos durante o crescimento do animal.

Stuart Kauffman aplicou uma variedade de técnicas da teoria da complexidade para mergulhar em outra importante charada em biologia: o desenvolvimento da forma orgânica. O crescimento e o desenvolvimento num organismo devem envolver bastante dinâmica, e isso não pode ser simplesmente uma questão de traduzir em forma orgânica a informação contida no DNA. Um promissor caminho para o futuro é formular o desenvolvimento como dinâmica de um sistema não linear complexo.

Os autômatos celulares deram agora a volta completa, fornecendo-nos uma nova perspectiva das origens da vida. O autômato autorre-plicante de Von Neumann é de fato especialíssimo, confeccionado de modo cuidadoso para fazer cópias de uma configuração inicial altamente complexa. Será que isso é típico dos autômatos autorreplicantes, ou podemos obter alguma replicação sem começar por uma configuração muito especial? Em 1993 Hui-Hsien Chou e James Reggia desenvolveram um autômato celular com 29 estados para os quais um estado inicial escolhido aleatoriamente, ou sopa primordial, leva a estruturas autorreplicantes 98% das vezes. Nesse autômato, entidades autorreplicantes são praticamente uma certeza.

Sistemas complexos apoiam o ponto de vista de que num planeta com química suficientemente complexa, é provável que a vida surja espontaneamente e se organize em formas cada vez mais complexas e sofisticadas. O que resta a ser compreendido é que tipos de regras levam à emergência espontânea de configurações autorreplicantes no nosso Universo – em suma, que tipo de leis físicas tornam esse primeiro passo rumo à vida não só possível, mas inevitável.

Como a matemática foi criada

A história da matemática é longa e sinuosa. Além de fazer progressos notáveis, os pioneiros da matemática percorriam becos sem saída, muitas vezes durante séculos. Mas esse é o destino do pioneiro. Se fosse óbvio onde ir em seguida, qualquer um faria. E assim, ao longo de quatro milênios, a estrutura elaborada e elegante que chamamos de matemática veio a existir. Ela surgiu aos solavancos, com acessos de atividade febril seguidos por períodos de estagnação; o centro de atividade moveu-se ao redor do globo acompanhando a ascensão e queda da cultura humana. Às vezes cresceu de acordo com as necessidades práticas daquela cultura; outras vezes o tema assumiu sua própria direção, e os praticantes brincavam com aquilo que para todas as outras pessoas não passavam de jogos intelectuais.

Caos e complexidade

E, com surpreendente frequência, esses jogos acabam dando retorno no mundo real, estimulando o desenvolvimento de novas técnicas, novos pontos de vista e nova compreensão.

A matemática não parou. Novas aplicações exigem nova matemática, e os matemáticos estão respondendo. A biologia, em especial, apresenta novos desafios à modelagem e à compreensão matemáticas. As exigências internas da matemática continuam a estimular novas ideias, novas teorias. Muitas conjecturas importantes permanecem não resolvidas, mas os matemáticos estão trabalhando nelas.

O que a dinâmica não linear faz por nós

Pode parecer que o caos não tem aplicações práticas, sendo irregular, imprevisível e altamente sensível a pequenas perturbações. Contudo, pelo fato de se basear em leis determinísticas, o caos se revela útil justamente por essas características.

Uma das aplicações potencialmente mais importantes é o controle caótico. Por volta de 1950 o matemático John von Neumann sugeriu que a instabilidade climática poderia um dia ser transformada em vantagem, porque deixa implícito que um grande efeito *desejado* pode ser gerado por perturbações muito pequenas. Em 1979 Edward Belbruno se deu conta de que esse efeito podia ser usado em astronáutica para mover uma nave espacial através de longas distâncias com um gasto muito reduzido de combustível. No entanto, as órbitas resultantes levam muito tempo – dois anos da Terra à Lua, por exemplo – e a Nasa perdeu interesse na ideia.

Em 1990 o Japão lançou uma pequena sonda lunar, a Hagoromo, que se separou de uma sonda maior que permaneceu em órbita terrestre, a Hiten. Mas o rádio da Hagoromo falhou, deixando a Hiten sem função a desempenhar. O Japão quis salvar alguma coisa da missão, mas a Hiten tinha apenas 10% do combustível necessário para chegar à Lua usando uma órbita convencional. Um engenheiro do projeto lembrou-se da ideia de Belbruno, e pediu-lhe para ajudar. Em dez meses a Hiten estava a caminho da Lua e mais além, buscando partículas presas na poeira interestelar – com metade do combustível restante não usado. A técnica tem sido utilizada repetidamente desde esse primeiro sucesso, em particular para a sonda Genesis testar o vento solar, na missão Smartone da Agência Espacial Europeia (ESA, na sigla em inglês).

A técnica é aplicável tanto na Terra como no espaço. Em 1990 Celso Grebogi, Edward Ott e James Yorke publicaram um esquema teórico genérico para explorar o efeito borboleta no controle de sistemas caóticos. O método tem sido usado para sincronizar um feixe de lasers; controlar irregularidades no batimento cardíaco, abrindo a possibilidade de um marca-passo inteligente; controlar ondas elétricas no cérebro, o que poderia ajudar a suprimir ataques epilépticos; e suavizar o movimento de um fluido turbulento, o que no futuro poderia tornar as aeronaves mais eficientes em termos de combustível.

Ao longo de toda sua longa história, a matemática tem tirado sua inspiração dessas duas fontes – o mundo real e o mundo da imaginação humana. Qual é mais importante? Nenhum dos dois. O que importa é a combinação. O método histórico deixa claro que a matemática extrai seu poder, e sua beleza, de ambos. A época dos gregos antigos é muitas vezes vista como a Era de Ouro histórica, quando lógica, matemática e filosofia entraram em cena para tratar da condição humana. Mas os avanços feitos pelos gregos são apenas parte do andamento da história. A matemática nunca foi tão ativa, nunca foi tão diversificada, e nunca foi tão vital para a nossa sociedade.

Bem-vindos à Era de Ouro da matemática.

Sugestões de leitura

Livros e artigos

Belbruno, E. *Fly Me to the Moon*. Princeton, Princeton University Press, 2007.

Bell, E.T. *Men of Mathematics* (2 vols.). Harmondsworth, Pelican, 1953.

Bell, E.T. *The Development of Mathematics* (reimpressão). Nova York, Dover, 2000.

Bourgne, R. e J.-P. Azra. *Écrits et Mémoires Mathématiques d'Évariste Galois*. Paris, Gauthier-Villars, 1962.

Boyer, C.B. *A History of Mathematics*. Nova York, Wiley, 1968.

Bühler, W.K. *Gauss: a Biographical Study*. Berlim, Springer, 1981.

Cardan, J. *The Book of My Life* (traduzido para o inglês por Jean Stoner). Londres, Dent, 1931.

Cardano, G. *The Great Art or the Rules of Algebra* (traduzido para o inglês por T. Richard Witmer). Cambridge, MIT Press, 1968.

J. Coolidge, *The Mathematics of Great Amateurs*. Dover, Nova York, 1963.

Dantzig, T. *Number – the Language of Science* (org. J. Mazur). Nova York, Pi Press, 2005.

Euclides. *The Thirteen Books of Euclid's Elements* [Os treze livros de *Os elementos*, de Euclides] (3 vols., traduzido para o inglês por Sir Thomas L. Heath). Nova York, Dover, 1956.

Fauvel, J. e J. Gray. *The History of Mathematics – a Reader*. Basingstoke, Macmillan Education, 1987.

Fowler, D.H. *The Mathematics of Plato's Academy*. Oxford, Clarendon Press, 1987.

Gauss, C.F. *Disquisitiones Arithmeticae*, Leipzig, 1801 (traduzido para o inglês por A.A. Clarke). New Haven, Yale University Press, 1965.

Hyman, A. *Charles Babbage*. Oxford, Oxford University Press, 1984.

Joseph, G.G. *The Crest of the Peacock – non-European Roots of Mathematics*. Harmondsworth, Penguin, 2000.

Katz, V.J. *A History of Mathematics* (2ª ed.). Reading, Addison-Wesley, 1998.

Kline, M. *Mathematical Thought from Ancient to Modern Times*. Oxford, Oxford University Press, 1972.

Koblitz, A.H. *A Convergence of Lives – Sofia Kovalevskaya*. Boston, Birkhäuser, 1983.

Koblitz, N. *A Course in Number Theory and Cryptography* (2ª ed.). Nova York, Springer, 1994.

Livio, M. *The Equation That Couldn't Be Solved*. Nova York, Simon & Schuster, 2005. (Ed. bras., *A equação que ninguém conseguia resolver*. Rio de Janeiro, Record, 2009.)

Livio, M. *The Golden Ratio*. Nova York, Broadway, 2002. (Ed. bras., *Razão áurea*. Rio de Janeiro, Record, 2007.)

Maor, E. *e – the Story of a Number*. Princeton, Princeton University Press, 1994. (Ed. bras., *e – A história de um número*. Rio de Janeiro, Record, 2006.)

Maor, E. *Trigonometric Delights*. Princeton, Princeton University Press, 1998.

McHale, D. *George Boole*. Dublin, Boole Press, 1985.

Neugebauer, O. *A History of Ancient Mathematical Astronomy* (3 vols.). Nova York, Springer, 1975.

Ore, O. *Niels Hendrik Abel: Mathematician Extraordinary*. Minneapolis, University of Minnesota Press, 1957.

Reid, C. *Hilbert*. Nova York, Springer, 1970.

Rothman, T. "The short life of Évariste Galois", *Scientific American* (abril, 1982) 112-120. In T. Rothman, *A Physicist on Madison Avenue*. Princeton, Princeton University Press, 1991.

Sobel, D. *Longitude* (edição de 10º aniversário). Nova York, HarperPerennial, 2005. (Ed. bras., *Longitude*. São Paulo, Companhia das Letras, 2008.)

Stewart, I. *Does God Play Dice? – The New Mathematics of Chaos* (2ª ed.). Harmondsworth, Penguin, 1997. (Ed. bras., *Será que Deus joga dados?*. Rio de Janeiro, Zahar, 1991.)

Stewart, I. *Why Beauty is Truth*. Nova York, Basic Books, 2007. (Ed. bras., *Uma história da simetria na matemática*. Rio de Janeiro, Zahar, 2012.)

Stigler, S.M. *The History of Statistics*. Cambridge, Harvard University Press, 1986.

Van der Waerden, B.J. *A History of Algebra*. Nova York, Springer-Verlag, 1994.

Welsh, D. *Codes and Cryptography*. Oxford, Oxford University Press, 1988.

Internet

A maioria dos assuntos pode ser localizada usando um mecanismo de busca. Três sites genéricos muito bons são:

O arquivo The MacTutor History of Mathematics:
http://www-groups.dcs.st-and.ac.uk/~history/index.html

Wolfram MathWorld, um compêndio de informação sobre temas matemáticos:
http://mathworldwolfram.com

Wikipedia, a enciclopédia livre online:
http://en.wikipedia.org/wiki/Main_Page

Índice remissivo

ábaco, 45, 60, 345
Abbott, Edwin, 306
Abel, Niels, 195, 200, 234-7, 238, 243
Adams, Douglas, 358
Alberti, Leone Battista, 211, 213
álgebra, 68-87, 246-64
Álgebra, A (Bombelli), 183-4
álgebra abstrata, 246-64
álgebra booleana *ver* booleana, álgebra
álgebra matricial, 297-8
álgebras, 256-8
algoritmos, 352-4
al-jabr, 75
Al-Karaji, 335
Al-Khwarizmi, 59, 75, 352
Al-Kindi, 59
Almagesto (Ptolomeu), 47, 93-6, 101, 144
Analista, O: um discurso dirigido a um matemático infiel (Berkeley), 157
análise complexa, 186-9, 190, 191, 192, 193, 194, 203-4, 205, 259, 275, 276, 278, 285, 363
análise numérica, 345-55
Análise vetorial (Gibbs e Wilson), 295
anéis, 256
apelo ao matemático, Um (Sylvester), 300
Apolônio, 28, 45, 47, 95, 106
árabe, matemática, 55, 59-62, 75, 83, 94, 230
Arbuthnot, John, 340
Arquimedes, 28, 37, 40-5, 50, 105, 137, 138, 316
Arquimedes, espiral de, 114
Argand, Jean-Robert, 186, 291
Aristarco, 89
aritmética, 52-67
Aritmética (Diofanto), 47, 82-3, 126, 128
Aritmética logarítmica (Briggs), 102
Arnold, Vladimir, 360, 362
Ars Magna (Cardano), 78, 84, 183
arte, geometria e, 211-3
arte da conjectura, A (Bernoulli), 112, 113, 336
Aryabhata, 57, 95
astronomia, 92
áurea, razão *ver* razão áurea
autômato celular, 368-72

Babbage, Charles, 346-7
babilônica, matemática, 7, 17-20, 23, 27, 40, 53, 55-6, 62, 228-9
   álgebra, 68-9, 70-5
Barlow, William, 241
Barrow, Isaac, 152, 154, 156, 158, 160
base 10, logaritmos, 97, 100-2, 104
Belbruno, Edward, 373-4
Beltrami, Eugenio, 297
Berkeley, bispo George, 157, 195, 203, 207
Bernoulli, Daniel, 202
Bernoulli, família, 112-3, 160
Bernoulli, Jacob, 114, 153, 336-8
Bernoulli, Johann, 153, 159-60, 165-6, 186-9
Bessel, equação de, 202
Bessel, Friedrich, 190-1, 220
Bessel, funções de, 169, 202
Bhaskara, 57-8, 64, 95
Bhaskaracharya, 95
binários, números *ver* números binários
biologia, 371-2
Bolyai, János, 220
Bolyai, Wolfgang, 220, 221
Bolzano, Bernard, 195, 199-200, 201, 203, 207
bomba atômica, 348
Bombelli, Rafael, 183, 184
Boole, George, 260, 352
booleana, álgebra, 260, 352, 354
Borcherds, Richard, 259
Brahe, Tycho, 145, 146, 147, 148
Brahmagupta, 57-9, 95
Bravais, Auguste, 240-1
Briggs, Henry, 100, 102
Brunelleschi, Filippo, 211
Bürgi, Jobst, 102
Burrough, Peter, 371
Byron, Lorde, 347

cálculo, 140-62, 163, 195-208
cálculo de extensão, O (Grassmann), 294, 300
calor, 171-3
campos, 256

Canon Mathematicus (Viète), 96

Cantor, Georg, 314, 316-21, 329, 341

caos, teoria do, 357-74

Cardano, Girolamo, 77-82, 84-5, 182-3, 230, 235, 334

Carroll, Lewis, 326

cartesianas, coordenadas ver coordenadas cartesianas

Cartwright, Mary Lucy, 360, 363

Cauchy, Augustin-Louis, 191, 192, 195, 200, 207, 270

Cauchy, teorema de, 190, 193

Cauchy-Riemann, equações de, 189, 193

Cayley, Arthur, 254, 297-8, 302

CDs, 263

Census Räumlicher Complex, Der [O complexo senso espacial], 274

Chandas Shastra, 335

chinesa, matemática, 58, 63-4

Christoffel, Elwin Bruno, 297

Chuquet, Nicolas, 85

Ciência e método (Poincaré), 280

classes, 313-6

Clay Mathematics Institute, 206, 285, 354

Cogitata Physica-Mathematica (Mersenne), 124

Cohen, Paul, 321

Colmar, Thomas de, 348

combinações, 334-6

Comptes Rendus de l'Academie Française, 191

computacional, matemática, 345-56

computadores, 345-8

conjuntos, 313-6

Conway, John, 259

coordenadas, 107-8, 110, 111-4, 116-8, 290, 301-2

coordenadas cartesianas, 111-4, 184

coordenadas polares, 112, 114, 171

Copérnico, Nicolau, 145-6, 148, 150, 161, 317

Cotes, Roger, 188

Cowan, George, 368

Coxeter, Harold Scott MacDonald, 222, 253

Coxeter-Dynkin, diagramas de, 253

Craig, James, 98-9

Crick, Francis, 287, 369

d'Alembert, 165-7, 218

Da Pintura (Alberti), 211

De Moivre, Abraham, 338

Dedekind, Richard, 254, 256, 308-11

Del Ferro, Cipião, 78-80, 182, 230

Desargues, teorema de, 214

Descartes, René, 109, 152, 184

coordenadas, 107-8, 111-4, 290, 295

notação, 84, 85

poliedros, 267-8

Descartes-Euler, fórmula de, 270

Diálogo sobre os dois principais sistemas do mundo (Galileu), 151

dinâmica dos fluidos, 163, 175-6

dinâmica não linear, 357-74

Diofanto, 64, 82-3, 119, 124-5, 126

discurso do método, O (Descartes), 108, 109

Discursos e demonstrações matemáticas sobre duas novas ciências (Galileu), 149

DNA, 267, 287, 306, 369, 371

Dodgson, Charles Lutwidge, 326

DVDs, 263

Dyck, Walther van, 254

Dynkin, diagramas de, 253

Dynkin, Eugene, 253

e, 102

Edgeworth, Francis Ysidro, 343

egípcia, matemática, 20-2

Einstein, Albert:

espaço multidimensional, 302-3

relatividade especial, 299

relatividade geral, 223, 225, 253, 257, 280, 283, 289, 296, 297, 304-5, 325

elementos, Os (Euclides), 33-9, 121, 122, 291

"Elementos de análise vetorial"(Gibbs), 295

eletromagnetismo, 169, 179-80

elipses, 45-6

Engel, Friedrich, 251

Ensaio sobre os elementos da matemática para jovens estudiosos (Bolyai), 220

entalhes, 14-6, 17

equações, 70-5, 228-32

cúbicas, 76-8, 182-4

de onda, 166-8, 172-4, 179-80

diferenciais, 160-2, 163-80

quadráticas, 57, 69, 71, 75, 187, 228-9

Eratóstenes, 37, 48

Erlangen, programa de, 222, 247, 250, 253

Escher, Maurits, 222

espaço multidimensional, 300-5

espaço quadridimensional, 253, 278, 289, 291

espaço-tempo de Minkowski ver Minkowski, espaço-tempo de

estatística, 332-44

Euclides:

algoritmos, 352-3

Índice remissivo

axiomas, 36-7, 210, 214-5, 222, 324
construções geométricas, 44, 131-3
geometria do espaço, 225-6
Os elementos, 33-9, 121, 122, 291
primos, 121-4
prova lógica, 27-8, 213, 226
Quinto Postulado de *ver* Quinto
Postulado de Euclides
Euclides ab Omni Naevo Vindicatus (Saccheri),
216-7
Eudoxo, 28, 32-3, 89, 95
Euler, Leonhard:
análise complexa, 188
análise numérica, 349, 355
cálculo, 204-5
equações diferenciais, 165, 166-8, 169, 175
poliedros, 267, 268, 269, 271, 272
teoria dos números, 119-20, 127, 128

Faraday, Michael, 179
Fedorov, Evgraf, 241
Fermat, Pierre de, 129, 152, 334
coordenadas, 105-7, 114, 184
teoria dos números, 119-20, 125-6, 128
Pequeno Teorema de *ver* Pequeno
Teorema de Fermat
primos, 130, 134
Último Teorema de *ver* Último Teorema
de Fermat
Ferrari, Lodovico, 78-80, 230
Fibonacci *ver* Leonardo de Pisa
Fibonacci, sequência de, 79
Fídias, 42, 91
Fior, Antonio, 77, 78, 230
Fischer, Bernd, 259
floco de neve, curva, 365-6
Fontana, Niccolò *ver* Tartaglia
formalismo hamiltoniano, 178
Fourier, análise de, 195-208
Fourier, Joseph, 168, 172-4, 197
Fourier, série de, 173, 174, 198, 308
Fowler, David, 39
fractais, 206, 366, 367
Frege, Gottlob, 313-6, 329
Frey, Gerhard, 261-2
funções, 114-6
funções contínuas, 199-200
Fundações da geometria (Hilbert), 324
fundamentos da aritmética, Os (Frege), 314
Furtwängler, Philipp, 328

Galileu Galilei, 109, 113, 140, 149-51, 161, 317
Galois, Évariste, 237-40, 242, 243, 247
campos de, 240, 243, 263
equações, 240, 243, 263
teoria dos grupos, 228
Galton, Francis, 340, 342-3
Gauss, Carl Friedrich, 86, 128-31, 132-3, 137-8,
296
análise complexa, 190-1, 193, 205
geometria não euclidiana, 219, 221
polígonos, 132, 133-4, 233
teoria dos números, 119-20, 128, 130-2,
138, 255
topologia, 273, 284
Gell-Mann, Murray, 368
geologia, 371-2
geometria, 26-51, 88-104, 209-26, 265-87,
288-307
de dimensões superiores, 288-307
diferencial, 295-7
euclidiana, 26-51, 88-104
não euclidiana, 210-26, 265-87
geometria, A (Descartes), 108
Germain, Marie-Sophie, 137-8
Gibbs, Josiah Willard, 295
Gödel, Kurt, 326-9
Gödel, teorema da incompletude de, 328, 331
Godfrey, Thomas, 117
Goldbach, Christian, 127
Gordan, Paul, 257, 325
Gorenstein, Daniel, 258
GPS (Sistema de Posicionamento Global), 24
Grassmann, Hermann Günther, 294, 295, 300
gravidade, 170-1
Grebogi, Celso, 374
grega, matemática, 28-51, 53-5, 89, 90, 106-7,
230
Griess, Robert, 259
grupos, teoria dos, 227-45
grupos abstratos, 253-4
guia do mochileiro das galáxias, O (Adams), 358

Hadley, John, 117
Hamilton, Richard, 283-4
Hamilton, William Rowan, 178, 291-2, 293-5
Hamming, Richard, 304
Harrison, John, 117
Heaviside, Oliver, 295
Heiberg, Johan, 42-3
Helmholtz, Hermann von, 297

Hermes, J., 134
Hertz, Heinrich, 180
Hilbert, David, 318, 323-6, 327, 329, 330, 365
Hilbert, problemas de, 325
hindu, matemática, 55-9
Hiparco, 91, 95, 136, 143-4
Hipaso, 31
Hipátia, 47
hipérboles, 45-6
hipótese, teste de, 344
Hölder, Otto, 242
Hui-Hsien Chou, 372
Huntington, Edward, 254

incompletude, teorema da, 328, 331
infinito, 195-208, 316-7
inteiros gaussianos, 255
Introdução à filosofia matemática (Russell), 328
Introdução aos loci planos e sólidos (Fermat), 106
Investigações em aritmética (Gauss), 128, 130,
    131, 132, 136, 137
Irracionalidades Naturais, Teorema sobre, 236

Jordan, Camille, 240-3, 246, 247
Jordan-Hölder, Teorema de, 242
Júpiter, movimento diário, 18
jogos de azar, 333-4

Kant, Immanuel, 220, 225, 300
Kauffman, Stuart, 371
Kepler, Johannes, 140, 146-9, 154, 161, 175
Kepler, Leis do Movimento Planetário de, 9,
    147, 151, 155
Khayyam, Omar, 76, 230, 335
Killing, Wilhelm, 251-2, 253, 258
King, Augusta Ada, 347
Klein, Felix, 250-1, 265, 325
        Lie e, 247-8, 250
        Programa de Erlangen, 222, 247, 250, 253
Klein, garrafa de, 278, 279
Kline, Morris, 8
Klügel, Georg, 218, 225
Kolmogorov, Andrei, 341
Königsberg, Charada das Pontes de *ver*
    Pontes de Königsberg, Charada das
Kovalevskaya, Sofia Vasilyevna, 177-8
Kummer, Ernst Eduard, 256
Kutta, Martin, 349-50

Lacaille, Abbé Nicolas Louis de, 103
Lagrange, Joseph-Louis, 119-20, 126, 128, 134,
    137, 176, 178, 231-2
        Mecânica analítica, 176, 305
lagrangiana, grandeza, 178
Lambert, Johann Heinrich, 40, 213, 218-9, 221
Lamé, Gabriel, 256
Laplace, equação de, 171, 172
Laplace, Pierre-Simon, 171, 192, 358
lasers, 202, 374
Laskar, Jacques, 350, 367
Lei dos Grandes Números, 337
leis básicas da aritmética, As (Frege), 314
leis do pensamento, As (Boole), 260, 352
Lebesgue, Henri, 256, 339, 340
Lebesgue, medida de, 339
Legendre, Adrien-Marie, 170-1, 215-6
Leibniz, Wilhelm Gottfried, 187-9, 268, 346
    cálculo, 140, 141, 152-4, 155, 157, 158-60, 163
Lejeune-Dirichlet, Peter, 256
Leonardo de Pisa, 60, 61, 62, 79; *ver também*
    Fibonacci, sequência de
Levi-Civita, Tullio, 297
Liber Abbaci (Leonardo de Pisa), 60, 61, 79, 80
Lie, grupos de, 246, 248-9, 252-3, 258
Lie, Sophus, 247, 248
limites, 201, 203
Listing, Johann, 273-4
Littlewood, John, 360, 363
Lobachevsky, Nikolai Ivanovich, 220, 221
Logarithmorum Chilias Prima (Briggs), 102
logaritmos, 96-102
logaritmos base dez, 97, 100-2, 104
lógica, 308-31
Lógica simbólica (Dodgson), 326
longitude, 103, 117
Lorenz, Edward, 361-2
Luminet, Jean-Pierre, 225

Maclaurin, Colin, 170
Mahavira, 57
Mandelbrot, Benoit, 366
máquina do tempo, A (Wells), 288-9
Marconi, Guglielmo, 180
matemática:
        árabe, 55, 59-62, 75, 83, 94, 230
        babilônica, 7, 17-20, 23, 27, 40, 53, 55-6,
            62, 68-9, 70-5, 228-9
        chinesa, 58, 63-4
        egípcia, 20-2

Índice remissivo

grega, 28-51, 53-5, 89, 90, 106-7, 230
hindu, 55-9
Mathematical Reviews, 11
Mathematical Thought from Ancient to Modern Time (Kline), 8
Mathematics of Plato's Academy, The (Fowler), 39
Maxwell, equações de, 179, 294-5
Maxwell, James Clerk, 169, 179, 295
Mecânica analítica (Lagrange), 176, 305
Meinhardt, Hans, 371
Mengenlehre, 318
Meré, Chevalier de, 334
Mersenne, primos de, 124
Método das fluxões (Newton), 141
Método de fluxões e séries infinitas (Newton), 155
método de teoremas mecânicos, O (Arquimedes), 44
Minkowski, espaço-tempo de, 299, 302, 305
Mirifici Logarithm or um Canonis Constructio (Napier), 102
Mirimanoff, Dimitri, 256
Mistério cosmográfico (Kepler), 148-9
Möbius, Augustus, 273-4, 278
Möbius, faixa de, 274, 278
Möbius, transformações de, 222
Monstruous Moonshine, conjectura, 259
Moore, Eliakim, 254
Morgan, Augustus De, 38
movimento planetário, 9, 147, 151, 155
Müller, Johannes, 96
multidimensional, espaço *ver* espaço multidimensional
música, 29, 168-9

Napier, John, 89-100, 101, 346
Napier, logaritmos de, 98-100
Napier, varetas de, 98
Nasîr-Eddin, 95
navegação por satélite *ver* satélite, navegação por
Navier-Stokes, equações de, 176, 356, 363-4
Neumann, John von, 369, 372, 373
Newton, Isaac, 85, 97, 111, 114, 156, 184, 203
 análise numérica, 348-9, 351
 cálculo, 140-1, 154-5, 157-60, 161, 163
 coordenadas, 111-4, 117
 equações diferenciais, 160-1, 180, 356-7
 gravidade, 9, 170, 175, 327
 leis do movimento de, 154-5, 160-1, 166

Noções sobre a máquina analítica de Charles Babbage (Menabrea), 347
Noether, Emmy Amalie, 256, 257
Noether, Teorema de, 257
Novos logaritmos (Speidell), 102
numerais, 11-25, 52-67
 cuneiformes, 17, 19, 27
 gregos, 53-5
 indianos, 55-6, 59
 maias, 65
 romanos, 52-3
 sumérios, 17
números, 11-25, 52-67
 binários, 65, 66, 263, 303, 304, 351
 complexos, 181-94
 gaussianos, 255
 imaginários, 181-94
 inteiros, 181-2
 irracionais, 31-2
 negativos, 63-4

Odhner, Willgodt T., 348
Ott, Edward, 374

Pacioli, 334
Palestras sobre extensão linear (Grassmann), 294
parábolas, 45-6
Pascal, Blaise, 334, 335, 346
Pascal, triângulo de, 335-6
Peano, Giuseppe, 312-3, 314, 365
Pearson, Karl, 343
pedra de amolar do espírito, A (Recorde), 84
Pequeno Teorema de Fermat, 126, 139
Perelman, Grigori, 283, 285, 286
Peuerbach, George, 96
pi (π), 40-1
Pitágoras, 28
Pitágoras, Teorema de, 27, 32, 34, 36, 90, 105, 110, 124, 203, 299
Planolândia (Abbott), 306
Playfair, John, 215
Plücker, Julius, 247, 250, 293
Poincaré, conjectura de, 281-5, 286, 330
Poincaré, Jules Henri, 228, 251, 280
 geometria não euclidiana, 222, 224, 225, 281, 286
 teoria do caos, 359, 360, 361, 362, 370
Pol, Balthazar van der, 360
poliedros, 33, 35, 149, 267-72

poliedros regulares, 35
Pontes de Königsberg, Charada das, 267-72
Portsmouth Papers (Newton), 141
primos, 120-7, 131-4
Principia (Newton), 141, 154, 155, 163, 178, 357
Principia Mathematica (Whitehead e Russell), 316, 327, 328
probabilidade, 332-44
    teoria da, 336-41
Problemas Matemáticos do Milênio, 285
prostaférese, 99
Ptolomeu, 37, 93-5, 101, 143-4, 145-6
Ptolomeu, Teorema de, 93-4

quadridimensional, espaço *ver* espaço quadridimensional
quatérnions, 292-5
Quetelet, Adolphe, 342-3
Quinto Postulado de Euclides, 210, 215-8, 219

Rabdologia (Napier), 102
razão áurea, 38-40
Recorde, Robert, 84
Reed-Solomon, códigos de, 263
Reggia, James, 372
Regiomontanus, 96
relatividade geral, 223, 225, 253, 257, 280, 283, 289, 296, 297, 304-5, 325
Rhaeticus, George Joachim, 96
Ribet, Kenneth, 262
Ricci, tensor de, 283-5
Ricci-Curbastro, Gregorio, 283, 297
Richardson, Lewis Fry, 366
Richelot, F.J., 134
Riemann, esfera de, 275-7
Riemann, Georg Bernhard, 133, 248, 275, 296-7, 305
Riemann, Hipótese de, 205-6, 330
RSA, criptossistema, 139, 353
Ruelle, David, 363, 364
Ruffini, Paolo, 233-6, 237, 240, 243
Runge-Kutta, métodos de, 349-50
Russell, Bertrand, 315-6, 327, 328, 329
Russell, paradoxo de 315

Saccheri, Gerolamo, 216-8, 221
Salmon, George, 298, 300
satélite, navegação por, 24-5
Schlick, Moritz, 328
Schmandt-Besserat, Denise, 13

Schönflies, Arthur, 241
seções cônicas, 45-6, 76, 111
séries de potências, 202, 203-6, 207
Sharkovskii, Oleksandr, 360
Sharkovskii, Teorema de, 361
Sierpinski, Waclaw, 365
silogismo, 326
simbolismo algébrico, 82-6
símbolos mesopotâmicos, 14
simetria, 227-45
simetria de uma equação quadrática, 229-30
Sintaxe matemática (Ptolomeu), 93
Sistema de Posicionamento Global *ver* GPS
sistemas complexos, 367-72
Smale, Stephen, 360, 362
Sobre a esfera e o cilindro (Arquimedes), 41, 42
Sobre as revoluções das esferas celestes (Copérnico), 145
Sobre cálculos com numerais hindus (Al-Khwarizmi), 59
Sobre os loci do plano (Apolônio), 106
Sobre tamanhos e distâncias do Sol e da Lua (Aristarco), 89
Solomon, Gustave, 263
sonda anisotrópica de micro-ondas Wilkinson (WMAP), 225
Speidell, John, 102
Staudt, Karl von, 273
Stetigkeit und Irrationale Zahlen (Dedekind), 309
Stevin, Simon, 62
Stokes, George Gabriel, 176
Sylvester, James Joseph, 300, 302

Takens, Floris, 363-4
Taniyama, Yutaka, 260
Taniyama-Shimura, conjectura de, 261
Taniyama-Weil, conjectura de, 260, 262
Tartaglia, 77-80, 182-3, 230, 334
Taylor, Brook, 213
Taylor, Richard, 261, 262
Teorema da Classificação para Superfícies, 279
Teorema Fundamental da Álgebra, 273
Teorema sobre Irracionalidades Naturais, 236
Teoria analítica do calor (Fourier), 172, 197
teoria dos grupos *ver* grupos, teoria dos
Teoria dos grupos de transformação (Lie), 251
teoria dos números, 119-39
Teoria eletromagnética (Heaviside), 295

Índice remissivo

Teoria geral das equações (Ruffini), 233
Thurston, William, 282
Tien-Yien Li, 360
topologia, 265-87
Tratado das substituições e das equações algébricas (Jordan), 240
Tratado de mecânica celeste (Laplace), 171
Tratado sobre os quadriláteros (Nasîr-Eddin), 95
Triangulis, De (Rhaeticus), 96
triângulos, 88-104
trigonometria, 88-104
trigonometria no plano, 95, 99
trincas pitagóricas, 125
Turing, Alan, 244-5, 331

"Über formal unentscheidbare Sätze der *Principia Mathematica* und verwandter Systeme" (Gödel), 328
Último Teorema de Fermat, 129, 138, 233, 246, 255-6, 259-62, 322-3
Universo, forma do, 223-5
Universo aberto, 223
Universo fechado, 223
Universo plano, 223-4

valor da ciência, O (Poincaré), 280
Varahamihira, 95
Viète, François, 83-4, 86, 96, 99-100
Vorstudien zur Topologie (Listing), 273

Wallis, John, 184-5, 291
Walther, Bernard, 96
Wantzel, Pierre, 233
Was Sind und was Sollen die Zahlen? (Dedekind), 309
Watson, James, 287, 369
Weierstrass, Karl, 177, 195, 203-4, 206, 207, 364, 366
Weil, André, 260
Wells, Herbert George, 288-9
Wessel, Caspar, 185, 291
Whitehead, Alfred North, 316, 327
Wiles, Andrew, 9, 128, 246, 261, 262
Wisdom, Jack, 350, 367

Yorke, James, 360, 374

Zermelo, Ernst, 328
Zuse, Konrad, 369

1ª EDIÇÃO [2013] 2 reimpressões

ESTA OBRA FOI COMPOSTA POR MARI TABOADA EM DANTE PRO
E IMPRESSA EM OFSETE PELA GEOGRÁFICA SOBRE PAPEL PÓLEN SOFT
DA SUZANO S.A. PARA A EDITORA SCHWARCZ EM AGOSTO DE 2021

A marca FSC® é a garantia de que a madeira utilizada na fabricação do papel deste livro provém de florestas que foram gerenciadas de maneira ambientalmente correta, socialmente justa e economicamente viável, além de outras fontes de origem controlada.